金漆招牌 4

飲食天堂幕後英雄

金漆招牌 4

編著
張宇人

統籌
譚潔儀

編輯
何健莊

設計
Minted Studio

出版
萬里機構出版有限公司
香港鰂魚涌英皇道1065號東達中心1305室
電話：2564 7511　　傳真：2565 5539
網址：http://www.wanlibk.com

發行
香港聯合書刊物流有限公司
香港新界大埔汀麗路36號中華商務印刷大廈3字樓
電話：2150 2100　　傳真：2407 3062
電郵：info@suplogistics.com.hk

承印
美雅印刷製本有限公司

出版日期
二〇一八年七月第一次印刷

萬里機構　　萬里 Facebook

致

香港飲食業每位無名英雄

與及在他/她們背後默默耕耘的配偶和家人

感謝你們每一位對香港飲食業所作出的貢獻!

香港有許多飲食業金漆招牌,在每個香港市民的成長歲月裏留下珍貴美好的集體回憶,可是,許多時候,在背後默默付出汗水和努力,打造這些金漆招牌的無名英雄,卻未為人所知曉,我希望透過〈金漆招牌〉電台節目和同名書籍介紹飲食業的成功品牌故事,藉此向這些無名英雄致以最衷心的敬意。

同樣值得我表揚的,還有每位無名英雄身邊的配偶和家人。飲食業是一個需要長時間刻苦工作的行業,作為飲食業東主的配偶和家人,除了要付出諒解和行動支持外,還要一起擔驚受怕,承受創業所帶來的風險,正如我經常說:「押埋老婆張棉被去開檔。」在此,我深表致敬!

張宇人 啟

序

我與張宇人認識很久，他從政，我從商，本來河水不犯井水，就是一個「食」字將我們兩個人連結在一起 20 多年。我是廚子，他是食客，兩人都愛食，都全心全意為香港飲食業打拼。他說他快將出版新書，問我能否在我的博物館內拍攝封面，我無任歡迎；他邀請我為《金漆招牌 4》寫序，我義不容辭！能夠為香港飲食業做事，我樂意。

張宇人寫《金漆招牌》系列的好意就是想分享飲食業界當中的老牌及優秀食肆成功之道，讓飲食業行家一同學習、一同進步，從而令整個行業都得益提升。飲食行業的特點就是齊心團結，大家都真誠付出自己成功秘訣，無私分享，願意成就他人，成就整個行業。我記得張宇人曾說過：「能在飲食業成功的企業家，先決條件是愛上這一個行業，如果你當係一個賺錢的工具，你唔會留喺度咁耐。」我想《金漆招牌》這本書就能代表張宇人及業界精英對飲食行業的熱愛，就是這熱愛令香港飲食業一直發光發熱。

香港飲食行業對內面對三高，成本高企又欠缺人手發展，還要面對愈來愈多國內名牌食肆來港開業，令飲食業既蓬勃多元又競爭更趨激烈。所謂「要贏人先要贏自己」，我們是時候要多學習、多創新，讓香港飲食品牌走在最前。期望大家多細讀張宇人《金漆招牌》1-4，總結各家經驗，加上大家對飲食業的熱誠投入，一定可成為下一個金漆招牌。

最後祝賀《金漆招牌 4》長紅大賣，一本接一本，好讓業界受益匪淺。

鍾偉平 太平紳士，MH
稻香集團 主席

前言

在《金漆招牌》至今已出版的四本書內，我要衷心感謝以下四位曾經
為我著作撰寫序的人士：

第一位是劉婉芬，我的電台節目拍檔。我們一同構思節目內容及名稱，
有新城財經台的「金漆招牌」電台節目，才有《金漆招牌》系列這套書。
感恩！

第二位是陳永堅，香港中華煤氣有限公司常務董事。廿多年來，香港
中華煤氣有限公司不單在不同領域從無間斷地支持我和飲食業，也可
以說是有求必應。感恩！

第三位是楊貫一，富臨飯店的始創人。一哥用粵式烹調技藝將日本乾
鮑做到世界知名；不是廚師出身的他，能夠躋身世界御廚，讓香港在
國際間揚名立萬。感恩！

第四位是鍾偉平，稻香集團的始創人。鍾偉平不單只有能力打造自己
的飲食王國，最欣賞是他實現了我想做但做不到的事——用他的財富
創立稻苗學院，不單是讓他自己公司的管理層報讀，而是讓全港所有
飲食業的管理層報讀，提升整個飲食業界的水準，他所做的不是為自
己而是為業界。感恩！

在此，我衷心向他們致謝，感謝他們為行業貢獻良多！

張宇人

目錄

異國風味

港式美食

美食車

食品供應

中菜

01

東海飲食集團
EAST OCEAN GOURMET GROUP
Since 1982

劃分市場。定位清晰

東海飲食集團

李敏棠、曾昭雄

白武士入主。救東海於難

東海這面金漆招牌不經不覺已經有36年歷史；說起來，我和東海飲食集團其實亦有點淵源。在他們未開業的時候，我旗下一間食肆的經理其實已經租下他們集團後來第一間店的舖位，不過當時戴卓爾夫人在北京跌一跌，之後連帶整個香港的經濟市道都跌一跌，我這位經理便撻訂，我的電台節目拍檔劉婉芬說：「失策！」

我說：「不可以這樣說。那個舖位在東海商業大廈，位處尖東新開發的地區，要很有能力的經營者才能夠站得住腳。而東海飲食集團的名字，便是來自第一間店舖所處的大廈名稱。其實這個做法當時

很流行，正如我父親的金冠大酒樓便是因為位處金冠大廈而取名，業界一般認為大廈名字會較為人所熟悉，而且當年亦未流行集團式連鎖食肆。」在我那位經理撻訂後，便由我的故友鍾錦冷手執個熱煎堆，創辦東海飲食集團。過往《金漆招牌》訪問許多業界，他們都表示「地點、地點，還是地點」，但我個人並不同意，我認為無論在甚麼地點都有機會成功；相反如果管理不善，即使有絕佳的地點都一樣有機會失敗！

在鍾錦作古之後，集團於2014年股權易手，今集與我們分享東海的金漆招牌故事，便是集團業

創辦人鍾錦先生事事親力親為，常到店舖巡視。

務總監李敏棠（Grant）與高級營運經理曾昭雄（Hermes），而大家對他們的老闆其實不陌生，他就是人稱「舖王波叔」的鄧成波；雖然負責管理東海的是波叔兒子鄧耀昇（Stan），就連集團名稱都叫 Stan Group！我問：「Grant，其實波叔點解會有興趣收購東海？」Grant答：「波叔在許久以前曾經經營餐飲業務，而他是東海的熟客，本身更是食家，對飲食很有要求，入主東海是做白武士，當時東海大約僱用600個員工。」

劃分檔次。主攻酒席

現時集團旗下共7間分店，主攻婚宴酒席市場，在波叔接手後更成立「東海薈·拉斐特」。東海薈的分店設於香港多個黃金地段，以華麗宴會裝潢作主題，餐飲服務繼承東海品牌一貫的高水準出品，深受新人及賓客所喜愛。拉斐特則主打婚禮場地，選址於油麻地窩打老道消防局旁邊，佔地兩萬幾平方呎，適合一般新婚夫婦舉辦約150至200人的酒會派對，該處還附設禮服出租和律師證婚等服務。「東海薈·拉斐特」這個聯合品牌，正是以東海集團的專業餐飲與拉斐特的婚嫁服務作整合，為一眾新人提供一站式的婚宴體驗。東海薈在立法會對面的中信大廈也有分店，那裏下午長期滿座，晚市卻很靜；其實要賺錢不難，以東海集團的品牌每圍收

$8,000至$10,000並不困難,如果場開15席,一個月做廿日酒席,已經有賺!

Grant說:「這正是集團未來的發展方向,錦哥當年以晚餐小菜起家,以中信大廈分店為例,經過去年的努力,對比2016年酒席營業額增長了三成。」正好請Grant與讀者分享近年中式酒樓的發展,近年

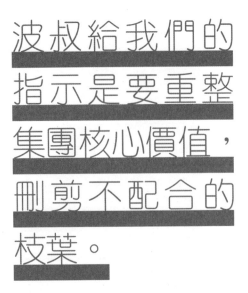

波叔給我們的指示是要重整集團核心價值,刪剪不配合的枝葉。

能夠力挽狂瀾?」我請Hermes分享他們的危機管理經驗,Hermes說:「集團有三十幾年歷史,接手後我們得到一班資深廚師和前線服務團隊,波叔當年叮囑一定要照顧好他們,不可以讓他們失業。不過鏡有兩面,一方面他們經驗豐富,另一方面他們在許多方面都已經根深蒂固,加上香港普遍面對年青人不願意投身飲

興起婚宴專門店,兩難的是如果做太多酒席,難免會影響晚飯生意,中信大廈分店的晚市較淡靜,剛好適合發展酒席生意。Grant和應說:「無錯。中信大廈分店無論場地配套抑或格局都適合做酒席生意,又可以保留部分廳房接待貴賓做晚飯小菜。」

劉婉芬問:「集團旗下吸金能力最強是哪個品牌?是否東海?」我說:「以我的專業眼光來看,我覺得是海都。」Grant說:「按盈利計算是東海薈・拉斐特。」東海的營運,早在89年亞洲金融風暴已經出現問題,至2003年SARS過後錦哥推出$150特價套餐救亡,大件夾抵食,就連我們行家都覺得無得做!推出之後,確實有效,可惜後患無窮,之後每逢推出$150特價套餐人客就來幫襯,如果沒有便過別的舖頭!我說:「Hermes,在2014年接手後,覺不覺得特價餐是問題?」Hermes說:「初期的確有問題,但老闆波叔給了我們許多指示,現在集團已經重整旗鼓。」

新舊融合。重整核心

我說:「雖然集團在90年代曾經風光,但今非昔比,就連作為精神領袖的始創人都已經仙遊,如何

食行業,青黃不接的問題,未來要發展就必需吸引新血加入團隊。最後我們透過善待員工來到解決問題,目標建立優良團隊!」劉婉芬說:「可以如何處理?可不可以給一些具體例子?」

今次輪到Grant上場,說:「除了Hermes所說的穩定軍心之外,波叔給我們的指示是要重整集團核心價值,刪剪不配合的枝葉,例如結束一些地點不配合市場定位的店舖,集中資源來發展;另一方面,則發掘東海有甚麼首本名菜去留住人客。」劉婉芬再問:「你覺得最困難之處又是甚麼?」Grant說:「集團有三十幾年歷史,要打破人客對集團品牌的既定想法,波叔為集團帶來許多轉變,新人事新作風,現在面對新舊如何融合。」我在廿多歲的時候加入父親的公司,深深感受到要一班五、六十歲的老員工接受我的想法實在困難。

劉婉芬問:「波叔入股已經4年,你覺得現在是否已經新舊融合?」Grant說:「舊員工有固有一套心法去做事,我們提供了一些新招式,讓他們可以變化,但無論怎變,食物本萬變不離其宗,食物味道始終最重要,還要讓人客感覺物有所值,而集團

攝於東海飲食集團之新年聚餐，主禮嘉賓手持鮑魚外形之布偶，用作存放業務獎金。

中信海都酒家開幕誌慶招待嘉賓的「鮑魚當小吃」，使用的鮑魚多達300多隻，單是食材成本價已逾百萬，盛況空前。

新年聚餐送出的獎金便多達過百萬，需由警方協助押送到會場。

資深員工區偉強先生（現任東海薈中信大廈之高級分店經理），於2006年獲得分店傑出銷售獎金。

1998年中信海都酒家開幕誌慶，鍾錦先生與一眾社會賢達主持剪綵儀式。

東海飲食集團曾創立之餐飲品牌「東海大江南北」，顧名思義提供上海菜、粵菜及南北方菜。

在過去幾年完成品牌定位的劃分，如果舉辦宴會和婚禮筵席就去東海薈・拉斐特，如果想得到貴賓式體驗便到海都，至於商務宴會就可以考慮東海和海都。」我問：「可以用午餐為例，講講東海的人均消費多少？」Grant説：「午餐一般大約$150，晚餐則平均$200至$280。」我問：「海都又如何？午餐$200可以嗎？」Grant説：「差不多，晚市則大約$400至$500。」

新舊美食。零舍不同

鍾錦以廚藝聞名，最後我給Hermes機會介紹東海的美食，他説：「先講點心，總共有八十多款選擇，剛剛在『2017世界粵菜廚皇大賽』粵菜點心組奪得兩個銀獎，包括花竹蝦翡翠餃和山葵芝麻鳳尾蝦，都是賣每件$38。」劉婉芬問：「傳統點心又如何？」Hermes説：「我在一班老師傅身上學懂不少有關點心的知識，簡單如一件馬蹄糕，老師

東海飲食集團大事年表

1982	• 第一間東海海鮮酒家於九龍尖沙咀東部創辦
1984	• 「東海海鮮酒家」於香港灣仔開業，於2012年翻新後改名「東海酒家」
1987	• 「海都海鮮酒家」於香港灣仔開業，於2009年翻新
1994	• 「東海海鮮酒家」於九龍尖沙咀新世界中心開業。其後東海海鮮酒家於新界荃灣荃灣廣場開業
1998	• 「海都海鮮酒家」於香港灣仔中信大廈開業，於2011年翻新後改名「海都酒家」
1999	• 「東海海鮮酒家」於鰂魚涌開業，於2011年翻新後改名「東海酒家」
2001	• 「海都海鮮酒家」於香港淺水灣開業
2002	• 「東海海鮮酒家」於九龍美麗華中心開業
2003	• 「海都海鮮酒家」於九龍海港城開業，同年大江南北菜於九龍尖沙咀開業
2005	• 「東海‧海都酒家（中國集團）」成立
2010	• 「東海酒家」於新界將軍澳、九龍尖沙咀The ONE及西九龍奧海城開業
2010	• 「海都酒家」於九龍尖沙咀東部沙咀中心開業
2010	• 「365.東海蟹」於九龍尖沙咀K11開業
2011	• 「海都酒家」於香港銅鑼灣皇冠假日酒店開業
2011	• 「東海酒家」於新界青衣城開業
2014	• 鄧成波先生收購東海‧海都酒家集團，集團更名為「東海飲食集團」

傳都有他們的堅持，有別外邊許多新派食肆使用添加劑，用自然發酵的馬蹄糕，不單止柔軟，味道還特別清香。當然不可以不提的還有東海首創的壽桃包！」雖然我也是經營中式食肆，但我不得不佩服的是東海的蝦餃，每次我去到不是售罄便是蒸製當中，還有他們用老麵種炮製的包點，確是零舍不同！

我問：「晚飯小菜又如何？」Hermes說：「相信許多朋友仍然記得東海的雞油花雕蒸花蟹和龍鬚東星斑，用的是新鮮的海花蟹，我們現在仍然沿用錦哥留下的配方，因為好不好吃就視乎蒸蟹的時間把握，和蒸起後蟹是否保持軟滑入味！」

張宇人說東海飲食集團

我的電台節目拍檔劉婉芬笑說是我的氣勢太強，所以嚇怕波叔父子不敢來電台接受訪問，我立即說：「一定不可能，東海飲食集團由鍾錦年代到波叔兒子都好，無論任何議題，甚至是業界團體要向政府爭取權益都好支持我，從來都未試過用拖。」

我與李敏棠（中）和曾昭雄（左）合照。

02

跟上時代。去舊迎新

皇庭匯

黃國興、黃榮輝

父子謙讓。早有默契

皇庭匯旗下有5間酒樓,分佈在九龍和新界;經營者是一對父子檔——集團主席黃國興(下稱「國興」)和行政總裁暨總經理黃榮輝(Anson)。我的電台節目拍檔劉婉芬說業界許多時候都會有心水區分,開分店甚少會走出所屬區分!我說:「飲食業尤其是我們這些酒樓佬,覺得必需要經常巡舖,如果一間開在鴨脷洲、一間開在沙頭角,便好難管理;萬一塞車,就不知要去哪間了!如果分店集中某個區分,會較易管理。」

皇庭匯分別在粉嶺、青衣、沙田、旺角和觀塘設有分店。這些地區其實競爭不少,可幸部分分店開在屋邨內。有留意《金漆招牌》的讀者都會知道,我講過屋邨酒樓是近年較易經營的食肆,因為租平,加上實施最低工資,以及近年政府派糖每次都有公共屋邨一份,變相提高了屋邨居民的消費力!劉婉芬說:「在講屋邨酒樓之前,先問問這對父子兵,在公司究竟誰掌權?」我說:「以舊式酒樓來說,永遠是總經理大些,集團主席只擺上神檯,但現時飲食業採用現代管理,正規來說,行政主席才是掌權那位!」劉婉芬說:「不如由主席先講。」國興說:「都是由阿仔掌權。」阿仔卻用手指向父親!無論如何,國興有兒子願意接棒已經萬幸,過去訪問的金漆招牌,並不是每個都找到接班人呢!

黃國興（右）、黃榮輝（左）上陣不離父子兵。

劉婉芬問Anson：「你剛才指向父親，那你又怎樣看？」Anson説：「當然是父親掌權，他經驗較我豐富。」劉婉芬再問：「你跟爸爸一起工作多久了？」Anson説：「18年，做總經理都已經10年。」劉婉芬繼續問：「兩父子如何分工？」Anson説：「我負責面對管理層和出品部主管，如果有問題再同爸爸商量。」我問：「是否由國興負責買貨？」Anson説：「都是的，不過現在開始慢慢掌握。」我説：「其實我都經歷過同伯爺一齊工作，買貨要時間去浸，別説品質，先論真偽，我們這輩差不多望一眼已經知道街市交來的貨有沒有被打水！但我同意你的做法，先掌管好人事，在老一輩

心目中建立威望！」

拍檔相待。扶持上位

我問國興，「你現在返到舖頭有沒有管事？還是只是回去飲早茶？黃傑龍父親黃耀鏗説：『我返到酒樓，你最好唔問我嘢！我返來只是打麻將！』」他答：「我都一樣。即使見到有甚麼問題，都不會管，只會匯報給Anson處理。我去飲茶，會留意到許多細節，基本上每日都會有問題，例如出品或者服務上的細節，但我不會每事問，否則便變相架空了Anson，所以我只會匯報給他處理！」國興在80年代入行，任職廳面，正式紅褲仔出身，即使

Anson開拓皇庭匯，成功將品牌年輕化。

雖然是屋邨酒樓，但品牌與時並進，裝修富麗堂皇。

早在富年華時代，我已為黃國興（右三）、黃榮輝（左二）父子旗下食肆開幕剪綵。

返舖頭輕輕鬆鬆飲餐茶，都已經一眼關七可以睇到不少問題，我問：「是否Anson會返晏些？」國興說：「是。」通常我們這個年紀都喜歡歎早茶，不關乎早起，而是分工問題，一早一晏，方便阿仔帶孩子或者可以瞓晏些。

記得以前我同阿爸做金冠、又做海洋皇宮夜總會，晨早返到金冠又見到他、夜晚返到夜總會又見到他，惟有拋下他，說：「阿爸，你走不走？你唔走，我走！」他想我在場，所以最後必然是他走！我問：「老老實實，我問你一個最煞食的問題，你有沒有每日睇數簿？」國興

舊名字予人感覺較守舊，好多商場未接觸都已經好抗拒，好難傾租約。

答：「有。」我們這些老一輩的，如果只經營數間食肆的，通常都會每日睇數簿，但好似稻香鍾偉平這些大連鎖集團，便可能放手不理每日營業額，只睇大數！我再問國興：「睇到營業額下跌，如果打風落雨，可以理解，但如果連續跌了兩個禮拜，你會不會問阿仔發生甚麼事情？」國興老實答：「跌了一個禮拜都問！」

這些便是我們老一輩的壞習慣，並不是信不過阿仔，但見營業額下跌，難免希望阿仔解釋：「老竇，這與人為因素無關，而是股市暴跌，影響人客的消費意欲。」劉婉芬笑我，自動代入當年父親與我的相處模式，劉婉芬問：「國興，阿仔接手已經有很長時間，現在的營業額是否已趨穩定？」他答：「其實張生剛才說得對，我們經營屋邨酒樓，營業額相較婚宴場地，每月差額不大，除非遇上三、四月淡季。」農曆年剛過，人客出街花了不少錢，卻撞正要交稅，再加回南天濕濕漉漉……都是生意淡薄的原因，所以每年三、五、七月中式酒席一般較少。

卸下包袱。迎接新生

我問：「Anson，點解要轉招牌？」他答：「如果不轉，好難迎合市場潮流，同埋租務方面都有問題；舊名字予人感覺較守舊，好多商場包括領展，未接觸都已經好抗拒，好難傾租約，於是決定打破傳統，名字不加『酒樓』、『酒家』等字眼，予人趕上時代的感覺。」我甚至見過有地鐵商場，舖位未招租，已經改定食肆名稱，不理租客屬誰，都指定要

多年來我見證着 Anson 的成長。

皇庭匯大事年表

1992	● 黃國興第一次創業，於觀塘鴻圖道合資開設富士酒樓		2011	● 富年華沙田廣源邨店開業
1994	● 在天水圍新北江商場開設新福大酒樓		2014	● 第一間皇庭匯在旺角海富苑開業
1999	● 第二代黃榮輝協助打理家族生意		2015	● 皇庭匯青衣邨店開業，同年最後一間（沙田）富年華易名皇庭匯
2006	● 第一間富年華於粉嶺帝庭軒開業		2017	● 4月皇庭匯粉嶺華明商場店開業；7月觀塘翠屏邨店開業；8月火炭中央工場開幕
2009	● 富年華觀塘裕民坊店開業			

屋邨酒樓的營商環境雖然較優惠，但近年亦深受租約問題困擾。

跟隨！劉婉芬問：「皇庭匯這個名稱已經用了3年，被人客接受嗎？」Anson答：「皇庭匯較被人客受落。」劉婉芬繼而問國興：「但富年華是金漆招牌，阿仔要改你個招牌，有沒有反對？」國興答：「最初都有少許抗拒，但如阿仔所說，用『富年華』這個招牌，連續試了4、5次，都租不到鋪位！轉用皇庭匯一試，立即有成效！」繼2014年在旺角海富苑開了第一間皇庭匯後，2015年在青衣邨再下一城，時值沙田廣源邨剩下最後一間富年華，Anson父子決定將酒樓翻新，並易名皇庭匯，富年華這個金漆招牌正式告別歷史。

我問：「皇庭匯現在主要做早、午、茶市，夜晚就做晚飯小菜，較少酒席，對嗎？」國興答：「無錯。可能生日、滿月或者公司社團會來擺三數圍，平日最旺都是早午市。」我問：「那麼皇庭匯有沒有賣雞球大包？還是全部新式點心？」Anson答：「有。但以前舊式酒樓的下欄車和點心車，全部收起，我想給人客較乾淨企理的感覺，來到可以舒舒服服嘆茶食點心。」即是不單只招牌，就連店鋪管理都着手改革，我問：「還有沒有長櫃煎糕和焯油菜？」Anson答：「全部轉用點心紙，即叫即蒸。點心是中國傳統飲食文化，這些不能夠改，但在招呼服務層面，就想現代化一些。」在我們舊式酒樓來說，有沒有鋪櫃布、甚至晚飯有沒有提供分匙和金鼎，都是區分服務檔次的指標。Anson說：「現在較少用公匙，而是改用箸托和放一對公筷、一對自用筷子代替。」

我問：「來到皇庭匯，除了雞球大包，還有甚麼必食？」Anson說：「屋邨生意難在既要貨真價實，又要平靚正，招呼更要週到，但如果太花巧，又是難管理。論出品，我們的叉燒做得不錯，外邊通常都燒得不夠透，貪重秤，但我們的叉燒燒得好乾身，食起來好香口！有個藝人經常來幫襯，還要每次都叫兩碟！」我問：「你們有沒有中央工場？」Anson答：「沒有。」我說：「所以每間叉燒都在廚房燒製，這樣品質必然較好，勝在新鮮熱辣！但你們能否統一每間分店的出品質素？」他答：「斤兩一定跟足，我們有總廚負責監控。」

因父之名。鍾情酒樓

劉婉芬問：「在訪問開始的時候，我說過你們在港

島區未有分店，未來會否計劃在港島開店？」我代他們回答：「港島區較少屋邨。」劉婉芬再問：「會不會計劃走較高檔次？」今次輪到國興代表答：「都會。如果在中環開，做法一定有別屋邨那套！其實每次在開店之前，我都會調查區內人口分佈同消費力，再決定走甚麼路線。」我問：「新店會由你操刀？抑或交 Anson 負責？」國興答：「這層張生你會知道，我們這些『老鬼』睇舖，始終會有我們的眼光。」我和應道：「但通常我們好講感覺，後生一輩就喜歡計數。」國興同意說：「無錯，所以雖然我同 Anson 是父子，但做生意，我都當是拍檔相待。」我笑說：「即是他朝如果搞唔掂，你不好賴我選個曳舖！」國興說：「後生一輩的眼光，同我們有別。」我總結說：「屋邨客路，年紀會較大；如果要年輕化，選址和管理都有別，這個就是兩代的差異。」

劉婉芬問 Anson：「面對未來發展，你有甚麼想法？」我用黃傑龍和黃耀鏗兩父子舉例，黃傑龍近年發展日式連鎖食肆的利潤，已經追上中式酒樓業務；中式酒樓因為地方大，廚房既要有燒味、又要有點心，營運成本高，相較一些中小型食肆的餐牌較簡單，用人較少，反而較易虧利。我問：「Anson，你有否想過發展新品牌？不單只分散投資，還關係到食材，好似過往我們訪問華香雞，當遇上禽流感，立即遭殃！」Anson 說：「我自己還是喜歡經營傳統大酒樓。如果有空位，便想方法如何使酒樓座無虛席；如果滿座，就繼續諗計令到要排隊入座，這便是驅使我努力的原動力！」我說：「但始終大軍艦難轉身，如果遇上環境逆轉，一間，尚可以攞老婆張棉被去典當，但你有5間，老婆都沒有這麼多棉被！」

面對近年人手嚴重短缺，我問：「你如何應對？」Anson 答：「惟有苦思如何挽留人材，所以現在連侍應生都要載耳機，以前可以扮睇唔到，但現在嗌

機，反應要快！」劉婉芬說：「我感覺現時的顧客要求很高，稍欠妥當，立即投訴。」他和應說：「以前人客會來歡茶，但現在飲茶都要講速度，所以我們都要在管理配合，加快反應！」劉婉芬說：「從 Anson 鍾情做酒樓，可見爸爸對他的影響好深！你對爸爸最深刻的感覺是甚麼？」Anson 說：「爸爸白手興家，由什麼都沒有可以做到現在的規模，我承繼爸爸建立的基礎，按道理應該可以做得更好。」

我祝 Anson 好運，因為現在不是發展的時機，但屋邨酒樓有個優勢，就是請人會較容易，因為屋邨內居住有一定的人口。

○ ● ○

張宇人說黃國興、黃榮輝

講起黃國興、黃榮輝父子，之前他們幾間新店都是由我剪綵，直至 2014 年，收到皇庭匯的開幕儀式邀請，我完全沒有印象是誰，後來才知道原來他們轉了招牌，之前的招牌叫「富年華」，已經發展了十幾年。

穩打穩紮。衝出香港

寶湖飲食集團

周超常、區智聰

奇招招客。打響頭炮

以前我經營海洋皇宮夜總會,舖面可同時容納二、三千人,廚房蒸的點心長期好似小山一樣高,所以以前我睇見點心都驚,現在上了年紀,反而喜歡同老婆飲茶。今集嘉賓寶湖飲食集團周超常(Peter)和女婿區智聰(Henry),品牌始自1999年,他們的老店就在中環中心旁邊。我的電台節目拍檔劉婉芬説:「我有班朋友喜歡飲酒,多數到他們的另一個品牌北園幫襯。」寶湖旗下有幾個品牌,最為人所熟悉的是寶湖和北園,而女婿Henry就主力負責澳門業務。

Peter説:「租庇利街老店是在1999年1月1日開業,已經邁向20周年。寶湖屬傳統經營模式,有早茶點心、午飯和茶市、晚飯小菜、酒席和貴賓廳房,以前還有麻將耍樂,因為中區寫字樓人客喜歡下晝四、五點來聯誼,現在許多老一輩人客經已退休,加上禁煙影響,所以少了麻將耍樂。」提起禁煙,我當然不放過周一嶽,他當年承諾我搞煙房,最後卻無疾而終,劉婉芬對我成日鬧人看不過眼,轉而問Peter説:「面對禁煙,你們有甚麼妙策?」Peter説:「公司當年推出了個$1888抵食套餐,做到全中西區出晒名!$1888可以有龍蝦、鮑魚、翅和星斑,吸引人客從四面八方來捧場!」

集團創辦人周超常（右）攝於首間北園酒家2009開幕。

我問：「1999年是甚麼觸發你創立寶湖？當時經濟一路下滑，你們開檔的時候應該都感受得到，是在你們意料之內？還是需要一路變陣？」Peter說：「當時幾個朋友志同道合，加上租金回落，同業主比較有偈傾，其實當時是業主主動聯絡我們的，甚至現在還成為了我的契媽！加上地點在中環，中環的午市生意暢旺，就算舖頭有幾層樓高都做唔切。當年市道確實欠佳，但勝在人力資源相較充裕，租金成本亦低。中環最重要是能夠做到晚市，託賴我們星期一至四都算可以，星期五、六及日就更要預早三個禮拜訂位。」

開拓新品牌。雄據中上環

我說：「一般來說，星期五、六、日在中環掃機關槍都掃不死，但你們一開檔已經可以座無虛設，實在難得！」Peter說：「歸功於策略成功，$1888餐單確實超值，現在起碼要七、八千蚊才能夠食到。」我問：「你們做幾分錢生意？」Peter答：「我們比較保守，做5分錢生意。」我解釋說：「以$1888套餐為例，即是成本已經佔了九百幾，尚未計算人工和燈油火蠟。」所以他們要靠平靚正，只能夠薄利多銷，才能在中環晚市站得住腳；當然飲食業收加一服務費，多少能補貼一下夥計人工。

我問:「你們由何時開始拓展業務?」Peter説:「我們差不多每年開一間,次年已經在上環文咸東街開上環寶湖,至2003年SARS後已經有5間。」

上環寶湖在七、八年前受業主大幅加租影響,之後Peter便買入上環北園現址,我問:「何解你們會開拓新品牌,是否想拉高檔次?」Peter説:「最高峰期寶湖和北園兩個品牌在中上環合共有5間舖,部分甚至只是一街之隔。公司策略是寶湖走大眾化路線,北園則較高檔次。」我問:「哪個品牌的利錢較豐厚?」他説:「現在來説,以寶湖較理想,雖然北園的檔次較高,可是用料和服務亦相應提高,所以利錢反而不及寶湖。」

劉婉芬經常想觸及Peter的痛處,她問:「那麼你們發展茶餐廳又是甚麼一回事?」Peter苦笑説:「當時集團業務理想,尋求新的發展方向,一心以為經營茶餐廳應該不難,於是便在中上環開了兩間金湖茶餐廳,只是中上環晚市確實欠缺人流,苦守了5年,最終都是滑鐵盧。」我問:「始終都是離不開中上環,你們甚麼時候開始外闖其他地區?」Peter説:「03年SARS過後,首先在西灣河開海寶漁港,主打海鮮。西灣河是屋邨地方,消費比較大眾化,因為不想影響集團其他品牌,所以便開拓新品牌,之後在石蔭再擴展都是沿用海寶漁港,雖然大眾化但租金較廉宜,拉上補下。」

我在《金漆招牌》亦講過多次,過去幾年的財政預算案,每次派糖基層都受惠,反而中產備受忽略,我問:「海寶漁港開近屋邨,何解會主打海鮮?」Peter解釋説:「或許我解釋一下,北園較高檔,

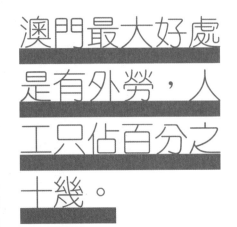

澳門最大好處是有外勞,人工只佔百分之十幾。

主打商務客戶,樓面服務用完全另一個班底;寶湖比較大眾化,各方面都較平穩;海寶漁港雖然在屋邨地方,但多家庭飯聚,仔仔女女返晒來反而食得起價錢。雖然自設中央工場,但公司重視出品品質,所以工場只是預製半製成品如醃肉和辦餡,旗下所有店舖仍然自設廚房,點心即叫即蒸,確保新鮮。」

Henry補充説:「集團採購都好講究,好像蝦餃用的蝦,好多人客都讚爽口有蝦味。燒味方面,我們堅持每間舖頭都自設工場,而且晚市燒味亦保留晚爐,不會預先燒製。脆皮雞由開檔已經是招牌菜,我們專誠請了個師傅來負責,吊起逐殼油淋生炸,雞亦是用鮮雞,每晚限量供應十幾隻,相信外邊已經食不到;此外,我們還有個得獎的醬皇手撕雞和肘子翅,肘子翅用正22吋的牙揀翅炮製,一斤乾翅發起,去皮後只取回一斤翅針,每份足36兩翅都只售$3600,認真抵食!」

近年成本高企,中式食肆經營愈來愈困難,Peter:「以往我將工資成本限在28%,但現在許多已經增至32%,甚至40%都有!」特別是北園屬中高檔次,看重服務,不知道與這方面有沒有關。Peter指派了他的女婿過澳門另拓門路,Henry説:「大約在前年,澳門朋友有感寶湖在香港頗有聲譽,邀請我們過去發展,感謝周生給了我這個機會,至今在澳門發展了2年時間,總共有3個點,全部在賭場酒店的美食廣場,主打寶湖最強的點心、燒味和小炒。澳門最大好處是有外勞,人工只佔百分之十幾,不過我同周生對出品都有要求,所以我們在出品方面睇得較緊。」Peter表示未來計

2016年北園於環球廚神國際挑戰賽點心組中勇奪大獎。

寶湖集團的四大名菜之首「脆皮葱油雞」。

2018年集團新年春茗致送紀念金牌給任職滿十年的員工。

寶湖飲食集團大事年表

1999	• 首間寶湖海鮮酒家開業		2008	• 首間寶湖金宴酒家開業
2001	• 首間北園酒家開業		2015	• 寶湖首間澳門分店開業
2003	• 首間海寶漁港酒家開業		2016	• 寶湖奪得環保卓越大獎金獎；寶湖澳門第三間分店開業
			2017	• 首間粵品匯酒家開業

劃在澳門再開多兩間。

其實我同好多業界都睇好大灣區的發展，當港珠澳大橋通車之後，究竟會多咗國內人從中山、珠海來港，抑或多了港澳人士北上，尚待揭曉。我一直向政府反映如果再不批准輸入外勞，香港很難維持競爭力。」劉婉芬問：「Peter，集團未來的發展方向是否會開拓內地市場？」Peter回答說：「未來都是會睇準中山、珠海市場，希望可以北上發展。」劉婉芬問：「香港又如何？」他說：「其實我們最近在尖沙咀都開了一間，不過就是會所形式，所以剛才沒有提起。無論社會經濟如何，市民對飲食始終都有需求，我們經歷過這麼多起跌，對飲食業有一定信心，至於是否積極進取發展就要等待時機。」

集團創辦人周超常（左）於講座中擔任講者，向業界宣傳環保訊息。

1999年首間寶湖海鮮酒家於中環租卑利街開業。

周超常（中）與區智聰（左）翁婿拍檔，將品牌從香港開到澳門。

首間澳門分店寶湖廚莊。

04

領展教訓。自置物業

青葉海鮮酒家

袁春年

海鮮酒家。荃灣獨市

今集嘉賓是青葉海鮮酒家的袁春年,但我們飲食業喜好取單字做名,所以業界一般都叫他做袁年,年哥說:「益壽延年,易記!」我說:「我就會想起中華人民共和國元年,即是我出世那年!」劉婉芬問:「現在是否有3間青葉海鮮酒家?」年哥答:「對,分別在荃灣、屯門和佐敦,當中以荃灣最富歷史,已經開業32年!屯門最新,開業2年!」

劉婉芬問:「在你的做生意過程中總共開開關關過多少間?」他答:「總共6間,當中包括美孚保齡球場內一間港式西餐廳兼營貴賓房麻將耍樂。」我問:「青葉是否一直都以海鮮酒家形式經營?」他

說:「在85年開業的時候,最初叫青葉小館;由我恩師——翠亨邨始創人何廣源夥拍何冬青,在荃灣響地坊創立。做了3年之後,89年業主收舖,於是便搬到荃灣路德圍昌泰街的自置物業,即往昔靜宜女子(私立)中學的位置,一直經營至今。我在中途離開過青葉幾年,93年青葉經歷人事變動,何廣源先生退股,由我現在的伯樂何冬青先生叫我回巢,放手給我掌舵,於是我便投資了20萬元開始。」

既然開業時名叫青葉小館,地方大極有限,我問:「搬到昌泰街後,是否地方大了?」他說:「昌泰

年哥（右）與協助他15年之久的店長劉斌攝於屯門青葉新店開幕。

街佔地萬幾平方呎，樓高3層，每層可以擺20圍，3樓用作出品部。」人客通常很少會到海鮮酒家擺酒，但年哥經營海鮮酒家卻有辦酒席，算是少數例子！其實在85年開業都幾夠膽，在展開中英聯合聲明談判以來，香港的經濟受到衝擊，85年開始好轉，但也不是特別好的年份，到89年香港的經濟才開始好轉，業界爭取到輸入勞工。我問：「是甚麼因素讓你決定改變經營模式，轉做海鮮酒家？」他說：「當時荃灣區內的高級海鮮酒家不多，青葉算是第一間。當時流行食海鮮，我希望人客無需去到鯉魚門、流浮山等地，都可以品嘗到游水海鮮。」

東涌開荒。一舉成功

我問：「海鮮酒家有兩、三種經營模式，一種是將自己檔口外判給人，人客來到買海鮮回家抑或交給酒家加工，酒家收人客油料費；另一種就由酒家承包，海鮮檔交貨到來，之後無論生口、死口都由酒家包底。年哥，你屬於哪種？」他答：「由自己承包經營。」我問：「青葉開在荃灣，魚缸水用科學鹽還是向泵水車購買？」年哥答：「我們用泵水車。」我補充說：「用海水好。不過，在十年八載前，有些負責管理魚池的『漁王』，駛車到海邊便沿岸抽海水，岸邊海水污染較為嚴重，大腸桿菌含量偏高，於是政府便立例要求交到食肆魚缸的海水，必須在

東涌富東海鮮酒家平地一聲雷，為年哥帶來豐收！

年哥（左）與公司董事何冬青太平紳士（右）於1996年合照。

1988年攝於荃灣青葉小館員工慶生聚會。

年哥（左二）與時並進，進修自我增值。

年哥（右一）是香港現代（飲食）管理協會的會董，我與他相識多年。

離岸一、兩公里以外範圍抽取。我在南京經營食肆的時候，因為當地並不靠海，惟有用科學鹽，但科學鹽不穩定，可以一晚間整缸海鮮死清光！」

劉婉芬問：「用海水的成本會不會較高？」年哥說：「都差不多。」我說：「其實酒家會將魚缸外判給『漁王』，由『漁王』包辦管理、清潔、換水和維修保養等，雖然酒家會安裝紫外光燈和臭氧機等協助魚缸消毒。」劉婉芬問：「一個月要多少費用？」年哥答：「以荃灣計算，一個月大約幾千蚊。」相比生意額，其實管理魚缸的費用不算貴。青葉轉型海鮮酒家一直順風順水，我記得同樣是90年代尾期，當時我正在參選，做選舉活動，去觀塘一個公共屋邨探訪酒樓業界，他竟然告訴我：「一個星期日晚可以賣幾條青斑，所說每條價值過千，但到2010年往後幾年，整個星期想賣幾條都難！可知在97之前，香港人的消費能力有幾強勁！」

租舖形同替業主供按揭，遇上業主加租被迫遷，付出的心血，最後都是付諸流水！

我問年哥：「青葉甚麼時候再開分店？」年哥說：「直至96年，青葉才再發展，那年年尾我們收到房屋署邀請信，邀請競投東涌富東邨商場一個舖位。」我說：「96年，如果你問我，我一定問：『東涌？在哪裏?!』」年哥繼續說：「當年還未有青馬大橋，要從屯門搭街渡入東涌！至於富東邨，當時尚在興建中，而且只有8幢公屋！我們以廿幾萬落標，按落標價計算，只屬第3標，應該由其他老行尊中標，但他們不看好東涌，決定放棄，於是我們便『冷手執個熱煎堆』！

當時我同拍檔入到東涌，都幾得人驚，入面甚麼也沒有，只得幾隻野牛，名副其實是做開荒牛！」我問：「落標前，你有沒有到過東涌？」他答：「沒有！」我笑說：「其實你是否刻意以低價入標，心想一定投不中！」

大舉發展。屋邨酒樓

東涌富東海鮮酒家在98年1月13日開業，佔地14000多平方呎，年哥憶述說：「估不到咁好生意！因為整個東涌只得我們一間酒樓！地上泥沙掃極都掃不完，因為整個東涌都在發展中，周圍都是地盤，地盤工友來富東食飯，我每日和同事笑說：『今日掃到幾多黃金？』開業半年，屋邨入伙，連帶做埋晚市！」我問：「一個月有沒有500萬生意？」他答：「一個月平均大約做400零萬，最高峰可做600萬！」在飲食業，如果租金佔營業額一成，已經封了蝕本門，而年哥只需繳付20多萬租金，他的荷包有幾腫脹，可想而知！年哥說：「由早市點心，一直做到下午5時許，仍然絡繹不絕，而且地盤工友食得很豪，午飯食翅、龍蝦和東星斑的大有人在，每日單是早午市已經做到60萬生意！」

富東海鮮酒家在東涌總共度過了18年的美好時光！年哥說：「當中有喜有悲，喜是甫開業便大收旺場，悲是03年遇上SARS！」說起來，當年我為業界爭取的措施，包括房署為旗下場租戶減租5成為期3個月和政府為業界發放免息貸款共渡難關，年

青葉海鮮酒家大事年表

1985	• 於荃灣曇地坊創立青葉小館
1989	• 遷去荃灣昌泰街1號自置物業，改名為青葉海鮮酒家營業至今
1998年1月	• 於東涌新市鎮經營富東海鮮酒家長達18年，於2016年被領展收回
1999年年尾	• 於大嶼北逸東邨經營逸東海鮮酒家長達16年，於2015年被領展收回
2000	• 於屯門富泰邨經營富泰海鮮酒家長達15年，於2015年被領展收回
2001	• 於天水圍天澤邨經營富澤海鮮酒家長達14年，於2014年被領展收回
2012	• 於美孚新邨經營家廚餐廳，3年租約期滿後結束
2014	• 於佐敦道廣東道交界瑞香園大廈地下至3樓自置物業經營青葉海鮮酒家至今
2015	• 於屯門青棉徑好勝大廈地下1樓全層自置物業經營青葉海鮮酒家至今

青葉海鮮酒家青衣分店裝修富麗堂皇，別具氣派。

年哥歌藝了得，不時在社團活動演唱。

哥都受惠！年哥説：「可惜到2005年領匯（現稱領展）甫上場，便將我們大舖搬細舖。開會的時候，他們隨手指劃説：『這裏給你們，你們回去想想，決定做唔做！』講完我都不知道究竟有多大地方，便要答覆！」我説：「我所以經常鬧領展，因為他們屢屢滋擾我的業界！即使他們只是削減50平方呎舖位面積，業界可能都要重新裝修和入則！加上當年他們來立法會，曾經承諾只要租客的營業額沒有上升，他們便不加租，豈料他們竟然更離譜，經常要求租客大舖變細舖、上舖搬下舖！」

可憐在2005年，年哥的富東海鮮酒家由14000多平方呎，變成6800平方呎，但租金不變！劉婉芬問：「那麼營業額是否仍然維持到500萬？」他説：「當然無可能！大約維持之前的5成。」劉婉芬説：「換句説話，租金回復到營業額的一成。」富東海鮮酒家一直營業至2016年才光榮結業，年哥説：「區內多了競爭，我記得有次聯邦集團的程基叔問：『阿年，東涌好唔好做？』我答：『好呀！開多間都仲得！』結果程基叔便在東涌開了聯邦！」我説：「每次我送仔女到機場到海外開學，預早到機場辦理完登機手續，一定驅車前往東涌飲茶食點心，然後才折返機場登機！」

學懂教訓。自置物業

劉婉芬説：「年哥，你最高峰期總共經營有6間食肆，但現在只留3間，是甚麼原因讓你作此決定？」年哥説：「主要是公司的投資策略，在經歷富東海鮮酒家一舉成功之後，可能大家心雄，之後集中發展屋邨酒樓，不過間間都用不同店名，分別有天水圍天澤邨的富澤、屯門富泰邨的富泰、東涌逸東邨的逸東海鮮酒家，投逸東邨時，我們還下了好重標！後來一路發展，就正如大家所知，這個業主如何對待租客，最後全部被領展趕走！有部分店舖投放了十幾年的心血，一下子便付諸流水！」

年哥繼續説：「多得老闆支持，他話：『阿年，不如別再租舖，買舖啦！』結果買到佐敦道交界，以前的瑞香園大廈，佔地一萬餘平方呎，但分成三層，地方不見用。」我和應説：「夥計又要用多些，地方睇唔通！」年哥繼續説：「買入佐敦後，接着屯門富泰邨又被領展趕走，班夥計做了十幾年，幾幫得手，於是老闆話不如再買舖，於是在青棉街又買了個舖位，簡單講現在荃灣、佐敦和屯門3間全部都是自己物業，無租金壓力，而且已經全付。佐敦在3間店舖當中，檔次最高，用料和環境都稍高一線，招牌菜有堂剪乳豬，即叫即燒，等15至20分鐘，人客戴着手套自己喜歡食那個位置，便用較剪來食；必試的還有燉湯如靈芝湯，用國內溫室培植的靈芝；如果想食海鮮，推薦鹽焗奄仔和剁椒蒸斑；還供應半私房菜，主打懷舊菜如八寶乳鴿，選用頂鴿，肉嫩味豐，咖喱燒鵝等，滋味一流！」

總結年哥的經驗，他也同意業界必需要儲錢買舖，租舖形同替業主供按揭，無論付出多少心血，遇上業主加租被迫遷，最後都是付諸流水！

05

滬菜至尊。創出經典

香港老飯店
梁顯惠

多次迫遷。買舖自保

在外行人眼中，從事飲食業讓人羨慕，經常有機會試菜，即使想瘦都難；但觀乎今集嘉賓——香港老飯店始創人梁顯惠的身型，竟能如此苗條，難免令我妒忌！我和我的電台節目拍檔劉婉芬都是梁老闆的捧場客，劉婉芬就喜歡到香港，而我就到尖沙咀，這樣多年來香港老飯店都保持在香港島和九龍各一間。

始創於1993年，當時位於北角油街的香港麗東酒店，直至一年多前酒店拆卸重建，於是搬遷至上環干諾道中南豐大廈；而我認識香港老飯店，是到他們在尖沙咀新港中心的分店，該店後來搬到美麗華

商場4樓，最近再被迫遷，今次終於搬到寶勒巷的自置物業，希望不需要再被迫遷！其實我在《金漆招牌》講過多次，呼籲業界分店數目無需要多，如果賺到錢，倒不如買舖，萬一環境逆轉，你喜歡可以守，如果不想捱，亦可以將舖頭出租！梁老闆說：「不過，業界很難估計地產市道會飆升至此！大吉利是講句，如果生意不好，最多不再續租，但如果買舖，萬一舖位租不出，該如何打算？」我笑說梁老闆太謙，通常我和劉婉芬想起要食上海菜，好自然便會想起大寶號，所以我不明白他為什麼會無信心買舖！

年輕時的梁顯惠。

幾經轉折。鍾情滬菜 ————

60年代，梁老闆18歲便在山寨廠學造唐餅，他説：
「好像嫁女餅、光酥餅和西樵大餅等，差不多所有
中式餅我都做過。後來，我轉到灣仔駱克道泰山餅
家做中秋月餅，當時泰山餅家已經算是大餅家；嘉
頓是龍頭。可是稍具規模的中式餅家加埋都不夠10
間，我覺得前景欠佳，於是做了2年後便轉行，在
北角四五六上海菜館做樓面，當時是1964年。」我
問：「你是上海人？」他答：「不是，我是中山人，
當然亦不懂得講上海話。北角是小上海，四五六的
老闆是寧波人，他突然講句寧波話考我，可幸我識
講幾句普通話，順利過關。後來，他叫我到廚房學

廚，每月有\$130人工，直至遇上67暴動，走了去
行船。」

當年金冠在1965年請個「一分錢」的侍應，工資
是\$150（如果我無記錯），所以梁老闆當時人工已
算不俗。他説：「其實最緊要都是錢，我在船上做
伙頭大將軍，煮廿多人飯菜，人工差不多高岸上一
倍！後生不怕捱、不怕搏，最緊要是有機會！」梁
老闆不暈船浪，上到船胃口反而更好，但做了兩年
幾又不幹，他解釋説：「所謂行船跑馬三分險，此
話無虛。行船間，我曾三次犯險。第一次在美國三
藩市跟雜運船返東南亞，頭艙裝棉花、二艙裝電

油、尾艙裝汽車,經大西洋、巴拿馬和太平洋返東南亞,豈料航行了一個星期,船上失火,船主最終放救生艇,並吩咐棄船,可幸船上沒有發生爆炸,否則想走都難!」

放船歸來,梁老闆在1969年入了蘇浙同鄉會任職廳面,1979年擢升經理,直至1993年離開,他說:「那時候,因為想97回歸,將帶來大批國內同胞訪港,於是便聯同2個股東合資創業,剛巧北角麗東酒店在1993年1月入伙,於是便在北角開第一間香港老飯店。」雖然梁老闆早年經常轉工,但其實他前後都不過做過幾份工,其中蘇浙同鄉會和香港老飯店都超過20年時間,劉婉芬説:「其實我到上環的香港老飯店,所以知道梁顯惠是老闆,是因為留意到他經常西裝骨骨,遇有夥計執拾稍慢,他會一個箭步上前執拾,我心想『這位一定是老闆!』」

蘇浙同鄉會。創製火腿翅

梁老闆説:「其實我的作息時間很穩定,早上我會到上環,下午稍事休息,晚上就到尖沙咀個多小時,之後再回上環。老實說,我已到退休年齡,但我見到許多熟客在退休後,三、五年已經精神萎

行船跑馬三分險,梁顯惠當船員幾度遇險後,決定轉行投身飲食業。

靡,所以只要我能做,我都繼續多走動,保持持久精力!而且我不駕車,是乘搭公共交通工具的。每天要在客人散席前趕抵,否則去到都無用!」劉婉芬説:「但我睇香港老飯店的客路,並非以國內來港旅客為主,反而以本地人居多,是否與你當初開業的想法有別?」梁老闆説:「可能我們宣傳不夠。」我説:「沒有關係。其實93年末是時機,自2000年實施24小時通關,變相方便了香港人到國內消費,打擊飲食業晚市生意,於是自由黨牽頭爭取自由行!業界即使做自由行生意,一般都是佔一、兩成,不能夠做到完全依靠自由行!」

講到香港老飯店的美食,我説:「其實對我們這些東莞人來說,上海菜、浙江菜都是一樣。想問你,香港老飯店究竟是滬菜、杭州菜、蘇浙菜抑或哪一個菜系?」梁老闆説:「對一般香港人來說,我們算是上海菜,但嚴格來說,其實屬於京川滬,因為我們既有北京填鴨,又有乾燒明蝦、水煮魚和樟茶鴨等川菜。」我問:「那麼上海菜究竟有些甚麼菜式?」他説:「醉雞、燻魚、肴肉、清炒河蝦仁和紅燒元蹄,還有雲吞雞都是正統上海菜。」我再問:「火腿翅呢?」他答:「你問得非常好,嚴格來說上海並沒有火腿翅。」我説:「我以為上海佬有錢,所以食翅。」他説:「你這樣想得很有道理,火腿翅出自蘇浙同鄉會,我們的老會長徐季良先生跟台灣蔣經國先生相熟,台灣人來香港都會拜訪他,但上海菜欠奉靚翅,請客有失體面,於是徐會長、大廚和我便創出火腿翅。」

梁老闆説:「上海最出名的地道湯水其實是一品窩,冬天就是醃篤鮮。一品窩最初的材料很豐富,有一隻雞、一隻鴨、一個元蹄、一塊火腿⋯⋯再配津白、扁尖(筍)、冬筍和雞蛋等輔料。我們用一品窩來做藍本,但整整一窩再加翅,單是這道菜已經餵飽人客,而且一整窩要加多少翅才足夠,於是我們想出一個方法,在廚房取起湯料,將湯分開上

梁顯惠（右）長袖善舞，與商界政要名人熟稔。

菜；但問題仍在，湯水太油膩，要先放雪櫃，隔走面頭厚厚的一層油，可是油份佔的比例實在太多，惟有棄用元蹄和鴨，因為鴨有臊味，改為只放雞、瘦肉、豬骨和金華火腿，到最後就連豬骨都嫌過膩，改用江瑤柱代替，煲起清湯後，置雪櫃隔油，到食用時，再加一隻新鮮雞、火腿脾和24両翅，燉4個鐘頭，便成火瞳翅。」

因應名人食客的要求，香港店設有不少廳房。

多年來，香港老飯店都保持香港和九龍各一間分店；圖為尖沙咀店。

熟客當中包括有不少影藝界人士。

滬菜大師。追味尋源

識飲識食的梁老闆教路說：「好多人客飲完湯和食完翅之後，都已經飽，棄吃雞肉，但其實那隻雞吸收了火腿的香味，十分美味。」我說：「吃火膧翅，我其實最愛是吃雞和火腿！」梁老闆笑說：「當年黃夢花議員吃火膧翅便最愛吃雞，尤其是雞皮！每次我幫他夾菜，他都囑咐我：『雞皮，唔該！』」我肯定不會同他爭食！劉婉芬問：「除了火膧翅，去到香港老飯店還有甚麼必定要食？」梁老闆說：「我剛才提過上海菜有許多冷盤，我們都有20款，在上熱葷之前，必定是6小碟、8小碟，近來最多人喜歡醉豬手；此外，我們有些好脆、好嫩的葱油海蜇頭；還有鹽水鴨和滷

後生不怕捱、不怕搏，最緊要是有機會！

水鴨舌；除了常見的五香牛肉，我們還有個紅燒牛筋塊⋯⋯最有名當然是燻蛋。」

劉婉芬說她差不多每隔2、3個禮拜便去捧場一次，經常見到有人食葱油大餅，我笑她幫梁老闆倒米！梁老闆說：「其實葱油大餅最好便是配火膧翅，因為有湯！葱油大餅不難做，只要發麵發得好，然後加好多葱，面放好多芝麻便成，唯一你要有隻煎生煎包的煎平底鑊，如果用圓鑊煎不好食。」終於講到熱葷，梁老闆說：「吃上海熱葷，許多廣東人都會選清炒蝦仁，但我們一蝦兩食，將清炒蝦仁併乾燒明蝦，前者用淡水河蝦、嫩滑清鮮，後者蝦肉爽脆，香甜微辣。」劉婉芬問：「是否有龍井蝦仁？是否都是用清炒蝦仁的淡水河蝦？」梁老闆說：「一樣。不過，龍井蝦仁要靚，一定要用第一朕的雨前龍井，還要是新鮮的嫩葉，而非曬乾後的茶葉，否

烤雙方用一件火腿，一件豆干，再加蒸包夾在一起，甘香鬆脆！

烤雙方，香港老飯店。

火朣翅是梁顯惠任職蘇浙同鄉會時期與老闆共同研創出來的美食。

湯鮮味豐的火朣翅。

則入口甚嚡，絕非美食！」我說：「我真係未食過龍井蝦仁是用嫩葉。」梁老闆說：「現在香港已經沒有了，要食你上杭州食啦！」

劉婉芬盛讚香港老飯店的樟茶鴨，梁老闆說：「我們沿用傳統方法炮製，但因為香港沒有樟木碎，所以我們會從深圳購買樟木葉來到煙燻，在品嘗到煙燻味之外，還帶樟木的香味。現香港百分之九十九都是用香片去燻，缺少了樟木味，效果相差很遠。」但香港現在沒有活鴨，有否影響出品？梁老闆說：「我覺得用冰鮮鴨，鴨肉反而更冧軟。」香港老飯店有太多美食，爭取時間，梁老闆繼續說：「我們有個烤雙方，成龍來到可以一個人食10件！這個又是我們所創的，在湘菜有烤雙方這道菜，但沒有放豆干，我們覺得口感不夠，加以改良。何解叫烤雙方，因為用一件火方──四四方方的火腿，一件素方──四四方方的豆干，再加麵包，夾埋一齊，甘香鬆脆、好好食！最後還有酒糟鰣魚，眾所周知上海沒有游水魚，用酒糟蒸鰣魚，異香醇和！」提醒讀者，要食酒糟鰣魚，最少4小時前預訂，以便取出鰣魚解凍，香港老飯店的鰣魚每條重三至四斤，但可以半條上！

梁顯惠與夥計共事多年，圖為員工飯聚。

○●○

張宇人説梁顯惠

我太太是梁老闆的忠實捧場客，就在我們45周年藍寶石結婚紀念的時候，我老婆便要求到梁老闆的香港老飯店大宴親朋。

06 佳寧娜集團 CARRIANNA GROUP

重整策略。複製成功

佳寧娜集團

馬介欽、梁百忍

風高浪急。投資食肆

講起食早餐，自從回港經營飲食業後，由於舖頭供應早茶點心，我習慣每朝一早起身便返舖頭巡舖，舖頭可容納3,000人，可想而知，點心部的出品疊到如山般高，所謂「做嗰行厭嗰行」，所以我甚少會飲茶食點心，甚至連粵菜都吃到怕！不過，潮州妹劉婉芬說我可以考慮吃潮州點心，在介紹潮州美食包括點心之前，首先介紹佳寧娜集團的集團主席馬介欽博士（Warren）和集團行政總裁梁百忍（Peter），還有他們的中國內地餐飲業務董事總經理江本華出場！

Warren是我長期用恆心和耐性打動他到《金漆招牌》接受訪問的嘉賓之一。而我和Peter則是相識幾十年的朋友，之前他服務政府接近30年，曾任職財經事務及庫務局、運輸局、地政總署及教育署等多個政府部門；他在運輸局推動電子道路收費的時候，我對他的印象不深，和他認識是在他任職教育署時期；而2002年至2009年，駐粵經濟貿易辦事處首任主任，就是他的最後一份政府工。至於江總就是負責前線營運和出品的重臣，在他37年入廚經驗中，有27年都是服務佳寧娜集團，由江師傅變身江總！

董事合影——馬介璋（前中）、馬介欽博士（前右）與梁百忍先生（前左）。

在灣仔的佳寧娜潮州菜，由佳寧集團於1967年所創立，是香港早期的高級潮州菜館之一，集團其後將酒樓轉售予我的前立法會同事詹培忠先生。從事製衣起家的Warren是潮州人，雖然他不懂得說潮州話，經常同一班識飲識食的潮州鄉里到佳寧娜潮州菜聚腳，最後更在1983年買入佳寧娜潮州菜，並開始進軍飲食業。後因「佳寧娜」的名字深入民心，在2013年馬氏家族更將家族業務「達成集團」正式易名「佳寧娜集團」，股票編號126，大展拳腳發展中港兩地的餐飲、食品製造與零售，還有酒店、房地產開發與投資，以及商貿物流等業務。

早期北上・成功先驅

Warren說：「在買入佳寧娜潮州菜後，經過2年時間，食肆品牌在香港站穩陣腳，乘着80年代國內開放改革，在1985、86年佳寧娜是首家進軍深圳的潮州食肆，旋即大受歡迎，接連投資開第2和第3分店。國內其他城市睇見我們做出成績，紛紛邀請我們北上發展，高峰期集團在國內的高級酒樓多達13間，人均消費由每位千多元至兩、三千元人民幣。但近年遇上反貪打腐浪潮，國內分店數目回落至8間，結束了北京和上海等大城市的分店，國內業務經歷調整期後，經營策略由高端市場改以商務客為主，踏實做好出品和服務，人均消費每位只

是三百多元，平常飲茶的一百幾十都有！」

現時佳寧娜在深圳、佛山、海南島和湖南都有食肆；至於香港分店的數目始終不多，全盛期在尖沙咀和九龍城都有分店，現在只餘灣仔老店一間，Warren 説：「潮州菜在香港的市場份額不大，香港人貪新鮮，喜歡試新口味！」其實在80年代在深圳投資食肆的香港餐飲集團為數不少，我自己在89和90年都曾經到南京開食肆，當時香港的管理班底尚未適應國內的文化差異，成功的例子絕無僅有，新世界集團在8、90年代算是少數成功例子，但 Warren 一開始便能夠在深圳旗開得勝，絕對是奇葩！我請 Warren 分享他的成功要訣，「主要是我們能夠配合到當地人的消費習慣，對餐飲業來說出品和服務是關鍵，我們的品牌宗旨在出品和選料方面堅持做到最好，廚房和廳面亦配合得到，在建立起商譽之後，慢慢招聚顧客支持，佳寧娜這品牌得到認同，兩年前更獲頒『深圳老字號』榮譽，該獎項需每年評選，佳寧娜已連續2年贏得此獎項！」

劉婉芬説：「Warren，如果你不是在香港買入佳寧娜，也未必會北上發展餐飲業務！」Warren説：「同意。當年內地政府來港招商引資，遇上香港店已站穩腳，我們北上考察覺得深圳具備合適的營商條件，於是便決定北上。」我説：「當年許多北上發展的香港餐飲集團結果顧此失彼，連帶影響香港的生意。剛才 Warren 説他所以能夠在深圳站穩腳，全因他們的出品好和服務好，但如果他們的管理不好，根本無可能做到出品好和服務好！雖

每個企業都要靠團隊，如果只是靠一個人，絕無可能成功！

然深圳的人工平，但在香港一個夥計可以打點3圍檯，在深圳則3個人都未必睇得住1圍檯！且要記得，隨着1982年英國首相戴卓爾夫人訪華期間在人民大會堂外跌一跤，83年整個香港的股市樓市都大跌市，直至85年草擬基本法，86年簽署中英聯合聲明，香港牽起了移民潮，而 Warren 卻可以抓緊機遇，在這個動盪時刻逆流而上！」

用人唯才。打造團隊

Warren 謙虛説：「那時我們的廚房團隊人數不多，只得十個八個，但他們入到深圳之後，很快便適應當地環境，開始培訓內地員工，大家各司其職，加上佳寧娜當時已經實行標準化，許多方面都有規可循，故此得以成功；之後北上發展，也有賴標準化和規範化，才能達致成功。佳寧娜很重視團隊精神，每個企業都要靠團隊，如果只是靠一個人，無可能會成功！」我問：「你的家族之前從事製衣業，那麼這套管理系統是從家族生意轉移過來，還是透過摸索學習而得來？」他説：「由83年開始才慢慢建立，當中得到許多員工協助，其實有好員工很緊要，我們聘請很多有經驗的員工，用人唯才。」

劉婉芬問：「既然當時在香港已經建立起可靠穩妥的團隊，何不留港發展？」Warren 解釋説：「當時香港的租金和人工都很高。」86年，香港正值勞工短缺，政府批准輸入外勞，Warren 説：「其實只是時勢造英雄，當時因為深圳的發展暢順，所以乘勢北上，但近年集團飲水思源，計劃回港發展，

佳寧娜潮州酒樓是香港歷史悠久的潮州酒家。

2015年深圳羅湖佳寧娜友誼廣場店新裝開業。

國內餐飲業務董事總經理江本華（右）在2001年於歐洲美食家協會烹飪比賽獲獎。

2009年9月30日華南城控股有限公司在香港聯合交易所主板上市。

但以品牌多元化為目標，除了在香港收購了『味皇茶餐廳集團』與及『馥軒』和『百樂』等麵包品牌外，最近還剛剛成立了2個新品牌，一個經營韓菜的叫『韓棧』，一個經營泰越菜叫『越泰』。」收購「味皇茶餐廳集團」的時候，品牌旗下有11間食肆，經過2年時間，已發展至21間茶餐廳食肆！同「味皇」一樣，2個麵包品牌均主攻中低檔次的市場，分店設在屋邨和街市內，其實不單只是品牌，就連地區和檔次都實行分散投資。

Warren指市場已進入汰弱留強的階段，更直接些說是進入「洗牌」的年代，將不踏實做生意的經營者淘汰，Warren分享説：「佳寧娜集團是上市公司，業務主要有餐飲和地產兩個板塊，國內和香港兩條腿走路，至於側重發展哪個市場，其實最重要是視乎公司有些甚麼人才。」輪到集團行政總裁

Peter分享他的發展大計，説：「集團主席很重視團隊，計劃在團隊內挑選精英來培養核心成員，讓公司得以持續發展。」劉婉芬問：「你有沒有面對業績壓力？」Peter答：「主席固然會定下一項項發展指標，但集團發展穩健，所以我面對的壓力不大。特別是我在政府的最後一個任務是駐粵經濟貿易辦事處首席主任，我對粵港關係很上心，佳寧娜在餐飲和食品品牌方面極具信譽。」

鼓勵創新。論功行賞

我和應説：「特別是港珠澳大橋通車後發展的大灣區，無論是區內人口、人均收入和經濟體系都極具潛力，而且由香港前往遠至順德，都只是一小時內可以抵達。」Warren接著説：「大灣區是一個非常龐大而且成熟的市場，只要公司的出品好，必定會有銷路！」時下年青人喜歡嘗新，集團近年積極

Warren陪同陳茂波司長一起出席「月滿中秋・情滿西九」百人造餅活動。

2014年Warren親力親為出席佳寧娜「圓夢工程」愛心助學活動。

2009年馬介璋獲香港特別行政區政府頒授銀紫荊星章。

在港拓展新品牌，待新品牌在香港站穩腳後，再乘時北上，分分鐘可能複製「佳寧娜潮州菜」在80年代的輝煌戰績！不過，我和我老婆是伯爺公、伯爺婆，始終鍾情灣仔的佳寧娜潮州菜，可惜近年中菜的發展困難重重。灣仔舖屬租用，佔地過萬平方呎，在6、70年代只算是細舖，但近年租金高企，灣仔店儼然已成大舖，只是能夠擺設的酒席數目始終有限，若經營貴賓廳，又恐市場消費力未必能夠承托，可幸金漆招牌有一定的捧場客！

新裝修後的深圳羅湖佳寧娜友誼廣場店。

我請江總介紹灣仔店的出品，他說：「灣仔店的滷水膽可謂鎮店之寶，用28種藥材炮製而成。三十幾年來，滷水的味道都一直承傳下去，在開設第一間深圳分店時，廚師從灣仔店取滷水，之後國內每開一間新店，都從第一間深圳分店取滷水，確保味道統一；加上集團員工的流失率低，所以出品技術和品質都比較穩定。」劉婉芬問：「還有甚麼必食？」江總說：「我們的肘子翅。」我和應說：「很難相信潮州菜館的肘子翅會如此精彩！」江總繼續說：「有位客人每次來港，飛機剛抵步，已經打電話來預訂肘子翅和響螺片！佳寧娜有許多手工菜，好像糯米脆皮雞都盡量保持傳統特色；近年又加入不少新派粵菜，更有粵式點心，深圳店的點心款式甚至比香港店更豐富，多達7、80種。」Warren說：「集團每年都舉行烹飪比賽，每間店都要有2道參賽菜式，冠亞季軍將獲寫入餐牌，銷路愈佳，獎金愈豐富，以作鼓勵！」

張宇人說馬介欽

馬介璋和馬介欽兩兄弟是我的潮州業界，我在潮州商會經常會見到他們兩兄弟，多年來他們一直都非常支持我的工作。

我與馬介欽博士、梁百忍和江本舉合照。

07

百樂潮州酒樓
Pak Loh Chiu Chow Restaurant
since 1967

潮州味道。獨門上菜

百樂潮州
貝進權

半途出家。反客為主

今集的嘉賓百樂潮州的貝進權（Raymond）是潮州人，我的電台節目拍檔一開始便盛讚他的蘿蔔糕和年糕，我說：「如果再配埋杯功夫茶，便是一流享受。」記得我在1977年由美返港，去利舞台睇演唱會，曾經到百樂潮州用膳，其舖頭毗鄰利園，行幾步便到利舞台，即使下雨都不大會淋濕身。Raymond說：「品牌始創於1967年，在2017年剛慶祝了50周年紀念。」Raymond屬百樂潮州第二代，我說：「你伯爺都幾大膽，67年香港發生暴動，經濟亦不是好，他卻選擇在那年開舖。」記得67年我正值會考，那年3、4月開始有土製菠蘿（炸彈）出現，Raymond和應說：「剛巧那年我都是

考會考！」

我問：「你伯爺是否經營開食肆？」Raymond說：「不是，他是半途出家。」我說：「和我老子相約。」他繼續說：「最初是他有班朋友埋股做百喜，我父親隨朋友投資一份股本，點知做下做下成為了他的事業。」我問：「百喜是否潮州食肆？」他說：「是，老闆姓羅。百樂潮州同百喜同一個班子，1967年在現址開業，舖址前身是銀樹夜總會，開業後，生意不夠，逐漸有人退股，我父親買下餘下股份，成為全資擁有；後來父親有位朋友有興趣入股，變成由我家族持九成股份。」67年暴

貝進權（左二）、貝老太（右二）與老夥計大廚林師傅（左一）及馬經理（右一）。

動，到處都是土製菠蘿，又時常宵禁，市民不敢出街，生意自然欠佳，股東見勢色不對，陸繼退股，Raymond父親願意接火棒，最終成為贏家！

劉婉芬問：「點解你父親如此勇猛？」Raymond說：「雖然頭兩年生意差，但睇到生意逐漸有起色。」我補充說：「其實好多因素促使股東退股，例如移民美加，打算放棄香港的生意和股份，在異國另起爐灶。Raymond幾時開始回巢協助父親打理生意？」Raymond說：「很早。90年代我已經參與，當時舖頭裝修或者同業主傾租約，父親已經帶我一起去；當時屋企尚有其他生意如塑膠

廠，不過，又是起初只是入股，後來才逐漸注資為大股東。」劉婉芬說：「你父親都幾有生意眼光！」Raymond說：「其實都是隨着當時的經濟發展趨勢而已，當時國內開放，為工廠帶來前景。」時移勢易，工廠已是明日黃花，而餐飲業現在也變成了燙手山芋，我笑說：「你父親一次又一次被朋友賣豬仔！」

珍寶潮菜。絕蹟香港 —————

我問：「你幾時正式接手這盤生意？」Raymond說：「1996年我移民去紐西蘭，2000年回流香港後便正式接手百樂潮州。全家之中我是最後一個移

民的，弟弟們和父親比我先離開，我就留港打理生意，之後細佬回流，便輪到我走！」多年來，百樂潮州都只此一家，1998年才開始發展分店。我說：「我這代人經營食肆，覺得只有一間已經夠數！加上家庭模式經營，全家落手落腳齊齊做。記得在60年代，我伯爺有個老朋友叫他到北角經營食肆，當時尚未有海底隧道，我伯爺說：『我到北角巡舖後折返尖沙咀，豈不是已經天黑打烊！』所以我老子開完金冠，隨後開華冠，之後再開海洋都是在尖沙咀！」

1967年銅鑼灣百樂潮州酒家開業時舊照。

貝老先生攝於1973年百勝開業。

早在1952年貝家已有經營餐飲——在銅鑼灣渣甸街一號的白熊雪糕公司冰室。

貝家第三代Joey（前排右三）與同事開生日會打成一片。

Raymond補充說:「早在80年代,我們曾經想發展,舖已看了,還落了訂金,但業主嫌棄百樂潮州個品牌名聲不夠,最後退訂!那時潮州酒樓愈開愈大,好像潮州城、潮港城等,一間動不動就4萬平方呎,百樂潮州相對只屬小店,不過,歷史證明塞翁失馬焉知非福!」我說:「其實4萬平方呎不算大!海洋皇宮都有4萬多平方呎。問題是潮州酒家少有大排筵席,如果你講潮港城,那裏多柱,也不適合擺大筵席。」Raymond說:「無錯,而且很少人會筵開200圍!所以我們便走小菜形式,很少做酒席。」劉婉芬說:「以我所見銅鑼灣老店經常都滿座。」他說:「都算託賴,我們這類小店不難滿座。」我說:「所以我經常都說4、5萬呎的食肆是航空母艦,不及小店轉身快!」

直到1998年,百樂潮州才在銅鑼灣利舞台廣場開第一間分店。2003年在機場開分店,Raymond

如果單賣滷水、凍魚和打冷,即使賣多多都不夠交租,所以便圍繞着潮州味道來變化。

說:「大家都記得03年SARS,整個機場人跡罕見,簡直是拿把機關槍也掃不到一個人,我第一日開張只做得$6000生意,一隻隻滷水鵝每隔兩日便要丟掉。長此下去不得了,於是我便叫夥計將鵝斬件,再拼些菜脯、豆腐、腩肉和滷水蛋等推出碟頭飯,還好頗受歡迎。」劉婉芬問:「機場租金貴到難以置信,條數點計?」Raymond說:「那時我都幾擔心,兩間舖頭加機場租金,可幸3、4個月後疫情消退,生意復甦,之後機場不愁生意,尤其是航班延遲的時候,乘客拿着航空公司所發的餐飲券來排隊等食,場面墟陷!」雖然我經常指責機管局,但機場租金貴得有道理。現在機場店已經結束,不過在尖沙咀和旺角再有2間分店。

特色潮菜。新穎食材

我說:「廣東人食潮州菜,通常都會試滷水,視滷水為潮州菜的靈魂。以前最正是滷水鵝肝,現在新鮮鵝肝絕蹟,少了一樣美食。」Raymond說:「政府不批准活鵝入口,新鮮鵝肝已經絕蹟;現在用的鵝肝從匈牙利入口,屬經槽肥的鵝肝。」我問:「你們是否用自己配方的滷水?」Raymond說:「無錯。全香港的潮州酒家和菜館都有自己的滷水配方,我們的配方是根據客人口味調校而來,滷水膽沿用多年。外邊有些滷水色澤烏黑、有些味道偏鹹,我們的滷水口味較適中。」

百樂潮州酒家有不少任職超過十年的老員工,圖為深得人客愛載的好哥。

劉婉芬説：「滷水膽固然緊要，但配料也十分重要，百樂潮州有個滷水豬蹄筋，好味到不得了！」Raymond説：「豬蹄筋是剛巧我們搵到供應商來貨，因為一隻豬腳只有一對豬蹄筋，所以首要是找到穩定貨源。」我問：「是否由屠房供貨給你？」他答：「不是。都是問肉檔攞貨，有些鮮肉檔供貨給超市，超市攞了隻豬腳便不要條豬蹄筋，肉檔便留起給我們。」

劉婉芬説：「百樂潮州有許多菜式都是我在外邊未食過的。」我問：「那些是正宗潮州菜還是自創菜式？」Raymond説：「其實都是潮州菜基本的菜種，一般都是凍魚和打冷，但由於我們位處銅鑼灣，如果單賣滷水、凍魚和打冷，即使賣多多都不夠交租，所以便圍繞着潮州味道來到變化，好似糯米蒸蟹；我們偏好用薑，所以有薑米鴨和薑米雞！」劉婉芬緊接説：「還有荷蘭煙鱔，好味到不得了！不單只煙燻味突出，鱔肉的質感還很彈牙！」Raymond説：「我們用荷蘭來的野生鱔，在荷蘭那邊少人食鱔，我們便在那邊入口野生鱔！」

劉婉芬問：「點解香港人喜愛潮州菜？」Raymond解釋説：「潮州菜比較清淡，多湯水，例如胡椒豬肚湯，辣得來較易被人接受，不似冬蔭功，而且有暖胃的益處；其實潮州菜都有許多上價菜和手工菜。」劉婉芬説：「其實潮州人生性節儉，平日家中最多食的都是烏頭，還有春菜煲，煮起一煲之後，一餐食剩，次日阿媽煮芥蘭便掉芥蘭落去，後日煮生菜便加生菜，總之有乜便掉落去，一煲食足好多餐！」我説：「不停翻煲豈不是將菜煮到老晒！」劉婉芬和Raymond異口同聲説：「不知幾滋味！而且愈煲愈好味！」我説：「你問我潮州菜最貴便是潮州翅，即使凍蟹都是用最平的花蟹，甚至粵菜都不會用的，是現在來貨少才愈賣愈貴！」Raymond説：「愈大隻愈貴，我們起碼25兩或以上才收貨，愈大隻去貨反而愈快，最好搵到一隻4斤重，我們有班客人專門追求珍品！」

百樂潮州酒家剛慶祝50周年並推出紀念特刊。

老闆教路。必試潮州

Raymond好福氣,幾個仔女之中,起碼有個仔肯接手百樂潮州,我問:「你可已傳授全副武功給阿仔?」Raymond説:「已經全盤交給他,現在我只是做顧問。他在舖頭浸了5、6年,放工返舖頭夾Band!」劉婉芬問:「你如何吸引他回巢接手?」他説:「他覺得盤生意有得做。香港現在具50年歷史的潮州菜不多,我們都算是其中一個香港品牌。」劉婉芬説:「會否繼續走中上價錢路線?」他説:「會。」如之前所説,潮州菜在60至80年代一直都是比較大眾化,時至今日幾間曾經接受《金漆招牌》訪問的潮州菜都走中高檔路線,Raymond補充説:「以潮州翅來説,在1967年的時候每碗只售$4.5,但潮州翅的斤両素來都較足,廣東翅一圍有12両已經算是不錯!」

劉婉芬問:「潮州翅和廣東翅有甚麼分別?」我説:「好大分別!最基本講起,潮州翅不去皮,煮起來一梳梳,廣東翅則一條條翅針,所以廣東翅較貴價。最重要是潮州翅一定落豬油,所以香而且入口滑啫啫!」Raymond補充説:「不單只用豬油,我們還落豬皮和好多其他配料一齊扣翅,最主要是潮州翅用上湯煮,潮州翅靚不靚就視乎上湯用得好不好!」劉婉芬問:「作為潮州酒家老闆,如果你到其他潮州菜館試菜,你會點些甚麼?」他説:「首先試個潮州翅,睇下他們的湯水質素如何,如果湯水好,其他菜式水準都不會太差;之後再試沙爹炒牛河,雖然沙爹醬是外邊交貨回來,但必定經過廚房加工,各家各法。」我説:「同我們粵菜館去試其他人的乾炒牛河異曲同工!」

除了百樂潮州,Raymond在昂坪還有一間廣東燒味叫「昂坪膳坊」,我問:「昂坪膳坊屬甚麼格局?幾大地方?」他説:「好大地方,兩層,大約有萬四、五平方呎。」劉婉芬説:「好多人都話隻乳豬好食。」Raymond説:「我們個金錢雞做得非常

好,肥而不膩,肥肉竟然可以做到爽口,連我都好有驚喜!」劉婉芬:「你做開潮州菜,點解會在昂坪經營粵菜?」他説:「在我來講潮州菜始終屬地方菜,對遊客來講粵菜比較國際化。」我説:「全部燒味都在舖頭廚房燒製?」他説:「是。」我問:「皮費好重,還要昂坪360大風又停駛、打風又停駛,賺不賺到錢?」他説:「打個和啦!」

最後,劉婉芬説:「我太愛百樂潮州,可不可以講講有甚麼必試?」我搶着説:「先試滷水,再來個潮州翅和沙爹牛肉炒河,最後還有甚麼甜品?」Raymond説:「特別些可以試薑米雞和胡椒豬肚燉翅,甜品有反沙芋和薑薯綠豆爽啦!現在的反沙芋不會太甜,好多人客都喜歡!」劉婉芬説:「作為潮州人,我一定試他們的蠔餅、糖醋麵和反沙芋,這些做得好,其他菜式都一定無走雞!要成為50年歷史的老字號,絕非易事,最後祝你們生意興隆,第三代繼續發揚光大!」

08

品潮軒

黃錫炎

潮州來港。師承兩地

《金漆招牌》的讀者都知道我有個九龍城系列，今集品潮軒的老闆兼大廚黃錫炎（下稱阿Dee）是餘下少數尚未接受我訪問的九龍城潮州業界之一，阿Dee是潮州人，雖然年輕，今年才39歲，但他由16歲開始學師，在2002年以24歲之齡便創立品潮軒，最初舖頭在九城獅子石道19號，在2014年遷往現址擴充營業，轉眼間品潮軒已有15年歷史！

我的電台節目拍檔——潮州妹劉婉芬説以前家中無論早午晚都必定有一窩潮州粥，阿Dee也和應。劉婉芬説：「潮州菜在香港都幾受歡迎，阿Dee你覺得有甚麼原因？」阿Dee答：「與喜用芡頭的粵菜比較，潮州菜可算是較清淡。」劉婉芬不同意，説：「我還是第一次聽人講潮州菜口味清淡，潮州菜有許多炆菜，如炆豬肉等。」我撐阿Dee説：「潮州菜都有凍蟹和魚飯，這些肯定比粵菜清淡！」劉婉芬説：「我兒時在家中未食過凍蟹。」阿Dee説：「其實凍蟹是滲透了香港特色的潮州菜，在潮州是烚細隻哟的蟹，來做凍蟹的。」我説：「以前潮州菜是平價菜，除了螺片，其他菜材都不貴。花蟹以前不值價，但卻愈賣愈貴！我在70年代請客，除了食潮州菜，絕對不會放花蟹入菜單。」阿Dee説：「因為花蟹不能夠養殖，所以供應愈來愈少，以致漲價。」

黃錫炎（左）與支持他創辦品潮軒的伯樂。

阿Dee來自普寧，他説：「普寧不靠海，雖然普寧都有螺片，但入貨是由潮陽、惠來和汕頭等地，而潮州傳統其實以燒響螺馳名！」今日由阿Dee講潮州菜，可謂不作他人選，因為他在十幾歲才來港，之前在潮州生活，在深圳又學過兩年潮州菜。劉婉芬問：「你覺來得到香港之後，食到的滷水同潮州有沒有分別？」阿Dee説：「好大分別，鄉下的滷水好濃、好鹹，而香港就清香些，沒有那麼鹹。」我問：「可不可以叫做港式潮州菜？甚至現時潮州的潮州菜，會不會受了香港的影響，變得較清淡？」阿Dee説：「早在80年代，潮州菜已經受到香港的潮州菜熱潮影響而有所轉變，好像大凍花

蟹，以前潮州是焓細細隻的蟹仔來做凍蟹。」劉婉芬和應説：「我記得用個箶箕蓋着便放廚房。」我補充説：「加上用鹽醃鹹後，都可以放耐些。」

早年創業。虛心聆聽

劉婉芬説她在韓國食過醬油蟹，覺得同潮州的生醃鹹蟹味道相似，但現在已經不敢再食！兒時她父親會買鹹薄殼和醃鹹了的瀨尿蝦回家儲存，用來下粥，她問：「阿Dee，你在潮州是否也會經常食粥？」他答：「朝早一定食粥，中午食飯，但都會有煲粥放在家裏！」劉婉芬説：「在我阿爸、阿媽那個年代，由朝到晚都是那煲粥，到晚上，米粒都

已經煲至開花，不似潮州粥！」來到香港後，阿Dee在幾間大集團做了5年廚師，之後便和家姐拍檔創業，他憶述：「因為有位老人家在背後支持，加上舖位是上手做到不做，只需繳付多少頂讓牌照，其餘無需頂手費，所以全部只是用了50萬便開業。」

我盛讚阿Dee年輕有為，不可少覷！九龍城食肆雲集，不單只是泰國菜館，即使潮州菜館都不少，不過，在啟德機場搬遷後，九龍城便陷入低潮，造就阿Dee執平舖，說：「在我開店的時候，區內不少潮州菜館都已經結業，只餘數間。」劉婉芬接着問：「你只是來港數年，雖然有老人家支持，是甚麼驅使你有勇氣創業？」阿Dee答：「其實只是膽粗粗，如果失敗，便回去打工！」我絕對支持年青人創業，即使跌低，要再次站起來，都比臨老創業容易！品潮軒開業時，老闆連夥計全店只有8個人，但店舖佔地2000多平方呎，可容百多個座位，他說：「起初只是低頭猛做，甚麼都不想；還算托賴，都夠交租、夠出糧！」介紹我認識品潮軒的，是我的立法會舊同事梁劉柔芬，那時她家住九龍塘，識飲識食的梁氏伉儷帶我去品潮軒食好嘢！

開業初期，沒有宣傳，沒有傳媒報道，怎樣吸引顧客？阿Dee說：「反而有雜誌寫我哋個翅好差，卻引起食客興趣專程來試！」因禍得福，就似我們政客，被鬧總好過無新聞（一笑）！我問：「當時有沒有自我檢討？是落不夠豬油？還是太多？」他再答：「其實翅無非靠個靚湯底。至於豬油，我們本

一切以留住客人為目標，如果不這樣做，可能連間舖都保不住！

身沒有放，但潮州人特別喜歡豬油，如果人客要求，都會落。」站穩腳後，2006年阿Dee在尖沙咀金馬倫里再下一城，卻因選址不當及分身不暇，在完成3年租約後，結業離場！我說：「尖沙咀最大困難是做不到午市，因為區內酒店和食肆林立，小店午市做不起價錢，即使晚市都競爭激烈！」分散了注意力，最慘是連九龍城的生意都受影響，阿Dee說：「回想起來，在那次失敗之中，我們吸收了很多寶貴經驗，當我重新集中打理九龍城店後，着手改良出品，令菜式更健康和精緻。」

回歸龍城。歷鍊思變

品潮軒的菜式以少鹽、少糖、少油為原則，食材也盡量採用新鮮材料，取代急凍貨，阿Dee說：「菜

黃錫炎與姊姊攝於品潮軒開幕。

式絕無味精,既然連我自己都唔食味精,點解要用?」我説:「但即使九龍城區內有街市,用新鮮材料都會拉低毛利!」阿 Dee 説:「無法子,一切以留住客人為目標,那時如果不這樣做,可能已經連間舖都保不住!」劉婉芬説:「其實品潮軒的菜式都幾地道,除了有凍蟹、魚飯和滷水鵝片外,還有普寧豆腐同太極素菜羹。」他説:「太極素菜羹在潮州菜之中,有『護國菜』的美譽,話説宋帝昺為逃避戰火,來到潮州潮陽的一間寺廟歇腳,饑腸轆轆,寺中和尚於是用番薯葉煮湯給他食,演變下來,廚師將湯羹做成太極造型,甚至加入火腿等精緻食材。」劉婉芬問:「現在你夠不夠膽捲土重來?」阿 Dee 信心滿滿説:「現在我成熟了,有信心將來有日可以做到香港、九龍和新界各一間。」

除了外邊少有的太極素菜羹,阿 Dee 剛才提到潮州傳統的做法是燒響螺,我問:「你用大響螺還是細的?」他答:「大響螺。細的是養的,味道不及大響螺鮮甜。燒時餵少少上湯,餵大約一個小時後,轉用大火,收乾上湯,令鮮甜味更香濃。」劉婉芬問:「有沒有焯螺片?貴不貴?」阿 Dee 説:「其實稍為有檔次的潮州菜館都會有焯螺片;我們店價格賣得較平,每斤只售 $800,一隻大約二斤餘重,夠兩至三位用。」我問:「你話潮州翅現在不用豬油,但一樣好味,那麼豬油的味道用甚麼代替?」他説:「用來熬湯的火腿、豬骨,其實已經會出油,以前最後會額外再加豬油,但現在我覺得無這個需要。」

劉婉芬説:「我好鍾意食蠔餅,你們的蠔餅如何?」他説:「有兩款,一款用傳統蠔仔;另一款用日本珍珠蠔,賣過千蚊一客。此外,我們的蠔卷都好靚,這是傳統潮菜,但我改用法國蠔,取代帶腥味的傳統蠔仔,法國蠔食起來爽脆,而且味道更鮮甜;以前外面會包威化紙,但威化紙要上炸漿炸,如果炸漿過厚,便會影響口感變硬,所以我較喜歡用腐皮。」品潮軒的功夫菜還有豆醬蟹鉗,蟹鉗必需生拆,加上豆醬的鹹鮮味,格外鮮味,我説:「功夫菜賣得好價錢,但問題是工序繁複,夥計未必肯做。」

介紹完貴價菜,講講潮州菜館必備的滷水鵝,阿 Dee 説:「滷水師傅愈來愈少,以前我打工的時候都做過滷水,但許多師傅因為習慣關係,未必完全接納我的要求!不過,在師傅準備蠔仔粥和糖醋麵這些家常菜的時候,我都會要求他們花多些心機,構思如何可以做得更好!」雖然曾經經歷滑鐵爐,但阿 Dee 不斷力求進步的思想,他日必定可以實現捲土重來的夢想!

品潮軒大事年表	
2002	● 品潮軒於九城獅子石道19號啟業
2014	● 遷往九龍城沙浦道83號御豪門地下2&3號舖擴充營業

● ○ ●

張宇人説黃錫炎

品潮軒是我友梁劉柔芬的至愛,即使她遷居到港島,都仍然經常去捧場,而我和她相約飯聚,許多時候她都會選品潮軒。

09

以心為心。揀手靚料

火井四季火鍋

李國文

西環名店。堀巷逢春

今集嘉賓火井四季火鍋老闆李園文（Andy）。火井四季火鍋創於1996年，99年由Andy兩公婆頂手後，最初由太太打理，原址在西營盤一條不起眼的崛頭巷——屈地街，卻愈做愈旺，更開枝散葉發展成5個相連舖位經營，在2年前搬到了皇后大道西419號，我的電台節目拍檔劉婉芬説我罕有在書中刊出完整地址，我説：「《金漆招牌》的出版，目的是為我的業界打氣，特別是一些中小微企，希望有讀者即使有段時間沒有幫襯，偶然讀到火井的故事，喚起他們的興趣都可以知道他們搬了新舖！」劉婉芬説：「每次訪問中小微企，我都特別興奮，覺得應該為他們打打氣，特別一些經營超過10年

的金漆招牌，作為中小微企可以打造成金漆招牌，殊不簡單！」

我問：「你兩公婆頂手火井的時候，Andy還做緊消防，所以火井交了給老婆打理，但你一放假便返舖頭幫手。我在《金漆招牌》經常都説，近年的營商環境艱難，唯一較容易生存的是老公做廚、老婆打理樓面，每逢仔女放學放假便返舖頭幫手，省下兩個夥計，勉強還可以搵到兩餐！當然代價是犧牲了自己份人工，而且仔女都未必肯同你捱！不過，近年即使飲食業願意投資，都未必聘請到勞工，可幸Andy經營的是火鍋館，在飲食業眾多品種之

搬遷前 Andy（右一）和一班合作多年的夥計攝於店前。

中，算是最容易打理。」Andy 説：「算是比較簡單些，但一間食肆基本需要的人手，都是要維持，有時請不到人，我都要幫手洗碗。」我問：「火井有沒有供應小菜？」他答：「沒有，我們全年經營火鍋，另外會供應一些小食，都是由火鍋料變化而來或者比較簡單的小食，例如炸餃子、炸魚片頭、沙薑雞腳、手拍青瓜和皮蛋酸薑等。」

兒女成才。儲錢買舖 ────

劉婉芬説她是火井熟客，所以選擇盡量低調，我卻説她應該主導多些，因為我不是火鍋的捧場客，每次打邊爐，我都是將火鍋料全部倒進鍋內「一

鑊熟」！我問：「你現舖址是租還是買？」他説：「租。」我説：「大件事！長遠計始終都要買舖！你不妨同業主放聲氣，如果業主有意放盤，可以優先聯絡你！」我勸勉 Andy，待仔女大學畢業後，便要抓緊時間儲錢買舖！Andy 和應説：「其實我同太太都有這個想法，明年仔女便大學畢業，是時候為自己打算！」劉婉芬問：「經營火鍋館，是否很受季節影響？」他説：「都會，始終秋冬季節會較受歡迎。」

劉婉芬説：「其實你們都算好生意，若果沒有訂座，去到可能要等位。」Andy 補充説：「即使有

時夏天，來到都需要等位！我們算是有多少年資，儲到一班熟客，所以影響算是輕微，頂多冬天的時候，好天收埋落柴！」劉婉芬說：「近年夏季愈來愈長，對經營火鍋館會否有影響？」我說：「會不會夏天冷氣要調至16、17℃？」Andy說：「這層必需，正常我們都維持在19℃，所以火鍋館比一般食肆的空調大一倍匹數，以我們為例空調足有90匹，每個月單是冷氣費便達2萬5到3萬蚊！」劉婉芬問：「以前有5間舖的時候，要幾錢冷氣費？」Andy說：「以前反而較平。」我代Andy解釋說：「因為舖頭如果沒有人客，可以不開冷氣；現在即使只得2檯人客，都要開全店冷氣。」

我問：「你們幾點開舖？」Andy說：「黃昏6點到凌晨1點半，師傅下晝2點返舖頭備貨，但其實主力由我買貨，我會走遍香港、九龍和新界，第一站到荃灣楊屋道街市，跟往落深水埗、旺角，再到上環街市。」劉婉芬問：「點解？」他答：「火鍋館買貨，最重要是牛肉，我同荃灣楊屋道街市三昌牛肉的老闆由細玩到大，在頂手火井後，問他：『我做火鍋，你給不給我貨？』他答：『你做，我當然給！』」即使如此，Andy每日會向3個肉檔取貨，包括荃灣、旺角和上環，他解釋說：「牛始終是牲口，質素會有高低，難免有時質素較次，但做生意講誠信，即使如此，我都會繼續要貨。」

親力親為。揀靚海鮮

加上Andy喜歡自己揀海鮮，他說：「如果打電話叫貨，來貨好刻板，相反自己去行街市，可以見到時令海鮮，街市哪類海鮮多，便自然會靚！會平！」我問：「無需自己去買菜吧！」他說：「菜最重要是新鮮，我們在石塘咀街市叫貨！不過，都會要求較靚的來貨，因為火鍋不同小菜，小菜炒熟後，即使菜蔬原本較黃都問題不大。我買貨有個習慣，便是不講價和支付現金！」我補充說：「好簡單，現金永遠都可以攞到最靚的價錢！」此外，唯

一可以賒數的是批發，讀者都見不少，舖頭未有人返工，批發便將貨物放在舖頭門口！

買貨最緊要識貨，你睇中哪部分，用較高價錢買走最靚部分，返到舖頭無需再改，減少廢棄率，都不過是計數！Andy說：「其實同街市交易慣了，好多人都已經熟知，『我不講價、我給現金，唯一要求靚貨！』都曾經轉過一、兩檔海鮮，你不給靚貨，我咪唔同你攞！」我問：「海鮮應該好易睇到！」他說：「有時會請街市幫手揀蟹。」我繼續問：「那麼你買完便放上車？」他說：「我架搵食車是7人車，車上放幾個塑膠箱和氣泵，日日都周圍去買貨。」劉婉芬問：「你兩公婆做足十多年，其實日日咁做，開不開心？」Andy說：「開心！一日不去過街市，我都唔安樂，習慣了日日見面同搭訕！」

我問：「火井由黃昏6點營業至凌晨1點半，Andy交給老婆睇舖，所說都不過營業8小時，那麼Andy你要幾點開始去買貨？」他答：「正常來說，我每日的作息由11點起床開始，12點出門口去街市。」我問：「中午過後還可以買到靚牛肉?! 你是訂了貨嗎？豬牛肉從屠房來貨，通常很早便送到街市。」他答：「牛肉我是同檔口訂的；去街市前，我還要先食午飯。」我說：「去到都已經兩點。」我曾經經營過一間食肆，就在濕街市旁邊，最晏朝早

在搬遷前，火井開在崛頭巷屈地街，卻靠口碑一路擴充至5個相連舖位。

家人朋友為 Andy 慶生。

任職消防時期的 Andy。

Andy 在開業初期，已想到為涼茶舖換上明亮裝修。

Andy 夢想創業，可惜涼茶舖未能過渡時代衝擊。

6點開門，否則給人推冧大門！因為街市很早便開檔，他們要趕住來醫肚開工，不過時勢易，現在濕街市愈來愈晏開檔，但如何都好，許多時候我11時許去到，他們已經在洗地，要待下午2、3點才再開檔，千萬別要下午4、5點去街市，他們忙於埋數，無人得閒理睬你！

涼茶起家。時代淘汰

Andy說：「所以我通常下午2點去，如果太早去到，許多檔口仍在落場；至於海鮮，所謂游水海鮮，我幾點去都無大問題。」我問：「休漁期沒有影響？」他說：「其實影響幾大，許多貨物包括副產品，如鮮魷和九肚魚都攞唔到，便要買入口海鮮，好像日本的牡丹蝦、松葉蟹和飛機魚，而且每當貨量少，來貨價便會貴。」我笑說：「可幸休漁期正值你的淡月，最緊要秋冬季節來貨齊全。」劉婉芬：「最初和太太為什麼會決定經營火鍋館？」Andy解釋說：「其實我兩公婆做飲食是由涼茶舖開始，最高峰期我們經營有8間，全部都開在戲院旁邊，可是後來逐漸少人到戲院睇戲，可能我個人的性格比較保守，轉變太慢，如果好像某個上市連鎖集團，回國內設廠生產龜苓膏，可能還有機會繼續發展，想當年我和他們差不多時間起步！」

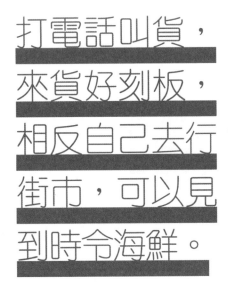

打電話叫貨，來貨好刻板，相反自己去行街市，可以見到時令海鮮。

劉婉芬問：「點解選擇做涼茶？」Andy答：「舊式涼茶舖開到茶廳，Andy夫婦只餘下皇后大道西一間茶餐廳，就在屈地街舊火井附近，火井老闆經常來下午茶，相熟後得知火井慘淡經營，Andy本

身熱愛火鍋，即使夏天一個星期都可以吃3、4次火鍋，決定頂手火井，本着「以心為心」，盡量將食物質素提高來到吸引食家。劉婉芬問：「點解不在火井賣涼茶和龜苓膏，給人客食完火鍋清熱？」Andy說：「做一轉龜苓膏其實要用2日時間！當年我請師傅來教我們煮涼茶，經營到後期，我已經是師傅，可以教舖頭內的學師煮涼茶和龜苓膏。其實做涼茶同火鍋一樣，都是最緊要講良心，好像廿四味現在已失傳，沒有人會落足24種藥材！當年其實我都已經落到18種，算是落得很足！但開火井之後，便沒有時間再煮涼茶！」

Andy說：「經營食肆最重要是出品質素，我經常都問自己一個問題：『人客食完，會不會返轉再幫襯？』」守得雲開，即使舊火井開在不起眼的崛頭巷，但竟然吸引食家谷德昭撰文介紹！之後傳媒聞風而至，成功打響名堂！劉婉芬問：「你做飲食是否因為消防比較早退休，預早謀定後路？」Andy說：「我是辛苦命，喜歡工作！當初揀消防，是因為假期多，可能發展自己興趣！」我說：「消防今日唔知明日事！」他說：「無錯，我剛開始做消防的時候，遇着工廠大廈火災，之後又輪到木屋區大火！」劉婉芬：「因為有危機意識？」他說：「可以這樣說，因為我有3個囝囡，會想為他們提供生活保障！」

特色美食。保證新鮮

最後，介紹下火井的美食，劉婉芬推薦他們的韭菜餃，抵食夾大件，每隻足有2/3個拳頭大小，一碟還有9隻！我問：「點解將韭菜餃包到如此巨型？

豈不是人客食一碟韭菜餃已經飽了一半?!」Andy
說:「其實都曾經有人客提過意見,但我諗唔緊要
啦,反正人客都已經習慣,就當是火井的特色!其
實從生意角度來說,反應都唔錯,韭菜餃差不多每
晚都售罄!」回想60年代,我伯爺開金冠,當年的
蛋撻很巨型,我伯爺覺得女士櫻桃小嘴,食蛋撻有失
斯文,於是便首創迷你蛋撻,更流傳至今時今日!

Andy說:「除了韭菜餃,我們還有一些特色食
品,如烏魚扣和魚下巴,即烏魚的胃和大魚的下
巴,後者食起來好滑,但數量好少,正常每碟魚下
巴有6至9件,一件便已經一條魚,而且一定要新
鮮,放隔夜味道會變腥。」劉婉芬問:「魚下巴屬
不屬於下欄?」他說:「魚檔正常會將魚開邊賣,
但因為我們同他們攞貨,所以他們會先切出個魚下
巴,來留貨給我們。說起來,當初是有個魚檔老闆
向我建議,『你試試這個部位,淥起來,好好食!』
於是,我同他攞了幾舊,返屋企試淥,發覺真的很
滑,便推出這款特色火鍋料!」我問:「還有甚麼好
介紹?」他答:「鈎翅。我們攞細細塊鈎翅回來,然
後自己浸發,用來打邊爐,效果都唔錯!還有花膠
和海參,都可以用來打邊爐。其他好似豬筋和牛胸
肉,現在外邊都流行,牛胸肉其實不是肉類,而是
牛的脂肪,食起來好爽口!」

手切肥牛。本地鮮宰

Andy說他基本上用新鮮本地手切肥牛,但為迎合
不同食客口味,店內也有供應安格斯,我說:「其
實是2種食法!」Andy接着說:「市面有如此多火
鍋館,其實有許多都攞唔到新鮮本地肥牛,惟有賣
外地入口的凍肉!」我說:「由全盛期每日宰幾百隻
牛,到現時只幾十隻,每日有幾多新鮮本地牛肉供
應,完全有數可計!」Andy說:「假使每日總共宰
60隻牛,當中供應普通瘦牛肉的,行內叫生牯牛;
至於火鍋館用的,叫騸牯牛,因為閹過,所以容易
槽肥,每日大約只得10隻!」劉婉芬問:「火鍋館
無需要有太多廚師,會不會比較容易經營?還是競
爭激烈?」我說:「火鍋館其實唔易做。這廿年來,
不少火鍋館都被市場淘汰。」

Andy說:「好多人以為火鍋館只要攞凍肉回來,
然後用機刨成一片片便成,但其實不是如此簡單,
我們舖頭便不准用機刨,全部要手切!刨機會產生
相當溫度,破壞牛肉的肉質!雖然火井沒有供應小
菜,但我們聘請的,全部都是全能師傅,他們其實
隨時可以煮一圍小菜!」時至今日,Andy仍然會
在舖頭收工時,同師傅每星期一起食一至兩次火
鍋,他說:「最主要試下海鮮同手打丸的出品得不
得!」Andy說在舖頭的時間過得特別快,「有時遇
見熟客,會坐低同他們飲兩杯,自己做得好開心!
無論你選擇甚麼職業最緊要開心;如果不喜歡的
話,便不要做!」

10

歷劫重生。心機小菜

彪哥海鮮菜館
李俊彪

一代廚痴。以蛇為業

如果我的節目拍檔劉婉芬有機會早點認識今集嘉賓——彪哥海鮮菜館的李俊彪（James），品嘗到他精心炮製的蛇羹，可能會有幫助保護把靚聲。今日除了James來到同我們講彪哥海鮮菜館的金漆招牌故事外，還有他的細妹Cindy。兩兄妹都相當年輕，James今年才36歲，卻已經有十多年入廚經驗，但奇在彪哥海鮮菜館（前名「蛇王彪」）竟然有36年歷史，原來James的爸爸李棠早在60年代已經創立蛇王彪，棠哥在未歸信上帝之前，迷信鬼神之説，更學習神打，師傅替他批命，指用棠字開舖不會成功，要用兒子李俊彪的名字才可以，不過仍會好辛苦，於是棠哥便將舖頭命名為「蛇王彪」！

我笑説：「James剛剛出世，臍帶都未脱，棠哥便已經為『蛇王彪』這個金漆招牌安排好傳承！」劉婉芬笑説：「James，你細細個出到舖頭，個個已經彪哥前、彪哥後，會不會感覺飄飄然？」豈料James正經地答道：「應該不會，當時落舖頭一心學習，不會胡思亂想！」

顧名思義，「蛇王彪」主打賣蛇，開業已經在觀塘現址。棠哥投身飲食業之前，跟隨兄弟和舅父從事了8年電機工作，當時已經月入千元，70年代偶然在報章見到聘請蛇王學徒的廣告，素來喜歡冷門東西的棠哥覺得很富挑戰性，但工資只有$250，毅

李棠珍藏多年的斤両簿。

然辭工一試。棠哥自幼患哮喘，當學徒後靠飲蛇湯和運動不藥而癒，加深了他對投身蛇業的信念！未幾在偶然的機會下，棠哥的手藝獲老闆賞識，開始教他煮蛇羹。煮蛇羹需要切花膠，花膠又硬又滑，切起來很費氣力，愛動腦筋的棠哥巧用他對電機的知識，找人按着他設計的草圖做了全港第一部「蛇羹材料切絲機」！後來棠哥密謀創業，在經過一次滑鐵盧（失敗）後，得太太支持他在街邊推車仔冬天賣蛇羹、夏天賣糖水，在賺到第一桶金後，又是得太太鼓勵入舖。食不厭精的棠哥，鍥而不捨地四出尋覓食材，80年代很多獨特海產如蘇格蘭蜆子和魔鬼魚，棠哥都快人一步品嘗過，並且在1990年

成立「蛇王彪貿易有限公司」引進蜆子王、鹿、蛇、野味和鞭等罕有食材來港自用及經營貿易生意，而蛇王彪亦加入海鮮小菜等，打破蛇羹和蛇膽等季節性生意的影響，並租下相鄰舖位，一步步擴充營業。

沙士重創。兄妹回巢

2003年的SARS，市民誤傳蛇和果子狸是SARS的病毒源頭，令進口蛇肉和果子狸的棠哥生意一落千丈，更陷入資金危機，當時棠哥已經歸信基督，獲專門協助中小企的基督教機構「公義樹」幫忙將業務轉型，改為經營健康食療和愛心湯水，並翻新店面，為了和野味劃清界線，更毅然將「蛇王彪」

易名為「彪哥海鮮菜館」！James憶述：「當年爸爸得知要改招牌後，感覺彷如世界末日！」James於2004年回巢，他人生中首份工作便是彪哥海鮮菜館。James說：「那時我在加拿大，大學主修經濟系，豈料03年香港遇上SARS，舖頭生意受到重創，爸爸迫於無奈，急召我回巢，我被迫放棄學業。」Cindy當時在英國升讀大學，同樣被迫放棄學業回港，她說：「當時爸爸除了香港有舖頭，在國內都合資經營有餐廳，但不幸遇上誠信有問題的拍檔，兩邊均流血不止。」

兩兄妹之後一直未有機會再回去完成學業，James說：「回港後，我未覺太可惜，只是初時未能投入樓面的工作，經常迷迷茫茫，無心工作；直

五大天王。享譽廚壇

Cindy指棠哥有「五大天王」的稱號，除了蛇王、鹿王、鞭王和野味王，尚有蟶子王。她說：「香港以前無人食蟶子，是由爸爸引入香港。」有個熟客和棠哥很投緣，一次提起他的表哥是比利時華商會主席，在歐洲有種海產叫蟶子，問棠哥有沒有興趣試，棠哥一句「有興趣」便開啟了日後的比利時之旅，後來他知道出產蟶子不在比利時，而是蘇格蘭，在熟客表哥引薦下認識了當地漁民，便又跨洋過海到蘇格蘭生活了3個月，並隨漁民出海了解蟶子的習性。Cindy說：「爸爸好勇敢，他不懂得英語，竟然一個人去到蘇格蘭！蟶子離水後很快便會死，所以當地人很少食用，多用來做漁餌，爸爸便拿蟶子回家試煮，在蒸炒煮炸都試過後，發現蒸的味道最佳，就如爸爸所說『蒸1分47秒便剛剛好』！」

居英期間，棠哥在移居英國開餐館的圍村朋友家中暫住，品嘗到他炮製的新鮮鹿茸湯，驚為天人！朋友駕車載他到農場，原來那些新鮮鹿肉是打獵得來，還有山雞和水鴨等，嗜愛野味的棠哥如獲至寶，回港後向任職中醫的多年街坊好友請教《本草綱目》中關於鹿的學問，並加以實踐，研究整鹿骨，又開發新鮮鹿尾巴和鹿鞭等鹿產品，更撰寫了一套由食療、推廣、包裝和訓練員工的計劃書，和英國貿易商打開關係。Cindy說：「香港的鹿產品，許多時候不是我們想要的切割和包裝，所以每年入冬前爸爸都會親身到英國和歐洲睇鹿產品。」

鹿筋薑醋都有個故事，Cindy說：「爸爸剛剛信主的時候，想搞一個食物來作紀念。薑醋是為初生嬰兒而設的食品，爸爸用了鹿筋來代替豬手，食起來會沒有那麼膩滯，而讓我們引以自豪的是冷吃鹿筋薑醋贏得了美食之最大賞！」我問：「有沒有雞蛋？」彪哥答：「沒有。燉完鹿筋的水好重骨膠原，再加薑醋只是用來調味。首先要鏟薑，鏟至外皮黑麻麻，再去皮，然後放入醋浸60日，最後加鹿筋水，置涼後凝起細細杯的鹿筋薑醋，非常矜貴。」

至於鞭王，Cindy笑說：「有時人客會打電話來問：『你們是否有湯賣？』我問：『你要的是甚麼湯？』他們會說：『有特別功效的。』」我笑說其實不單只是鞭，就是尾和角的功效都很好！一笑！至於野味，Cindy說：「鴕鳥扣即是鴕鳥胃，還有鹿舌都是我們的拿手好菜。」劉婉芬說：「好罕見！」Cindy說：「鴕鳥胃入口爽脆，但沒有烏魚扣那麼硬。」

至要入廚房幫手，甚至有自己的崗位，才逐步投入舖頭的工作！後來慢慢得到人客欣賞出品，才爆發實力，愛上煮食、愛上廚師這個行業！」我說：「這些我們視為遲熟一類的駿馬！」Cindy 卻說：「和哥哥比較，我屬於早熟型，以前放暑假已經有回舖頭協助樓面和收銀工作。回港後，我目睹哥哥的成長，以前哥哥未打過工，就連返工要打咭，都要由零開始學習！」不過，Cindy 說她比哥哥幸運，家人給她空間先發展自己的事業，直至爸爸準備退休，才希望她

和哥哥一個主外、一個主內，拍檔接手家中生意！

大器晚成。急起直追

七年前，James 準備接班，開始入廚房學藝，其實在《金漆招牌》的故事當中，不少第二代自幼便在廚房耳聞目睹，到準備接班便手到拿來！James 說：「最重要是學習試味，好食、不好食都要試，才懂得如何將想要的味道表達給夥計知道。加上爸爸要求嚴謹，所以起初壓力很大，經

棠哥即席示範揀沙皮和優質果子狸，令澳洲供應商心服口服。

棠哥於2003年6月22日受洗歸主。

彪哥和妹妹 Cindy 自少已隨父親與蛇為伴。

歸主後的棠哥自創「門徒晚宴」，並透過廚藝到處去宣講見證。

彪哥海鮮菜館經常座無虛設。

常被他教訓;直至後來爸爸交給我全權負責廚房,我不斷每日炒、每日炒,慢慢觀摩到許多不同廚師的烹調技藝;到最後我學滿師,學懂舖頭全套出品,開始融會貫通創作新菜式,甚至出外參加比賽。」虎父無犬子,棠哥在04、05和06連續3年贏得旅發局舉辦的美食之最大賞,James也在2010和2011年憑蛇羹和糯米飯贏得美食之最大賞,他說:「參賽當日我和爸爸採用熟蛇,即場表演拆蛇肉!」

在我的印象中,彪哥海鮮菜館是傳統供應午市和晚市小菜的地方,主打廣東菜,有個很潤的餐牌。Cindy指近年他們嘗試加入許多帶fusion風味的創作菜;接着交由James解說:「例如籐條炆豬肉,我諗過用許多材料去做籐條,最後想到用香茅再加金不換來炆豬肉,用石鍋上,熱辣辣、香噴噴,還帶多少泰式風味。不過,傳統菜式好像八寶鴨等,亦不可缺少。」泰式風味再加傳統粵菜,新舊揉和,就像當年我童年時到父親的舖頭用膳,既有北京填鴨,又有大蝦沙律。」

由基本學起。靠天份發揮

劉婉芬問:「舖頭經歷了這麼多個年頭,有些甚麼變化?」彪哥說:「我爸爸對待員工比較軍訓式,而我就比較有商有量,如果員工犯錯,我會事後和員工檢討,可幸覓得得力助手,好像有位同事以前任職洗碗,後來我發現她做事細心,慢慢栽培她做水檯,現在更升任至砧板。」我問:「你現時有爸爸幾成功力?」James謙虛回答說:「爸爸從來不會教我甚麼溫度下鑊,而是教我基本功,好像時間、溫度和斤兩。」我附和說:「在我眼中煮食是科學和藝術兩者結合,既有很富定律的一面,但在掌握煮食的科學定律(基本功)之後,如何能夠發揮淋漓盡至,就要靠個人手藝!」

我問:「James,來到你舖頭有甚麼必試?」他介紹:「如果來到,一定要試試有30年聲譽的大白菜豬肺湯。我們會自己買豬

> 最重要是學習試味,才懂得如何將想要的味道表達給夥計知道。

棠哥與越南的菠蘿罐頭廠合作,在淡季的時候生產蛇肉。

棠哥與James父子在美食之最大賞即席表演拆蛇肉，並拿着蛇骨合照。

肺回來啤水，在啤完水後，還要裁走豬肺積血的地方；白菜又會先汆水，但只會稍稍汆一汆，隨即取起，目的是為了讓白菜的體積縮細可以放入燉盅，如果煮太久便會變成焓菜，精華盡失。此外，還有白切雞，阿爸教落用清水浸雞，待『雞啼3次』（蟹眼水滾起3次），便可取起浸冰水，浸好的雞皮爽肉滑，極之美味！最後是砵酒焗桶蠔，有些人會用紅酒，但我會用貓砵酒，才會夠香，還有必需注意油溫，有許多廚師都煮過此菜，但當他們的油溫都不夠高，蠔的裙邊不夠脆身，折損風味！」

三十幾年來，彪哥海鮮菜館其實累積了不少招牌菜，好像掛鹿米線和鹿骨煲等，Cindy解釋說：「掛鹿米線是一款湯麵，除了用鹿頸和鹿舌尖來熬湯，加入少許花椒八角，最後再加唐芹和芫茜帶起鮮味，湯底鮮香味美；掛鹿米線除了有米線，還有免治鹿肉碎，夾起每條米線都會掛有鹿肉碎，因而得名掛鹿米線。」

張宇人說李俊彪兄妹

我最早認識的其實是彪哥的妹妹 Cindy，因為 Cindy 經常在稻苗學會舉辦的活動中擔任司儀，是飲食業界中少數口才了得的佼佼者。

11

水上人重鎮。創意蛋家菜

金東大
布有輝

筲箕灣東大街。水上人集散地

我的電台節目拍檔劉婉芬今集一開腔便説:「我覺得直播室內充滿海鮮的味道!」我和應説:「如果食碗泥鯭粥做早餐都不錯!不知道他們有沒有泥鯭粥?」劉婉芬説:「如果你開口要求,我相信一定有,問題是他們開好晏。」我説:「可能之前一晚收好夜。」不如直接請他們自己介紹,今集嘉賓就是金東大老闆布有輝先生(下稱「輝哥」)和太太Ada(下稱「輝嫂」),我經常説在每個金漆招牌背後都有個幕後英雄,不單只是食肆老闆,還有他的太太和家人,當經歷風浪的時候,老闆許多時候連老婆張棉胎都攞埋去當押,今日可以親身問問輝嫂!

劉婉芬説:「其實我認識他們是由輝嫂開始,因為輝哥許多時候都在廚房工作,朝早又到街市做買手,舖面就交由輝嫂打點一切,而且輝嫂的交際手腕一流!每次見面都笑口盈盈問幾時再來幫襯;結果每次都是成圍人去,去到還發現隔離坐了一位知名食家,對方也是一圍人來捧場食飯!當然我相信輝哥、輝嫂的好人緣是多年努力經營累積得來的!」我説:「最重要不是你花了多少錢賣廣告,而是你的人客食完覺得滿意,自動公諸同好,向身邊的家人朋友推薦。」輝哥姓布,是布袋澳水上人,他説:「我們水上人,出世識行識走便開始落艇幫手,掉你落海便當學游水,以前捕魚的撈箕可以撈

輝哥能取得不少時令海產，配合原汁原味的烹調來帶出海鮮鮮味，如西貢海膽砂鍋拌飯。

上百斤的魚，所以會用撈箕撈返小孩上船！」早期筲箕灣是漁民聚居之地，加上交通落後，需依靠筲箕灣東大街的筲箕灣碼頭，乘渡輪連接坑口（經調景嶺）、茶果嶺、觀塘和鯉魚門，所以輝哥自少便隨父親到來做買賣和購買日常用品，可說是在筲箕灣東大街長大。

自從1997年當選東區區議員後，自問我對香港並不陌生，但竟然不知道筲箕灣東大街聚居了大批水上人，聽輝哥所講感覺上岸行兩步已到筲箕灣東大街，我問：「水上人聚居筲箕灣東大街有沒有原因？」他說：「自古以來天后廟都是沿海興建，並且面向大海，記得在我3、4歲的時候，天后廟外面是漁市場，旁邊就是筲箕灣東大街，確如張生所說上岸行兩步已到筲箕灣東大街！水上人都分好多種，70年代最有錢是石斑艇，甚至有句俗語『石斑艇佬嫁得過』！石斑艇最遠出海去到台灣、福建，然後逐條手釣紅斑，一條條養在漁船生生猛猛，當時紅斑好值錢。」當時尚未有養魚。養魚業直至70年代中才方興未艾，輝哥父親亦有養魚，他憶述：「農曆年初一，別人一家出外遊玩，我們就到布袋澳和西貢海邊捉鱲魚苗。」

輝哥夫婦交際手腕靈活，深得人心。

輝哥受中山夜茶點心的啟發，轉營點心專賣店。

受水上人愛戴的「鴨叨」(前)，外型似十足鴨脾。後面的是招牌蝦仔湯飯。

香港漁業．盛極而衰

輝哥説：「除了石斑艇，其次便是雙拖，由兩隻大船拖着一張大網，每次出海都最少一個月時間；再其次便是蝦艇。水上人之中，『蝦艇妹』最值錢，出嫁收最多禮金，要十萬八萬，因為『蝦艇妹』有錢同埋好勤力！此外，還有包裝，將漁穫包裝好運往日本出售。」我説：「簡而言之，即是從事對外貿易，待漁民交魚到漁市場，他們便針對日本市場所需，進行收購，再打氧、包裝，然後付運到日本，賺取外匯。」輝哥説：「他們收購最靚的紅衫魚，那時最搵錢便是包裝。做食肆最喜歡遇到包裝，他們來到甚麼都不用説，有甚麼最靚的即管落單。當時舖頭一大塊玻璃間隔開4張大圓檯，他們幾個人來，最後可能食出2、3圍，因為他們食到半路途中，見到隔離檯相識，便逢人都叫『坐埋來』，最後個個爭埋單！」

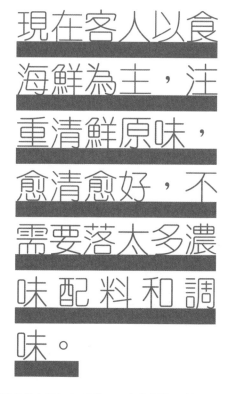

現在客人以食海鮮為主，注重清鮮原味，愈清愈好，不需要落太多濃味配料和調味。

隨着漁業衰落，輝哥五兄弟姊妹均投身飲食業，1989年由父母出資在東大街開了「金東大」。我笑説：「近年飲食業鬧人手荒，輝哥同輝嫂可能都要快手快腳生多幾個出來幫手睇檔。」輝哥笑答：「真的要，現在請人難比登天！」金東大開業後，輝哥其實離開了幾年時間，到1994年中被母親急召回巢。當時舖頭已經被執達吏（現稱「執達主任」）封舖，輝哥臨危受命，還要補7日代通知金給僱主才可以離職；最慘是輝嫂要打工養家之餘，放工和星期六、日仲要幫手睇舖。當時筲箕灣東大街佔九成

都是做漁民生意的，金東大經營有兩間燒鴨粉（又名「艇仔粉」）的店舖，用雞骨、梭羅魚和大地魚來熬魚湯，煮瀨粉和湯河，配料有燒鴨、叉燒等，因為漁民少吃肉，愛吃燒味。輝哥説：「當年水上人一上岸便搵燒鴨粉食，最受歡迎是叉鴨瀨，其次是叉雞！你們岸上人有食鴨脾，我們水上人不及岸上人富有，便食『鴨叻』（諧音），即是鴨翼對上部位。」我説：「我是基層，最愛吃鴨胸！」

金東大在筲箕灣東大街三十年，幾度轉型。曾經有段時間，輝哥輝嫂經營了一間24小時營業的點心店，但租金飆升得太厲害，惟有由堂食變外賣，再轉戰將軍澳，開「惠食派茶餐廳」。將軍澳店初期要守，幸而附近地盤動工，得工友支持才帶旺生意，不過近年地盤陸續竣工，輝哥輝嫂又要動腦筋轉型。至於回歸筲箕灣東大街，輝哥説：「我搬走後，業主放租了好一段時間，舖位仍然丟空，直到有次業主問我：「你係咪金東大老闆？點解唔租？」我答：「租金人工高企，我做街坊生意，無理由將點心價格一下了由$12加到$20，我做不出！」業主話：「大家傾下。」但上手業主將舊舖裝修全部拆卸，重新裝修要一筆費用，加上剛剛投資了將軍澳新店，業主見我猶豫，便説：「我不收你按金，給你較長免租期，待你裝修好開業才起租。」

遇好業主。轉營小菜

劉婉芬問:「這事發生在哪年?」輝哥説:「2008。」我接着説:「2008年年尾發生雷曼事件,整個市道急促下滑。不過,我經常都説街舖業主較有商量的餘地,好像輝哥這個例子,他起碼要花300萬裝修,又拆不走搬不走,形同墊付了6個月按金,其實業主無需擔心你會欠租,業主要懂得轉彎。」時至今日,金東大已轉為經營晚飯宵夜小菜,在筲箕灣東大街有7個舖位,分別是金東大小廚、金東大蜑家私房菜和金東大粉麵,劉婉芬説:「剛才也提及筲箕灣東大街佔九成都是水上人生意,金東大是否也針對漁民口味?」我説:「石斑艇成艇都是石斑,你千祈別叫他們食石斑!」輝哥説:「他們最愛吃紅燒魚頭,將淡水魚炸香再炆,將汁索乾,又夠香口!」我説:「可能因為在艇上

愈變愈靚的「私房菜」,以蜑家人菜式作招徠。

金東大屹立筲箕灣東大街多年。

日曬雨淋,吃慣清淡口味,所以上到岸就偏愛濃味。」輝哥和應説:「對!他們最愛炆、扣、燒;最緊要香口,肥淋淋好似梅菜扣肉之類就最啱!」

劉婉芬問:「現在還有沒有賣這類菜式?」輝哥説:「現在又反璞歸真,客人以食海鮮為主,注重清鮮原味,愈清愈好,不需要落太多濃味配料和調味,好像醃鹹鮮,用鹽帶出鮮甜味,落少少薑煎香,已經好足夠。」我問:「其實水上人由幾時開始在筲箕灣消失?」輝哥説:「應該是近幾年的事,政府發放賠償收回拖艇,個個收到一百幾十萬。現在仍有水上人居住筲箕灣,不過為數較少,筲箕灣漁市場亦已停止運作。」我説:「近年筲箕灣東大街儼然已成食街,而且各具特色。」劉婉芬接着説:「不過競爭亦大,結業告終的食肆亦不少,但有幾間老舖如金東大和安利卻屹立不倒!」

金東大有許多特色菜,劉婉芬説:「最近我和朋友便去食過一個『豬膶炒蜆』,離奇在吸睛的不是豬膶和蜆,而是食完所有豬膶和蜆之後剩餘的汁,用來撈飯,好味到不得了!還有矇仔魚,放片鹹魚在面蒸,蒸起都幾多油,我的朋友搶住用油撈飯,魚油鹹鮮撈飯好味到不得了!輝哥,是甚麼啟發你創作這些菜式?」輝哥説:「細細個我已經好食,住在布袋澳,成條街都是親戚,朋友亦多,但個個煮食方法都不同,記憶最深是親戚用豬膶煲糊仔餵BB,有些落薑、有些不落,我覺得有薑的那個好好味!到現在我仍然想起那種味道,但無理由煲糊仔,有次炒蜆,想起如果加豬膶跟薑炒,不知道會是甚麼效果?結果一試OK,只要加埋碗飯,我的童年回憶便完全回來!」

童年美食。靈感來源

輝哥説:「至於鹹魚蒸鹹鮮,在70至80年代個個都是食鹹魚青菜,鹹鮮即是用鹽醃過,但只是略略風乾幾日,尚未曬成鹹魚之前,因為屋企無雪櫃保

鮮，加上以前在布袋澳村不似市區方便，村內沒有街市，有時屋企無餸，惟有出外邊曬棚，隨手收條鹹魚，用水沖一沖便蒸，這便是鹹鮮的始祖。至於鹹魚蒸鹹鮮這道餸菜，我們多數都在冬天食，食到半路中途，魚肉已經攤凍，於是便用爐火保溫，水上人少吃肉類，魚肉殘羹欠缺油份，便加油再煮，偶然試過將鹹魚鹹鮮同油『燈』（諧音，意思指神臺「燈」蕊火）住來食，發覺油份吸收了鹹鮮味，用來撈飯一流，便發明了這道餸菜！」劉婉芬說：「時下一般『唔湊米氣』，那晚我們要了一兜白飯，結果個個搶住食！」

我問：「還有甚麼好味道？」今次輪到輝嫂上場說：「西洋菜墨魚餅。」劉婉芬聽到立即搶白：「這個好味到不得了！西洋菜味勁香！」輝嫂說：「墨魚餅是我們自己手打的，用墨魚膠加少少豬肉和唐芹；後來再多一款食法，西洋菜切粒，加墨魚膠打成西洋菜墨魚餅。此外，還有沙葛粉絲炒吊桶。」我和劉婉芬高呼肚餓，輝嫂安慰我們說：「午市開11點，全部小菜在午市都有供應，如果想食好嘢但又怕迫，晏晝來都可以食到！加上好多人怕肥戒食宵夜，所以好多熟客都揀午市來幫襯！」劉婉芬搶白：「但你仲未介紹最好味那隻雞和鴨！」輝嫂說：「最多人幫襯是油鴨手撕雞，水上人喜歡食燒味，我們便用一隻燒鴨脾，撕開鴨肉同鴨皮，撈埋隻手撕雞，加兩滴鴨油和薑蓉，就已經好滋味！」

金東大還有一招必殺技，便是將以前水上人原汁原味的蒸魚方法重現，輝嫂說：「我們叫『潮味魚』，大大片魚鱗的如鱲魚便不打鱗，其餘打鱗，甚麼配料和調味都不加，原汁原味便擺去原條清蒸。我還想介紹薑蔥蟹炒腸粉。」我說：「即是現在酒家用煎米粉和伊麵墊底來索汁一樣。」輝嫂說：「最初是用伊麵的，後來演變用煎腸粉。」輝哥補充說：「伊麵本身有蛋麵的味道，腸粉就味道較清淡，用來索汁更好！」我和應說：「比用油炸的伊麵亦較健康。」

輝哥說：「最後再淋個琉璃芡便完成。其實識食的，會食腸粉，反而無人食蟹！」

我催促輝哥最後要介紹他的甜品，輝嫂代夫回答說：「雪糕年糕。年糕是用布袋澳柴火石磨出品，我們再用酒和橙來煮。」劉婉芬說：「我諗起西餐的火焰班戟（Crepe Suzette）。」輝哥和應說：「無錯！我試過有一餐食到好飽好膩，最後食了個火焰班戟，立即油膩盡消！」劉婉芬總結說：「我覺得金東大最大賣點是創意，亦都是他們在筲箕灣東大街屹立不倒多年的原因！」

金東大有甚多名人食客捧場，包括鄭則士和張艾嘉等。

電視飲食節目介紹金東大。

12 城寨風味 Wall City Flavor

摩登粵菜。逆境求生

城寨風味

周健宗

地鐵工程。苦守五年

今集嘉賓是「城寨風味」的周健忠（Louis），我的電台節目拍檔劉婉芬說她細細個已經到過城寨替學生補習，我笑說城寨是三不管地帶，就連警察都不能夠進入，非等閒人可進，不過我有許多九龍城的業界都來自城寨，包括方榮記和黃珍珍。我問：「Louis，你最初點會想到『城寨風情』這個店名？2003年城寨已經清拆，只剩一個九龍寨城公園！」Louis說：「03年開業的時候，我覺得城寨最能夠代表九龍城，最初用『城寨風情』，後來又改『城寨風味』，其實在九龍寨城公園還留有許多昔日城寨的文物，只是一直都未有好好整理。」

劉婉芬問：「城寨風味經營甚麼菜種？」Louis答：「之前經營中菜，但考慮市況，慢慢轉型為特色菜。」城寨風味開在九龍城南角道；南角道目前受興建地鐵影響，情況就等於2017年美食車業界的苦況，是飲食業界的另一個災區。劉婉芬說：「南角道這班朋友其實都具有一定實力，否則如何在九龍城立足多年，不過他們受南角道沙中線工程影響，03年開始經營環境逆轉！Louis，你之前是否從事飲食業？」他說：「不是。我本身做製衣，但經常食飯應酬，起初遇着有機會投資合股開食肆，後來經過08年和12年兩次股東變動，到2013年開始真正落手落腳經營。」劉婉芬問：「03年入行時，Louis

周健忠（Louis）感謝我為南角道苦主發聲。

可能睇中租金下跌，抱着姑且一試的心態，但多年來經歷兩次股東變動，究竟飲食業為你帶來甚麼樂趣，能夠吸引你留下來？」Louis 説：「我想是人客欣賞你的出品所帶來那份滿足感，有時大家唏傾唏講，漸漸成為朋友。」

劉婉芬説：「你現在的班底和03年最初的是否已經人面全非？」Louis 説：「也是。」劉婉芬説：「是否比製衣更難？大廚有幾惡，好多嘉賓都講過，Louis 又不是做飲食出身，你如何同廚房合作創作菜式？」他説：「是，比製衣更難。其實都是你點對人，人點對你，同埋用不用心。如果做廚房也不用心製作每一個菜式，做廳面也不用心招呼客人，不如不做！」劉婉芬説：「經營了十幾年，你是否已經掌握如何和每一個員工相處？」他説：「不能夠完全掌握，都是隨時日和情況變化。」劉婉芬問：「九龍城的食肆競爭激烈，過去4年來你們一直受沙中線工程影響，如何掙扎求存？」Louis 説：「惟有靠做多些廣告宣傳和鑽研新菜式來吸引新客。」劉婉芬問：「有沒有成效？」Louis 説：「的確較以往減少。」

逆境求生。迫上梁山 —————

劉婉芬問：「沙中線工程2019年才竣工，未來你們

有甚麼大計?」Louis說:「以往我們多數靠個別商舖努力,現在我們計劃集結起來活化南角道。」劉婉芬問:「有沒有同業主傾過減租?」他說:「有,但業主沒有理會,他覺得你能做便做。之前我並沒有搬遷的想法,但近日開始考慮。」我說:「我同其他商戶們去見地鐵公司,地鐵公司勸他們再忍耐一陣,游說工程快將竣工,但租戶不同業主,即使沙中線啟用後,雖然站口就在南角道,但受惠的也只是業主,業主不會和租戶共富貴,只會加租!」劉婉芬說:「且望業主凍租數年,讓租戶休養生息。」

如果做廚房不用心做菜,廳面不用心招呼客人,不如不做!

Louis說:「這個願望已經落空,沙中線啟用後,南角道將展開重建工程,聽聞附近一帶已經被收購一空＊。」

在搵地方搬遷之餘,惟有寄望這段時間的生意會有起色,我問:「你們推出些甚麼新菜來到吸引食客?」Louis說:「封路之後要靠推陳出新,我便推出$48即燒乳鴿,還有一系列用上鮑參翅肚的石鍋菜式,都只是賣$62,希望普羅大眾都可以享受到名貴食材。我又構思如何將普通食材做到盡量精緻,例如『粟米不是粟米』,其實是做到粟米形狀的變奏版松

城寨風味的餐廳佈置饒有風味。

子魚，味道酸甜開胃；還有『法式蛋卷』，外型似蛋卷，但味道是鹹的；最近受地鐵工程影響，我們又構思推出『紮筋香港』，用鹹水草紮着豬骨和豬肉筋。」我說：「即使兩個人去食，百多元都已經可以！」劉婉芬笑說：「張宇人好想將城寨風味介紹給讀者，物有所值固然重要，但吸引香港人來幫襯，最重要其實還是味道！」我說：「絕對同意，我成日話最好的測試就是搵你屋企人來食，如果唔駛錢他們都唔想來，就祝福佢！相反如果你唔想他們來，嫌他們坐得太耐，阻住你張檯做生意就最好！」

劉婉芬說：「我記得好多人客都會叫你們個即燒乳豬，現在還有沒有？」Louis說：「在舖頭有排行榜，列出十大人氣美食，即燒乳豬一直都保持在榜上，緊接是糯米蒸膏蟹同埋米蘭野菌焗帶子、啫啫芥蘭同埋即燒乳鴿。」劉婉芬問：「還有甚麼方法吸引食客？」Louis說：「我們最近試做到會，叫『香港到會』，由城寨風味出品，我們設計了幾款餐單，有沙律和手撕雞等冷盤，然後有熱葷給人客挑選，甜品有砵仔糕；由12人起，如果人數多，甚至可安排火酒爐和侍應生，推廣期間暫時全港送貨，不收送貨費用。」我問：「有沒有盆菜？」他說：「有。由真正圍村師傅主理，有南乳炆腩肉和起了骨的釀鯪魚，由4至12人，價錢由六百多元到千餘元。」面對沙中線工程和南角道即將展開重建，Louis說他「洗濕了個頭」，迫上梁山下惟有另覓舖位搬遷，我勉勵他「城寨風味」建立多年商譽，又累積了14年客情，已打造成金漆招牌，只要守好出品，定能無懼風雨！

* 截稿前 Louis 收到業主通知經已出售舖位，而租約亦會在沙中線啟用前約滿，新業主不計劃續約，Louis 正積極尋覓舖位搬遷。

酒井法子（右二）來港時專程到城寨風味品嘗大廚鄭冠彬的特色粵菜。

Louis 的新嘗試「香港到會」搞中式到會服務。

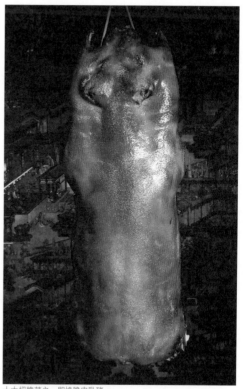

十大招牌菜之一即燒脆皮乳豬。

異國風味

13

四洲集團

細心用心。廣結人緣

四洲集團

戴德豐

品牌雲集。食品大王

「第 13 屆香港青少年軍事夏令營」慶祝晚會。

今集嘉賓的品牌有許多零食，包括我的孫兒都熱捧他的紫菜，雖然做母親的未必喜歡自己的小朋友吃零食。今集嘉賓便是四洲集團的集團主席戴德豐博士，我要恭喜他獲頒大紫荊勳章，他身兼全國政協常委和廣東省政協常委，熱心服務包括青少年工作，如每年均舉辦香港青少年軍事夏令營，安排學生到駐港部隊培訓，學習個人獨立，在15天內又每天安排各界精英演講，如入境處處長和周星馳等，我的電台節目拍檔劉婉芬笑說：「你有沒有在營中分享，如何用50萬買一盤生意，然後以2億出售的勵志故事？」我笑說他保留這一段在大學做客席講師時才分享。

戴德豐博士獲日本政府頒授「旭日雙光章」。

在請戴老闆分享他的營商之道前，劉婉芬請他先介紹旗下食品品牌，戴老闆説：「自己品牌包括有四洲紫菜和金妹牌火腿香腸，後者是在香港生產的食品品牌。從事食品或者食品製造行業，最大滿足感來自生產一個市民喜歡的品牌！食肆的話，有功德林和日本餐廳四季悦、大阪王將、Beefar's、Sushiyoshi等，內地則有泮溪酒家，是廣東最大的花園酒家。」戴老闆今年68歲，從事食品行業超過46年，他與食品結緣始自1971年，當時他只有22歲，從日本入口零食開始，奇就奇在他當時並不懂得日語，就連電台訪問都以一個「不懂日語的零食大王」來介紹他！

戴老闆説：「雖然日本公司的老闆一般不懂英語，但外貿部部長因為工作需要，多數都會懂得多少英語。」現在戴老闆旗下日本食品品牌和餐廳雲集，食品廠和餐廳僱有不少日籍員工，但日語也只限於識聽不識講。我問：「你由哪些日本食品品牌開始？」他答：「百力滋、卡樂B、明治和雪印等，全部來自不同日本公司；現時我公司旗下總共代理了八十多個日本食品品牌。」時至今日，四洲集團的業務多元化，早已經超越零食，伸延至食品、汁醬以至餐飲業，戴老闆堪稱「食品大王」。我問：「戴老闆，你是如何開始經營食品貿易？」他坦誠分享説：「其實最初都只是無心插柳柳成蔭，就好像娶

老婆一樣，最初其實並沒有想過要娶甚麼人，直至偶然遇上！」

無心插柳。白家興家

戴老闆偶然認識了一位朋友，在70年代初去到日本，時值日本經濟起飛，戴老闆驚訝於當地的科技發達，如60年代已經發展有高鐵，還有日本食品和零食的包裝精美，結果在朋友介紹下，認識了一些日本零食生產商，寫下他與日本食品貿易的緣份。我說：「近年我也有與日本人做生意，感覺要與他們成功開展關係，有一位好的介紹人很重要。」戴老闆說：「無錯。要和日本人打好關係，最重要是有位有力的介紹人，一經介紹便立即開通關係，這點由以前至現在都從未改變！難得是在我取下經營權後，日本食品生產商還教我點做，當時我只得廿多歲，根本不懂得做生意！所以我們做人處世，一定要面帶笑容，對人良善，廣結人緣，自會吸引貴人相助，好運自然來！」

> 我有兩套哲學，一套針對日本人；另一套針對外國商貿。

戴老闆用經營卡樂B的經驗舉例，說：「我剛接下卡樂B這個品牌的時候，第一件事並不是諗點賺錢，而是如何打響這個品牌，生意好的話，自然賺到錢！所以我不同意無商不奸，做生意特別是最初期甚至要肯吃虧！」我附和說：「在《金漆招牌》有嘉賓分享過，做食品代理商最初期要投入很多資金去建立品牌，但成功後卻要冒上被轉換代理商的風險，一切努力轉眼成空！」戴老闆說：「日本人很少會這樣，我做了46年日本食品，都未遇過一個品牌捨我而去！我有兩套哲學，一套針對和日本人經營，和日本人做生意可以放心為他賣命，成功後他會和你共享榮華；另一套針對歐美的外國商貿，和歐美的外國人做生意一定要簽約，3年、5年後成功，他們便與你告別，即使不轉換代理商，他們都可能會將公司賣盤，不會同你講交情。」

劉婉芬問：「戴老闆，你和日本人經商已經有46年，有沒有感受到一些轉變？」戴老闆說：「我現在仍未遇上問題，但感覺到時代在轉變，現時日本廿幾三十歲的一代，全部受過高等教育，他們講數據、講原則；有別我最初認識、一起成長的一代講感情。就如網絡的高速發展，早十幾廿年前，根本完全想像不到！」我說：「以前我經營海洋皇宮夜總會，我根本無需和歌星簽約，更從未鬧過官司，只有外國歌星來港，因為要到移民局（後易名為人民入境事務處）辦工作簽證，所以才需要簽約，即使如此，合約內容也簡單到不得了！」劉婉芬說：「面對時代轉變，加上第二代準備接手，戴老闆你會如何部署？將來是否仍然主力零食市場？」戴老闆說：「零食仍然會佔主要，當然每個品牌都要不斷推出市場接受的新產品，還要將包裝做到吸引，如卡樂B由生產薯片到薯條。」

細心用心。廣結人緣

戴老闆在1976年接下卡樂B這個日本品牌，為抗衡日本滙率高漲的問題，現時在港銷售的卡樂B產品全部均在香港生產製造，日本卡樂B和四洲集團各持股50%，日本卡樂B主力出品，四洲集團主力營運，在日本實屬罕見！劉婉芬問：「點樣說服到

精彩的醒獅表演為「Okashi Galleria by 零食物語」開幕典禮更添熱鬧。

座落廣州的泮溪酒家擁有 66 年歷史，是罕有位處市中心而擁有湖光激灩、綠榕掩映的高級廣東食府。

戴德豐獲頒大紫荊勳賢。

日本卡樂 B ？」戴老闆答：「無他，你幫到對方，對方見到有成績，自然可以建立信任。」香港在卡樂 B 的世界市場中穩佔第一，劉婉芬問：「如果我用盲測的方法，你能否分辨香港和日本生產的同一款薯片？」戴老闆說：「分辨得到，香港和日本生產的薯片在調味方面，會有輕微分別。此外，針對香港市場推出個別口味如避風塘風味，反而包裝方面會則重參考日本產品。」劉婉芬問：「卡樂 B 在國內有沒有售？」戴老闆說：「有，我們在國內設廠生產。」

劉婉芬問：「可不可以和我們分享你做生意的成功秘訣？」戴老闆說：「無論做人做事都一樣要細心和用心。舉例 Tommy 以前經營中式酒樓煮一道翅，都是要不斷嘗試和改進，如何可以做得更好。」劉婉芬追問：「還有些甚麼成功要訣？是否需要時機或者其他因素配合？」戴老闆說：「你講得對，如果說勤力，其實許多人都很勤力，再加上細心用心等基本因素，但運氣、時機和人脈都很重要，不過只要隨緣，運氣自然而然會來。所謂千軍萬馬一將難求，時下人材難求，如果你做人細心用心，做一個被人認可的人，自然會得到貴人賞識！」我笑說：「運氣是成功人士的謙虛，失敗人士的藉口。」最後，戴老闆說如果不喜歡零食，做不到這個行業。在創業之前，他已經很喜食零食，即使在外邊飲飽食醉，回到家中打開電視，仍然會手持零食！

功德林上海素食。

位於香港將軍澳之卡樂 B 四洲廠房。

○ ● ○

張宇人説戴德豐

我同戴德豐幾十年老友記，多年來和他一起擔任主禮嘉賓最多次，他既是第一位獲頒大紫荊勳章的飲食業界，又比我更早獲日本農林水產省頒發日本食海外普及功勞者受賞者，另一位過往的得獎者是味珍味的吳保銳（Frankie）。在過往這項獎項只頒發過數位香港業界，目的表揚業界對日本食肆在海外普及化所作出的貢獻，而我今次獲獎代表了日本政府對我過往在扶助日本食肆的工作表示肯定！

14

合興集團

洪明基

加州求學。開展緣份

今集嘉賓是合興集團的第4代洪明基（Marvin），我叫Marvin做洪老闆，我的電台節目拍檔劉婉芬竟然說她是Marvin的老闆，因為她有幫襯洪氏家族旗下的香港吉野家，在未戒牛肉前就食牛肉飯，後來轉吃雞扒飯！合興上市集團現擁有吉野家和Dairy Queen在中國北方的特許經營權，前者是超過百年的日本牛肉飯連鎖品牌，後者是世界知名的雪糕連鎖品牌，兩者分店均遍佈全世界。

Marvin與吉野家結緣於1986年，他說：「我在加州Claremont（克萊蒙特）升學時，當地的寄宿學校『無啖好食』，學校宿舍廚師是墨西哥人，差不多餐餐都食墨西哥卷（burrito）和墨西哥薄餅（tortilla），半年都未食過一碗熱飯，在他16歲那年，讀書成績優異，父親送他一架單車，他踩單車四圍逛，終於見到一間叫Beef Bowl的食肆，聯想到牛肉飯或牛肉麵，入去發現果然是賣牛肉飯，立即連食兩大碗，還買多一碗回宿舍宵夜，從此愛上牛肉飯！至於雪糕品牌Dairy Queen，我中學畢業就是帶畢業舞會女伴到Dairy Queen和樓下的鮮橙汁店Orange Julius談心！」

數碼科技。顛覆市場

時至80年代，Marvin說：「多得家中的長輩，他

Marvin 位於北京的辦公室。

看準中國開放改革所帶來中餐飲業的機遇,鼓勵我們參與建設。」吉野家是由 Marvin 的其中一名叔父引入香港,1991年在香港開第一間分店,1992年已經在國內開分店,正值 Marvin 在92年大學畢業回巢,在家中長輩鼓勵下決定到國內開拓快餐業務。經過20多年的發展,現時集團旗下全部品牌在國內已經多達超過500間分店,包括吉野家、Dairy Queen、茶町叮及從超群分枝出來、售賣蛋撻和雞蛋仔等港式食品的芳叔,Marvin 自93年開始長駐國內,負責管理國內業務。他解釋說:「現時合興集團是上市公司,業務以中國北方的吉野家和 Dairy Queen 等食品連鎖品牌為主;而合

興食油則是由家族持有的非上市業務,旗下品牌包括獅球嘜和駱駝嘜。」

我問:「Dairy Queen 和芳叔一樣只限國內開店,為何不考慮在香港開店?」Marvin 說:「廣東人很怕生冷食物,相信大家都有印象,小時候阿媽不准冬天食雪糕;相反,北方人無這個顧慮,天氣愈冷,雪糕生意愈好,可能北方人的體質不同,與及商場內開大暖氣!而芳叔的定位是將港式食品帶到內地市場。」我再問:「講講吉食送和茶町叮。」Marvin 說:「吉食送是中國大陸在數碼科技顛覆飲食市場下衍生的一個業務,為我們旗下品牌食肆

品牌革新前的吉野家。

雖然是速食店但 Marvin 看重顧客的消費體驗，所以員工服務很重要。

主打香港小食的芳叔。

提供外送銷售平台。吉食送和國內的第三方網上平台，與我們的線上訂單調動平台對接，配合中國北方龐大分店網絡，及自營的外送團隊，務求在半個小時內將熱辣辣的食品送到顧客手裏。」Marvin 說吉食送是國內業務重要的戰略資產，可為集團帶來可觀利潤。

劉婉芬說：「香港的外送市場落後國內許多，除了因為地理環境和人工貴之外，有許多年青一代都與父母同住，返到屋企毋需叫外賣！相反國內的外送服務如此蓬勃，是否因為國內年青人不是同父母住？」Marvin 說：「國內的80、90後，很多都離鄉出外打工，即使創業，兩公婆根本無時間煮飯，所以對送餐服務這種業務模式的需求很大！」最後我請 Marvin 介紹茶町叮這個品牌，他說：「茶町叮是台日式的抹茶產品專門店，最近在北京開店試業。」Marvin 說得輕鬆，但有很多北上發展的飲食業界都損手爛腳。

收購品牌。開拓零售

講完國內，輪到講香港的食肆品牌，剛才 Marvin 介紹了他引入吉野家的緣由，1991年由 Marvin 的其中一名叔父引入品牌，一年後，Marvin 大學畢業回巢加入管理，他經歷甚麼困難？Marvin 說：「與這類跨地域、跨文化品牌合作，第一個遇到的問題必然是雙方是否能夠有足夠的溝通了解，其次是品牌是否能夠迎合本地市場需要，不過，90年代初期遇上國內改革開放，大家都看好中國大陸市場，香港更是如虎添翼，遇上黃金10年，但品牌如何可以在國內立足，則遇上許多挑戰。」

劉婉芬說：「吉野家來了香港已經有26年，我見到的變化都幾大。」Marvin 說：「吉野家在日本的經營很簡單，對象以藍領和男士為主，人客來到無需點菜，給一碗牛肉飯他們便可以；和香港的經營模式有很大分別，一個新品牌入到香港，一般是以

最能影響市場的消費者及最容易接受新事物的群體為對象,如廿幾三十歲的一群。而我們所以會和吉野家與Dairy Queen等國際品牌合作,是為我們家族主力從事食品工業和輕工業生產,包括ODM(Original Design Manufacturer,設計加工)、OEM(Original Equipment Manufacturer,委託代工)和自家品牌,我們之前並沒有任何零售的經驗,因此當我們計劃進軍零售業,由B2B拓展至B2C,便決定和國際知名品牌合作。」

現在的顧客並不單注重食物質素,有時體驗感比食物更重要。

我問:「你最初開檔是否請他們的管理層來幫你們做零售?」Marvin說:「我們最初的計劃已經不是開一間、兩間,而是放眼經營幾百家的連鎖,就如今實現,所以我們的合作並不限於他們的食譜,最重要是他們的管理,如他們的最佳經驗和習慣,在我們到國內發展的時候,感謝吉野家和Dairy Queen給了我們許多支持,以致26年後我們可以累積到自己的成功經驗,建立起一套內部和外部的管理系統與及成功經驗,來到發展自己的品牌。」

Marvin(左一)到國內的吉野家巡視。

加強體驗。全線受惠

劉婉芬問:「香港吉野家最高峰期有幾多間分店?」他說:「都是大約60間,這個是綜合市場消費力和合適地點而得出的決定。」劉婉芬問:「有沒有曾經押錯注?」Marvin說:「當然有。我們在開新分店之前會做好規劃;舉例在銅鑼灣和新界開一間新分店,會不會攤薄原有店舖的生意。」很少遇見如此着重規劃的業界,我問:「你們是否在計劃當初已經計過大約開60間分店?」Marvin說:「是。我們在當初已經有做好人流規劃和交通點規則等等。」劉婉芬問:「過程中遇上甚麼挫折?」Marvin說:「第一個遇到的挫折是經營模式,原來將美國那套完全搬來香港並行不通!Dairy Queen在美國每間店舖面積都兩、三千呎,吉野家在日本每間則以馬蹄式座位經營,和香港的經營模式分別甚大,我們經歷許多挫折,才了解甚麼

是我們的合適市場、目標顧客和市場領導,我們認為吉野家在香港最適合以流行快餐的模式經營,產品必需帶領市場,為最能影響市場的消費者所接納。」

劉婉芬說:「廿幾年來我都只是記得吉野家的牛肉飯,吉野家如何帶領市場?」我笑說:「原因是你太耐無幫襯過了!吉野還有豚肉飯、三文魚飯和關東煮等。」Marvin笑說:「改日我請劉婉芬去吉野家食火鍋放題!」劉婉芬說:「為何只在指定店舖供應火鍋放題,不全線供應?」Marvin說:「一半基於市場需求,一半視乎店舖環境和設備是否適合做火鍋放題,例如店舖面積夠不夠大。」劉婉芬問:「香港的火鍋館成行成市,如何競爭?」Marvin答:「但不及吉野家便宜,$138可以坐1.5至2小時,加上吉野家最出名是牛肉!而且環境設計和食

Dairy Queen 分店開張與員工合照。

合興集團大事年表

1930年代初	• 在汕頭開始食用油業務
1932	• 在香港開始食用油業務
1983	• 涉足中國食用油市場，出口其香港製造之食用油品牌往中國發展階段
1988	• 在香港聯合交易所上市及在廣州成立合營企業，為中國廣東省零售商及飲食業進行食油混製、裝瓶及分銷
1990	• 在香港元朗設置廠房，其中包括香港唯一的煉油廠、儲油庫、混製及瓶裝廠和倉庫
1997	• 在廣東省番禺興建先進綜合製造設施業務多元發展
2012	• 集團收購在華北地區以飯類快餐連鎖餐廳「吉野家」及冰淇淋零售商「冰雪皇后」品牌營運的快餐集團公司業務
2013	• 完成分拆食用油業務。現時在中國北京市、天津市、河北省、遼寧省、黑龍江省、吉林省，以及內蒙古自治區以特許協議經營吉野家及冰雪皇后，同時經營芳叔（Uncle Fong）及茶町叮，分店合共超500間

物質量有保證！我記得有個店長發了一條視頻給我，火鍋放題每晚6點半開始，但門口在3時許已經有人龍排隊等食，結果個店長送了盒日本士多啤梨給排頭位的人客！」

Marvin說：「我們並非隨隨便便做火鍋放題，還有舉辦啤酒競飲比賽，提高歡樂氣氛，現在的顧客並不單注重食物質素，有時體驗感比食物更重要，

我們希望透過這類活動去提高吉野家火鍋的知名度和體驗感，吉野家只有幾間店舖供應火鍋放題，但就全線一年四季都有火鍋供應，全線受惠於宣傳效應。」劉婉芬問：「介紹下吉野家有甚麼好食？」他說：「我們的秘製牛肉汁是即煮的，在中國北方新一代4.0的店舖，就連煎雞飯的雞肉都可以即煎，雞皮很脆身！我覺得出品不需要多花款，最緊要是愈來愈優化！」

Marvin（左）與畢菲特（中）及比爾·蓋茨（右）合照。

15

打造品牌。優質選址

BITE

Cynthia Suen

遇事相識。雪糕結緣

我的電台節目拍檔劉婉芬話,她今朝可以請我食早餐,因為她有張買一送一的優惠券!劉婉芬話請我食早餐,我就話請她到今集嘉賓旗下品牌食雪糕,雖然暫時只此一家,但曾幾何時想過大展拳腳開連鎖,舖頭叫GROM,今集嘉賓是Bite的Cynthia Suen。

劉婉芬說:「我對Cynthia卡片上面第一個品牌Triple O's印象猶深。大約在14年前,我第一次遇到接近$50一個的漢堡包,便是Triple O's!之後,香港陸陸續續開了許多高級漢堡包店。」我說:「若果你上網搜尋,可能會以為Cynthia是外

國人,豈料她講流利廣東話!Cynthia是加拿大回流返港的移民,我經常取笑她兒子Aaron和我兒子是鬼仔!」Cynthia本身是護士,後來轉職空姐,繼而投身地產,劉婉芬說:「這幾個行業風馬牛不相及!」

意大利著名。有機鮮果製

除了意大利雪糕專門店GROM和來自加拿大的漢堡包連鎖店Triple O's,Cynthia總共總營了5個品牌,其餘還有連鎖乳酪專門店Yo Mama、意大利高級三文治店Panino Giusto和意大利餐廳Ciao Chow。劉婉芬笑說:「她大部分舖頭的英

Grom 的意大利雪糕精選時令水果，並且在店內新鮮製造。

文名，我都不識讀！」Cynthia 説：「GROM 在意大利是很著名的 Gelato 專門店，舖頭門前永遠都有人排隊，我們是他們的特許經營商。」GROM 有很多特別口味的意大利雪糕，Cynthia 説：「我的仔女在意大利品嘗過這個品牌的雪糕，覺得好好味，便決定與品牌洽商合作特許經營權。」説起來，我和 Cynthia 認識不夠一年，而 GROM 就在香港開店半年。

Cynthia 説：「GROM 很注重健康，品牌在意大利自設有機農場，全部採用產自直屬農場的有機素材，而且不時不食，好像開心果，如果過了季節，

便不製造開心果雪糕；又好似檸檬雪糕，成分就只有樹上摘檸檬和礦泉水，全無添加，純正天然。」我説：「GROM 的雪糕就正在啖啖果味，我好欣賞他們的啤梨雪糕，雖然憑嗅覺未必分辨得到，但入口立即知道百分百天然果汁，啖啖啤梨味。」劉婉芬問：「Gelato 意大利雪糕其實有甚麼特別？」Cynthia 解釋説：「我們所有雪糕都在店內工場新鮮即製，而且每次不會生產太大量，確保新鮮。有人客食雪糕筒，遇上天氣酷熱，如果食得慢，雪糕便會溶化，因為雪糕無乳化劑和任何添加劑。」

劉婉芬説：「香港人其實都幾喜歡食雪糕，但許多

Ciao Chow 所有薄餅都由意籍大廚用外地進口的高溫明火焗爐炮製。

時候雪糕都會加香精,如果要做到不時不食,店內豈不是經常要轉餐牌?」Cynthia 和應説:「無錯!店內平均售賣十幾二十種雪糕口味,好像最近會有檸檬、啤梨、野莓和開心果。」劉婉芬問:「最平賣幾錢?」Cynthia 答:「最細的雪糕筒賣 $35,如果兩球便要五十多元。」劉婉芬説:「對部分人來,已經是一個午餐的價錢!」我説:「雖然貴但即使你只食一杯,都可以選擇幾款口味。」劉婉芬説:「舖頭開在 IFC,可説是選對地點,那區的人客應該食得起。」Cynthia 説:「不過租金實在很貴,加上冬少了人食雪糕;在意大利,冬天都一樣有人排隊買雪糕,食雪糕無分季節。」我笑説 Cynthia 應該同我個中醫傾下偈,中醫話冬天食冰凍食物才對!

拓展市場。舉步為艱

Cynthia 説:「GROM 在意大利其實很出名,只要到過意大利的香港人便識貨,他們知道香港開特許經營店,立即好開心!終於可以在香港都有得食!」我説:「Cynthia 應該聯絡香港的意大利餐廳,向他們供貨,我知道 Cynthia 兒子 Aaron 現在着手進行中。其實他們自己都有開意大利餐廳 Ciao Chow,在蘭桂坊加州大廈地舖,屬蘭桂坊最貴的舖位,開業一年多。有次我懶叻,問 Ciao Chow 的經理:『有無供應自家品牌的 GROM 雪糕?』豈料他答我:『對不起,餐廳沒有陣列櫃,所以未有供應。』其實雪糕放廚房冰箱都可以!」

Cynthia 解釋説：「其實我們已經準備了一架美侖美焕的雪糕車，可以做埋展銷，不過因為牌照問題，暫時未敢推出。」我説：「你應該一早來找我，讓我教你如何申請牌照，做好準備功夫。」Cynthia 申訴説：「最弊我等了食環署3個月，都未出到一封信！」劉婉芬笑説：「張生，你的業界向你求救！」我和應説：「多得食環署給我有空間發揮，讓我的業界有機會來搵我求救！」不過，可以明白Cynthia所

Branding 很重要，否則賣不到好價錢，所以全部要選址一級地段，建立品牌形象。

承受的壓力，因為她每次開舖，都選址黃金地段，一邊繳納租金、一邊等出牌，壓力可想而知！

其實Cynthia開第一間品牌 Triple O's，已經選址金鐘太古廣場地庫，一間大型連鎖超市的美食廣場之內，即使她之後開 Panino Giusto，賣高級意大利三文治（gourmet sandwiches）也選址 IFC，她説：「在我們開 Panino Giusto 之 前，那個位置是全IFC最靜

Ciao Chow 位處蘭桂芳心臟地段。

浪子回頭。禱告得允

BITE 的故事始自 2002 年，篤信基督教的 Cynthia 形容是一條恩典之路。

Cynthia 有兩女一子，老么 Aaron 喜歡做生意，但年青時性格反叛，為了納兒子入正軌，可謂費盡思量，Cynthia 提議過不同行業包括一些地產投資項目，他都覺得不合適。有次，Cynthia 從香港返加拿大，時差鬧得厲害，行在街上，半夢半醒之間，給她遇見一間 Triple

BITE 頭炮 Triple O's 幾經波折才在金鐘太古廣場地庫 Great 覓得舖位。

O's，原來 Cynthia 在移民前從不吃漢堡，直至移民後遇上 Triple O's 才開始吃，不過也只限於吃 Triple O's 的漢堡，她忽發奇想問兒子：「如果我取下 Triple O's 的經營權，你做不做？」Aaron 長居美國，因為加幣的滙率低，吸引美國人經常到加國消費，所以對 Triple O's 這個品牌非常熟悉，結果 Aaron 一口答應！Cynthia 順水推舟説：「與其在加拿大，不如返香港做！」

於是，Cynthia 便去見 Triple O's 的管理層，對方問：「你期望獲得多少回報？」她答：「愈多愈好。」Cynthia 一開口立即露餡，對方知道她其實甚麼都不懂！但幸運地，最後還是取得經營權，但真正的難關才開始，Cynthia 回到香港，所有親朋戚友都反對，會計師斬釘截鐵地説：「你中途轉行，一定不成功！」丈夫聽到會計師如此説便開始罵她，Cynthia 飽受壓力，那時她雖然有返教會，但只屬星期日教徒，並不虔誠，更從不翻閱聖經，徬徨時卻在書櫃發現一本聖經，內頁寫着一個陌生的名字，Cynthia 把聖經遞給丈夫，丈夫想起是昔日家中一位菲傭的臨別禮物，他們隨手翻至耶利米書 29 章 11 節。

> 耶和華説：「我知道我向你們所懷的意念是賜平安的意念，不是降災禍的意念，要叫你們末後有指望。」

那時 Cynthia 在加拿大已經聘請了一位經理，準備隨時啟程來港上任，但會計師叫 Cynthia 先做市場研究，她説：「如果單憑市場研究結果，我一定不會做，那時麥當勞賣 $18 個套餐，但 Triple O's 單一個漢堡已經賣 $48！」Cynthia 在加拿大聘請的經理，因為在當地已經辭職，便來港找 Cynthia，卻好事多磨，拖拖拉拉至 03 年 3 月，仍然未找到合適舖位，SARS 卻突然殺至！Cynthia 原本打算如果等到 4 月都仍然未找到舖位，便先請經理回加拿大，以免萬一經理不幸染病，再生波折。

慈繩愛索。用愛牽引

Cynthia 偶然看中交易廣場 The Forum 一個舖位，雖然時值 SARS，香港置地卻未肯減租，但任誰都無法預知 SARS 何時會終結，Cynthia 惟有極力爭取 2 個月免租期，負責其個案的職員問：「如果不批准，你是否決定不租？」Cynthia 如此答：「我是一個基督徒，如果事情順利，代表上帝開路；如果不順利，我便不做！」豈料金鐘太古廣場地庫 Great 突然致電給她，表示店內有個分租位置，問她租不租？Cynthia 聽從二女兒的意見，選取了 Great 內的分租舖位，同日，香港置地回覆拒絕延長免租期！

回想起來，Cynthia 很感恩！她說：「當年 The Forum 水靜河飛，感恩最後遇上 Great 的分租舖位！」塵埃落定，Triple O's 平地一聲雷，之後每次開分店，Cynthia 都以禱告承托，連連報捷。例如開 Yo Mama 是旋即成功；再接下來的 Panino Giusto，是 Aaron 到意大利旅行，一吃鍾情，苦纏了 2 年，才終於拿下經營權，結果在 IFC 開業又是一舉成功。其後，品牌愈開愈多，店舖數目亦由一間累積到 6 間，但兒子仍然未肯返港！Cynthia 足足用了 14 年時間，禱告守候兒子返港，直至 2015 年尾 Aaron 一位摯友去世，Aaron 承受不起悲痛，才決定返港！

Aaron 返港，和 Cynthia 齊齊面對的第一個挑戰，便是在蘭桂芳開 Ciao Chow。Cynthia 說：「我不懂得做酒吧，亦不想做酒吧，於是我周圍找牧師禱告，但一直未得到啟示，直至無可再拖，我覺得這個可能是兒子必需要經歷的一堂課——一個從未打過工、心高氣傲的人，面對蘭桂芳的高昂租金和香港勞工短缺的情況，要事事親力親為，學懂謙卑。」就在開幕前一天，從羅馬飛來香港的廚師教她們用特製的薄餅爐，焗第一個薄餅出爐，上面寫有開幕日期；再焗第二個薄餅出爐，竟然是一條魚！Cynthia 說：「羅馬並沒有魚形薄餅！反而昔日基督教為了躲避羅馬帝國宗教迫害，而用上『魚』這個暗號，故此『基督魚』便成為了基督教的代表符號之一！」Cynthia 深信這是上帝與她同在的啟示，直至今日，每日廚師都會在店內擺放一個魚形迷你薄餅，以表祝福！

直至從魚形薄餅感受到上帝的祝福，Cynthia 才安心經營 Ciao Chow。

虔誠基督徒 Cynthia 最初對開「酒吧」有很大掙扎。

女兒 Candice Suen Sieber 為 IFC Grom 開幕致詞。

IFC GROM 很受白領歡迎。

Panino Giusto 在 IFC 的位置之前多次易手都未能成功站穩腳，直至
Panino Giusto 出現。

BITE 的故事由 Triple O's 開始。

的。店內所有食材都來自意大利，包括張生盛讚的巴馬火腿，三文治的售價由$68起，最貴亦不過$128，Aaron的概念是『可負擔的奢侈品』（affordable luxury）。除了三文治，人客還可以單點巴馬火腿，一份在酒店售三百蚊的巴馬火腿，在我們舖頭只售$128，質素相同！」Aaron在洛杉磯長大，回港後人生路不熟，可幸有阿媽識揀舖位，助他一臂之力，她解釋説：「因為Aaron覺得branding很重要，否則賣不到好價錢，所以全部要選址一級地段，建立品牌形像。」

最靚意包。日常奢侈

我問：「除了巴馬火腿，Panino Giusto還有甚麼美食可推介？」Cynthia説：「還有挪威三文魚和許多不同款式的凍肉。」我讚賞説：「Panino Giusto的意大利包好靚。那次我四點幾去到，難得麵包仍然軟熟！即使攤凍吃，都仍然好食！」她

答：「Panino Giusto和Triple O's的麵包都是依照品牌供應的配方，在工場自己焗製，我們試驗了許多次，最後才成功！麵包送到舖頭後，待有人客點單再烘熱，全部三文治都是即點即製。開店前，我的仔女特別到當地接受培訓，即使Triple O's，雖然他們不會落手落腳做漢堡，但如果有員工做錯，他們都會知道。」

劉婉芬問：「你鍾不鍾意做飲食業？」Cynthia爽快回答：「唔鍾意，經營飲食業，每日都要煩惱很多瑣碎事情！開第一間食肆的時候，我叫Aaron返港，他説：『只得一間，別要我回港，我在洛杉磯有許多朋友！』我惟有堅持下來，直到我經營連鎖，請了個在加拿大回流的經理，結果在我祈禱了14年之後，Aaron終於返港。」我説：「經營飲食業，如果接到同事來電，多數都是有問題決不了，要致電求救，所以每當收到同事來電，簡直驚得要

Panino Giusto 的意大利巴馬火腿具酒店級質素，性價比甚高。

Panino Giusto 鮮鮮炮製的招牌 MILANO 巴馬火腿三文治。

BITE大事年表

年份	事件	年份	事件
2003	• 在Pacific Place開第一間Triple O's	2012	• Triple O's希慎廣場分店、Yo Mama又一城分店開業
2007	• Triple O's沙田新城市廣場分店開業	2013	• 第一間Ciao Chow在蘭桂芳開業
2008	• Triple O's灣仔海港中心分店開業	2015	• 第一間Panino Giusto在IFC開業
2008	• 第一間Yo Mama開業	2016	• 第一間GROM在IFC開業
2010	• Triple O's圓方分店、Yo Mama皇室堡和太古城商場分店開幕	2017	• Triple O's荃新天地和澳門威尼斯人渡假村分店、Yo Mama IFC分店翻新和將軍澳Popcorn分店、Panino Giusto利園一期分店、Ciao Chow又一城分店開業

死！」Cynthia説：「可幸我還未試過，如果有突發情況，仔女多數會找經理，因為知道我不太懂。在開了Ciao Chow之後，Aaron體會到蘭桂坊的租金壓力，變得勤奮許多，這是他的人生歷煉！」

慈母護航。助子創業

Ciao Chow佔地4000平方呎，在蘭桂坊屬面積最大的食肆，舖位兩邊都是行人路，以現時的租金水平來説，分分鐘要月租$100萬，再加人工、食材和損耗等，每月負擔便是天文數字！Cynthia説：「雖然我們午市和晚市永遠滿座，又有人客來飲酒，但都只夠開支，所以現在我們計劃拓展包場活動，如婚宴服務等。去年萬聖節，有人客包場，由晚上10時到次日早上7時，一晚便做了$90萬生意！金額實在相差太遠！」其實我的業界，近年最好生意的，都是辦婚宴場那班，他們毋需逐檔跑生意，相較輕鬆許多！不單只中式食肆，其實西式食肆一樣可以搞婚宴和公司包場活動，雖然經濟下滑，不過始終有個需求，問題是Cynthia有沒有得力助手幫她向人客獻計，招攬這班人客回來！

最後講講Triple O's的漢堡包，Cynthia説：「其實我不食漢堡包，唯一例外是Triple O's，加上我在溫哥華結婚，仔女由細食到大，有朋友來溫哥華探我，又經常載他們去食Triple O's的磨菇牛肉漢堡和魚柳包。魚柳包用的，是由紐西蘭入口的原條鮮魚，我們自己切割成魚柳。」劉婉芬説：「我最欣賞Cynthia的，不單只是她捨得用靚魚，做魚柳用剩的部分，會送到『惜食堂』幫助有需要的人。」Cynthia説：「我覺得上天好眷顧我，所以當我有能力的時候，一定要幫助其他人。」劉婉芬説：「有機會我一定要去試試你個魚柳包、意大利雪糕同其他食肆，當別人做得好的時候，我一定要去支持下！」

張宇人説 Cynthia Suen

我和Cynthia認識始自GROM，GROM是意大利雪糕專門店，就在中環IFC一樓，在Cynthia租下前，原屬相連舖位，Cynthia租下舖位一半面積。豈料不獲批飲牌照，徬徨下四出求救，終於搵到我昔日的立法會同事（建築、測量及都市規劃界議員）兼自由黨黨友何承天，何承天同Cynthia丈夫同屬則師，恰巧Cynthia丈夫又是我的中學師兄，幸好最後我都協助她順利取得牌照。

16

精工細煮。家鄉味道

八海山日本料理

張建航

311 海嘯後。百分百抽檢

今集嘉賓八海山日本料理的老闆張建航（下稱CK），在1990至93年曾經到日本東京求學，對日本文化深切體會。講起日本早餐，CK說：「雖然簡簡單單，只有味噌湯、白飯和納豆，特別是黏黏涎涎的納豆，好多人香港人不是太接受，但其實對身體特別是腸胃健康好好，我有日本朋友說：『食一個星期納豆，包保百病驅除，無需睇醫生』。」不吃納豆的我卻說：「其實日本最多人患胃病，因為日本人進食太多生冷食物！」CK說：「日本可分關東和關西，在關西如大阪地區，百分之八十的關西人都不食納豆，有別關東人普遍愛吃納豆。」劉婉芬說：「我原本都不吃納豆，但自從有次試過，忍受

入口黏涎涎的感覺之後，卻愈嚼愈香！原本納豆真係幾好食！」我笑說：「同中國人食臭豆腐一樣！」

撇除納豆，日本菜其實是香港最普遍接受的外地菜種，我經常都會接見從日本遠道而來的縣長，商討與日本經商問題，在大家意料之外，香港這塊彈丸之地，竟然跑贏全世界的大都市，成為日本食品出口的最主要地區！日本其實很珍惜香港這個市場！劉婉芬說：「所以日本福島都好希望打開香港這個市場！不過，香港一聽到福島這個名字，便耍手擰頭。」現時香港仍然禁止來自日本福島縣、茨城縣、櫪木縣、千葉縣及群馬縣等5個縣的食品進

CK 與太太合照。

口，我在《金漆招牌》經常強調，自從311日本海嘯事件之後，全世界以香港最放心進食日本進口食品，無論是經海陸空途徑入口，香港對日本進口食品都會實行百分百檢查，還要由政府支付所需費用！

日本餐廳經常有食材從日本空運來港，CK說：「每次有食材空運來港，通常我都會親自去提貨，因為個飛機甫着陸，我便憑單到航空公司提貨，然後交給食環署，食環署會立即影相做記錄，證明包裝沒有破損和未曾開箱等等，接着食環署會在我面前開箱，用手提輻射探測儀檢驗食物含鍺

（Germanium）的水平！」劉婉芬問：「有沒有試過含鍺的水平超標？」CK說：「我們未試過，其實日本方面都好嚴謹，未上飛機在日本已經驗過一次，所以差不多是雙重保證！」我補充說：「可能飛機貨的來貨量較少，與及飛機貨主要涉及冰鮮和急凍食品，不能夠置室溫太長時間，所以做法會有別；之前我參觀貨櫃碼頭，食環署打開個貨櫃後，會隨機抽一箱。」

日本食肆。絕處逢生

劉婉芬說：「其實即使發生311日本海嘯之後，日本食肆在香港的發展，都沒有倒退過！」我說：「其實

居酒屋必食煮物

我問CK來到八海山，除了要試試就連日本人客都必點的箱壓壽司，還有甚麼推介，他說：「我們的銀鱈魚西京燒特別用名古屋的黃味噌和赤味噌來醃，成本格外高，不過我覺得特別好味！煮物方面，可以試試我們的豚角煮，先要用繩紮緊五花腩，炸完擺去蒸，蒸完再炆至入味，人客食的是功夫錢！至於刺身壽司，我們在築地有指定供應商，每日空運時令飛機貨到港，例如在八九月當造的秋刀魚，秋刀魚刺生味道鮮甜，如果用鹽燒反而會有腥味；其他如北海道的岩蠔和海膽，都很受人客歡迎。」

在311日本海嘯之後，日本邀請我與及抽籤選出幾位立法會同事到日本考察，地點由我們決定，業界中我的老友——日本通吳保銳（Frankie）堅決不許我向北走，誓要我南行！」劉婉芬說：「現在會不會仍然有人客擔心日本食品的安全問題？問你食材的來源地？」CK說：「久不久總會遇到。」其實CK不妨考慮提供百分百抽檢的安全證書給人客過目，因為每批完成抽檢的日本進口食品都會有證書，人客大可安心食用！

CK現在有5間日本食品肆，2間在尖沙咀、3間在旺角。CK在國內的時候，任職公務員，與飲食業結緣，始於90年到東京求學。後來娶了位香港太太，93年來港；最初在日本食肆打工，累積經驗後，2002年出來創業。在尖沙咀寶勒巷開八海山居酒屋，店名構思來自日本新潟縣著名的清酒品牌，雖然兩者並無關係。CK說：「日本居酒屋就好像香港的茶餐廳一樣，而且

居酒屋來到香港之後，改良了很多，例如在餐單方面，食物更多元化。在日本的居酒屋通常細細間，只供應幾款食品。」我請CK介紹八海山有甚麼食物，他說：「由刺身、壽司、串燒、天婦羅到煮物，包羅萬有，還會返一些飛機貨，好像上等刺身、拖羅、海膽和生蠔等。」

劉婉芬問：「不經不覺，累積了15年經營居酒屋的經驗，有沒有經歷甚麼改變？」CK說：「八海山供應正宗日本料理，在開業初期，百分之九十的人客都是日本人，後來有香港人客，都是由日本客介紹來，即使現在都有7成日本客！我們所有侍應都懂得說日語。」我說：「我以為只有酒店內的日本食肆才會有如此多的日本人客，沒有想到一間小店竟然都可以吸引如此多之日本人客！」劉婉芬和應說：「估不到由香港人經營的食肆，都可以有如此多的日本人客，而且5間店中有3間位於旺角，我沒有想到

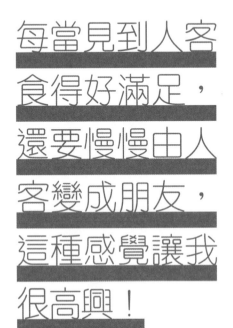

每當見到人客食得好滿足，還要慢慢由人客變成朋友，這種感覺讓我很高興！

蔡瀾出席 CK 的新店開幕。

CK 來港後最初在日式食肆打工吸收經驗創業。

CK 旗下食肆得不少藝人捧場，圖為與胡杏兒合照。

CK 與施永青合照。

旺角會有這麼多日本人！」CK 補充說：「寶勒巷八海山和彩星中心的鮨處松戶都主打正宗日本料理，鮨處松戶是刺身壽司屋，走高級路線；旺角3間店舖叫一休、六丸和七本等日本居酒屋，走年青人路線，價錢較大眾化。」

居酒屋煮物。家鄉的味道 ——

劉婉芬問：「日本料理通常我們以留到幾多日本人客作為是否正宗的指標。那麼怎樣才可以留得住日本客？」CK 回家答說：「其實經營餐飲很簡單，如果日本人客來到店裏食到家鄉的味道，自然會再來，我們有許多在香港居住和工作的日本人客差不多一個星期會來幾晚。例如壽司，外邊很少會做箱壓壽司，因為工序繁複；又如煮物，要知道一間居酒屋的水準如何，只要試一款煮物，如牛肉煮薯仔或者豬大腸，立即了解一二。」我說：「即如去茶餐廳試乾炒牛河一樣！」劉婉芬問：「八海山用日本人還是香港人廚師？」CK 答：「兩者均有。」劉婉芬說：「日本料理一般味道都偏甜。」CK 答：「我們將味道加以本地化，加以時下注重健康，所以會減低甜度。」

讀者或許不知，我有段時間亦曾經營日本食肆，不過我有個日本拍檔，所以我明白 CK 說需要將味道本地化，即使我到日本旅行，不同縣市的日本料理都有不同特色和味道，箱壓壽司已經是一個例子！劉婉芬說：「香港差不多有50%的食肆都屬於日本料理，競爭極之激烈！」我補充說：「其實在311日本海嘯之後，日本食肆的數目有增無減！」CK 說：「初頭我也是半路出家，但時間長了，每當見到人客由好肚餓，到離開時食得好滿足，不單只要付帳，還要慢慢由人客變成朋友，這種感覺讓我很高興！甚至有些人客，我目睹他們由拍拖、結婚至生仔，實在難得！」

17

南角苦主。鍾愛龍城

小曼谷
何偉強

泰菜林立。四店駐守

今集嘉賓小曼谷的何偉強（下稱強哥），他是九龍城南角道的苦主之一。小曼谷始創於2000年，現在於南角道有2間小曼谷泰國美食，另外在衙前塱道有2間小曼谷海鮮燒烤屋，幾個月前在元朗再開了新舖。在剛過去的聖誕節，港鐵在南角道加設聖誕燈飾，對受工程封路影響的商戶稍有幫助，但要活化南角道，我覺得要靠舉辦活動吸引多些市民參與，強哥說：「多得張議員幫我們向港鐵爭取，現在南角道封路的情況有所改善，並且加多了泊車位。」

劉婉芬問：「為何在南角道會有兩間店舖？」偉哥說：「之前南角道老店生意都幾好，一晚可以做3、4轉生意，所以便在對面開分店。」劉婉芬再問：「自從沙中線工程動工之後，是否已經少要用到對面舖？」強哥答：「對面舖現在只開星期五、六、日。」我說：「請人都有困難，索性一邊舖位每星期只開3日；衙前塱道情況都一樣。許多客人搵不到車位泊車便不來，情願到商場舖食飯。」劉婉芬說：「其實我自己也是，一聽到要去九龍城便頭痛，覺得交通很隔涉！以前有啟德機場還好，但小曼谷在九龍城開業的時候，機場都經已拆卸，為何仍選址在九龍城開店？」

何偉強攝於小曼谷海鮮燒烤屋開幕時。

雙線發展．定位清晰 ————————

強哥説：「因為泰國人集中在九龍城區，他們不喜歡外出消費。」我説：「泰國食材亦集中，幾乎你想得到的泰國食材都搵得到。」劉婉芬：「但九龍城的競爭大到爆炸！」強哥輕描淡寫説：「也是。不過，做飲食的成行成市反而是好事，區內食肆都是良性競爭。」我説：「如果你擔心競爭，就不要在香港經營食肆，香港飲食業的競爭在全世界之中數一數二！」劉婉芬説：「一個商場可能只得一間泰國菜館，但九龍城成碼有80、90間！」我説：「始終街舖是街舖，樓上是樓上，商場是商場，你需要睇清楚自己的生意對象，做甚麼客路和定價。」

強哥説：「其實南角道和衙前塱道都有不同市場定位，南角道針對年輕一群，價錢較大眾化；而衙前塱道就主力家庭客和喜歡食燒海鮮、消費力較高的一群。最初南角道其實只是一間百餘平方呎的舖仔，後來多得電視台的飲食節目訪問，讓小曼谷得到市民認同，2003年 SARS 後搬到現時南角道的大舖，之後才在衙前塱道開間小曼谷海鮮燒烤屋。」我問：「但兩個品牌都經營泰國菜，你點分類？」強哥解釋説：「一般的泰國菜好像辣椒膏炒蟹和咖喱炒蜆等，其實兩邊均有供應，但衙前塱道會有燒鱔、燒大蝦和燒蠔等燒海鮮，裝修也較靚，晚上8時至10時還有樂隊現場駐唱！」

選料上乘。鮮香誘人

沙中線工程要待2018年10月才竣工,但據聞有發展商計劃重建南角道物業,並已開展收購行動,到頭來南角道苦主極可能一場歡喜一場空,強哥不諱言他已開始覓地搬遷,幾個月前更於元朗開了小曼谷,算是終於衝出了九龍城,劉婉芬問:「但我聽你剛才口氣,你應該仍然找回九龍城區內舖位。你覺得九龍城未來是否仍然具競爭力?」強哥說:「沙中線啟用再加上啟德發展住宅,九龍城增加了居民人口,將來前景應該很好!」短期內強哥都無法擺脫南角道的苦況,我惟有讓他賣廣告介紹小曼谷的美食,他說:「最基本的冬蔭功、生蝦、泰皇咖喱蜆、咖喱海鮮和地道串燒等,但同是冬蔭功都有分靚同唔靚,我們用新鮮青檸,那種清香和鮮香味,同外邊貪平用枝裝檸檬汁有分別,枝裝檸檬汁加了醋,酸得來澀喉!」小曼谷的其他醬汁都是由師傅親自炮製,而且限用3日,再重新調製,確保新鮮!

我問強哥來到小曼谷有甚麼必食,他介紹食咖喱炒蟹,「我們選用一斤二兩的膏蟹,配泰皇咖喱,即是不辣的蛋花咖喱,用來蘸蒜蓉包或者薄餅最正,就連小朋友都可以食!還有香葉肉碎炒飯,惹味夠香,經濟實惠;還有炒金邊粉和明爐烏頭。」他又介紹小曼谷的生蝦,用

附有產地來源證的泰國冰鮮生蝦,(需符合食環署和衞生署的標準才可以生食),來貨後還要挑筋和去腸,然後保存在-20℃,待人客點菜再加酸汁奉客,絕對新鮮,人客可安心食用!

特價時段。開拓客源

提到如何留客,強哥說要服務要好,我卻說:「現在間間食肆都不夠人,還怎樣可以服務好!」他說:「惟有自己都落手落腳,同埋請班夥計行快兩步,收工宵夜福食請他們食好些!」我問:「除了用料和保持出品新鮮,你如何面對九龍城激烈的競爭?」強哥說:「我們每晚在9點半後到凌晨2點做七折優惠;下午2點半到6點就做老人優惠,$9碟飯,讓老友記可以有個較舒適的環境享用價廉物美的食物。」我笑說:「即是你見我聽見有樂隊現場駐唱就無鞋挽屐走,想用下午茶來冚番我?!言歸正傳,你夜晚做七折優惠,用料和份量同正價有沒有分別?」強哥答:「完全一樣!」

我說:「即是毛利減半!」他說:「為求生存,必須吸引多些顧客在深夜時段來幫襯,但是香港人現在講求健康,一般過了晚上9時都減少進食。」過往我亦曾經推出過類似的優惠,但最後發覺並沒有吸引多了新顧客,

> 為求生存,必須吸引多些顧客在深夜時段來幫襯,但是香港人現在講求健康,一般過了晚上9時都減少進食。

只是推遲了晚飯時段！我問：「你有沒有發現類似情況？」他說：「托賴暫時的確多了顧客在9點後來宵夜！但星期一至四飯市，以前可能做兩轉，現在做一轉至一轉半，不過兩者未必相關。」宵夜時段7折優惠反應熱烈，強哥計劃乘勝追擊！面對經營狀況的種種挑戰，強哥奮力迎戰，不斷推陳出新，而小曼谷能夠在競爭激烈的九龍城立足17年，證明他有相當實力，祝願他闖出新局面，迎來沙中線啟用後的春天！

小曼谷門面簡單，沒有太多裝潢，以實力取勝。

串燒為小曼谷打響招牌，更乘勝追擊，以海鮮燒烤屋打正招牌開分店。

何偉強曾兩度獲警務署頒發好市民獎。

平民大眾化的小曼谷在競爭激烈的九龍城屹立多年。

何偉強與張宇人合照。

小曼谷大事年表

2000	● 小曼谷泰國美食於衙前圍道舖仔面世		2012	● 小曼谷泰國美食海鮮燒烤屋於太子道西開張
2003	● 小曼谷泰國美食於南角道8-10號正式入地舖		2013	● 南角道11號及衙前塱道分店擴張營業
2005	● 南角道9號擴張營業		2017	● 小曼谷泰國美食元朗分店面世

18 酒城歌舞廳 BAR CITY

夜總會式酒吧。留住黃金歲月

酒城

蔡傳玉

打造酒吧街。成香港景點

今集嘉賓是酒城（Bar City）的蔡傳玉（George），George的家族由父親一代開始經營飲食，然後由第二代的兄弟和堂兄弟們接棒。上海家族人材鼎盛，過往《金漆招牌》亦曾經訪問過George的堂弟——滬江飯店的蔡傳端（Bobby），還有唐姊夫——金牛苑的陳冠劭（Greg），不過各人經營的品種都有別！其實George和Bobby的父親一代，曾經營不少娛樂事業，後來移民英美後，交由第二代接手。George補充説：「我的家族，關係親密，因為在我童年的時候，父親和叔伯仍然同住，他們雖然各自在尖沙咀經營日式夜總會，但全部開在隔籬左

右，我亦曾經問過父親為什麼這樣，他說：『總好過讓其他人開在旁邊！』」簡單説，肥水不流別人田！

1978年，酒城於新世界中心開業，當時非常轟動，直至新世界中心拆卸重建，George説：「當時佔地3萬平方呎，記得我和我阿叔開會，他説：『我們何不效法迪士尼，結合不同的娛樂元素——將不同風格的酒吧開在同一個地方？』結果我們將7間不同元素的酒吧放在一起，打造了一條酒吧街，還推出三重彩，讓人客來到可以任意挑3間酒吧幫襯，結果吸引到許多自由行人客到來，我記得他們説：

蔡傳玉經營過泰國菜，但熱愛音樂的他最愛還是經營酒吧生意。

『來到香港，一定要上太平山頂和海洋公園，晚上便要到酒城，因為這些是香港的特色！』

酒樓夜總會。時代的終結 ——————
時移勢易，我請 George 介紹一下現時的酒城，他說：「如果要我定性，我會說是夜總會式的酒吧！」劉婉芬同意說：「我覺得用『酒吧』不足以形容酒城！通常人客去酒吧飲酒、猜枚和享用小食等，但酒城設現場樂隊駐唱，還可以供人客跳舞！」George 說：「以前張生經營海洋皇宮夜總會，可以容納千幾個位，來睇表演、食晚飯和辦酒席，我都曾經託汪明荃和甄妮的經理人幫我留位！」其實

早在60年代香港已經有 disco，當時在半島酒店地庫有一間叫 The Scene 的 discotheque，就是許冠傑的蓮花樂隊逢星期五、六駐場演奏的地方，其他地方亦有 disco，但不一定會有現場樂隊駐唱，時至今日的夜總會式酒吧，經營模式則可大可少。

由90年代至2000年初，我參與酒牌局的工作，了解到經營現場樂隊駐唱的困難，又要限時限刻，又要為樓上做隔音，如果個擴音器貼住條柱，音浪特別是低音甚至可以傳到十幾樓之上！George 說：「所以一般開在商業樓宇會較好，因為樓上的寫字樓在晚上已放工。我們現址便在商業樓宇，佔地近

1979 年開業的 Bar City 遷來現址已有 18 年但仍然歷久常新。

太極樂隊（中）和張學友等一班寶麗金歌手。

8000平方呎，可容納150至250人，視乎擺位；我試過出租給人客辦『油脂』派對，全場不擺放檯凳，最多可容納300多人！」酒牌有一類申請叫「跳舞批註」，其實香港不是許多處所有申請「跳舞批註」，酒牌一般不會限制人數，但處所如果申請「跳舞批註」，屋宇署便會來巡視走火通道和設備，所以Geoge講到這裏，立即望我一眼並一臉嚴肅地說：「我的酒牌可容納350人！」

劉婉芬說：「夜總會式酒吧的經營模式，對我來說比較陌生，如果不是今次訪問，我都不認識酒城這個品牌。」George道：「我想和時代轉變有關，在酒城 Part I 即新世界中心的年代，我賣細細格廣告已經街知巷聞，現在即使賣大大個廣告都未必有人知道，我都有開始做 facebook 和網絡媒體推廣，不過尚待改進。其實直到現在，仍然有人走去問新世界的警衞，酒城搬到哪裏？」我說：「值得欣慰的是，你現在的業主是個好業主，在2003年 SARS 我呼籲業主減租，她是少數主動聯絡了解訴求的私人物業業主，並迅速回應減租3個月！記憶中，當時大廈內還有新光酒樓等幾間食肆。」自1999年尾新世界中心準備拆卸重建，酒城遷往彌敦道現址，已經有18年歷史。前後計來，酒城總共已經有接近40年歷史！

音樂不死。酒吧永續

我問：「酒城在1979年開業，當年吸引我這些廿多三十歲的人去捧場，時至今日劉婉芬說她不是你的顧客，那麼酒城現時主要吸引些甚麼人客幫襯？」我說：「現時夜總會式酒吧已經所餘無幾，你們如何守業？」George說：「我們的人客好長情，有

些一個星期來兩三次，每次酒城有甚麼轉變都立即知道！酒城走的是大眾化路線，平日最低消費大約 $200，週末都不過 $250，一杯啤酒由 $70 至 $90 不等。」劉婉芬問：「你的目標客戶群是哪些人？」George 說：「我一直希望可以年輕化，所以用了許多心血去打造一個『Friend 過打 Band 之夜』，因為靠歌星駐場不可以維持7日旺場，於是我安排在最靜的一夜——即星期一晚請樂隊來駐場；其餘夜晚還有星期三晚，由跟我合作長達18年的『香港舞王』麥德羅駐場。」

劉婉芬問：「有甚麼歌星出身自酒城？」George 說：「雖然不算一線歌星，但酒城曾經都有過幾多不錯的歌星，好像黑妹、呂珊和蘇姍等。」劉婉芬再問：「現在在酒城駐唱的歌星以甚麼類型為主？」他說：「全部都是好有實力的本地歌手！」我問：「樂隊是否都以本地班底為主？」George 答：「樂隊是菲律賓籍，但其實雙方都好感恩，除了幾個成員的健康出了毛病，其餘一直合作至今！酒城現時的班底，取了新世界中心時期的最強陣容！此外，我們在背後做了許多事情，人客未必可以察覺得到，例如音響，我好注重音響質素。」

劉婉芬說：「話雖如此，但今時今日社會生活的步伐已經改變，酒城將如何延續下去？」George 答：「但任何時代、任何一個現代城市，都一定有酒吧；而且一定有人喜歡打 Band、有人喜歡唱歌！打 Band 不一定要是 Rock Band，甚至 Pop Music 和 Folk Song 都得，我亦曾經舉辦過 Folk Band 之夜！」劉婉芬問：「但你剛才說想吸納年輕一代，雖然你亦努力舉辦『Friend 過打 Band

任何時代、任何一個現代城市，都一定有酒吧。

年輕時期的董瑋、劉德華和苗僑偉。

蔡傳玉的 3 位姊姊是酒城的開國功臣。

之夜』，但你如何融合兩代的喜好？」George
答：「可以安排不同節目在不同時段。」劉婉芬再
問：「你們的營業時間如何？」他答：「9:15pm到
2:00am。」劉婉芬歎道：「營業5小時！」

在我的業界當中，酒城罕有地擁有2000平方呎的
廚房，差不多佔了四份一舖位，我問George：
「酒城有麼美食推介？」George說：「我因應市
場需要和租金、人工等因素，食物方面有德國鹹豬
手和單骨雞翼等，包羅萬有，無論是中式、泰式和
日式都有，雞尾酒則以傳統為主。」雖然酒城走懷
舊路線，但George努力使之年輕化，他說：「主
要是市場引導，許多人客來到酒城都說：『下次一
定要帶阿爸阿媽來！』所以酒城其實是做兩代人生
意。」

年輕時的 George（右一）與溫拿樂隊在酒城獻唱。

任歌星時期的周潤發。

酒城一周年誌慶的報章廣告。

○ ● ○

張宇人說蔡傳玉

我要同 George 講聲抱歉，因為我不會到他
的寶號，原因是現在我身處嘈雜的地方會覺頭
暈，這個是我經營夜總會長年累月遺留下來的
後遺症。當年海洋皇宮酒樓夜總會可以坐過
千人，安排著名紅歌星，提供拉斯維加斯式的
大型歌舞表演，擴音器的音量要推高至過百
分貝，等同每晚都有架飛機在我耳邊盤旋！
George 的地方沒有海洋皇宮酒樓夜總會般
大，音量可能會稍稍得到改善，加上採用現場
樂隊駐唱，在樂隊下場的時候可以稍稍歇息，
不過，相信他的聽覺都經已某程度受損！

19

重拾初心。專注咖啡

Café Corridor

黃劍斐

年輕有夢。逆流而上

我後生的時候在美國生活，美國的咖啡好淡，一日間閒閒地可以飲四、五杯，但香港的咖啡較濃，加上我現在年紀日長，午後飲一杯，分分鐘到晚上仍然眼光光，甚至飲濃茶都會失眠！我的電台節目拍檔劉婉芬卻説：「以前我都以為飲咖啡會導致失眠，但自從愛上飲咖啡後，多了飲咖啡，又跟許多咖啡人傾偈，結果推翻了咖啡導致失眠的説法。」我不同意説：「但每次我眼光光望住個天花板，努力回想之前所做何事，便想起當天飲過那杯咖啡。」

請教今集的嘉賓——Café Corridor 的黃劍斐（Felix）。Felix 在2001年創業，在銅鑼灣開辦

Café Corridor，2001年不是創業好時機，樓價未跌至最低，可幸咖啡室一般的的骰骰，不需要聚集許多人流，經已滿座。時至今日他和不同拍檔組合，分別經營 N1 Coffee、Caffe Essenza、OVOCAFE 和 FabCafe 等共7間咖啡室，前兩者供應咖啡和簡食，2間 N1 Coffee，一間在尖沙咀港鐵站 N1 出口 K11 對面，另一間在西貢匡湖居；Caffe Essenza 在牛頭角；2間 OVOCAFE 則供應咖啡和西式素食，分別在灣仔和中環。不過，無論是2001年抑或現在，都不是營商的好時機，近年飲食業鬧勞工短缺，即使 Felix 想供應早餐，都因為請不到人而無法實現！

茹素多年的 Felix 嘗試結合素食和咖啡文化。

創業前，Felix 並沒有從事飲食業的經驗，我問：「何解如此有勇氣？」他說：「當時我在銀行從事文職，比較多閒餘時間，可以周圍去歎咖啡、歎茶。」我問：「是否歎得咖啡多，自己想開番間？」他笑說：「開始的時候，其實源於一個假像，就如許多人客一樣，來咖啡室歎咖啡，感覺悠閒，便誤以為經營咖啡室都會一樣悠閒，殊不知創業後，才發現期望與現實有落差！」我笑說：「你在銀行做文職有時間周圍去歎咖啡都唔滿足，竟然傻到去投身飲食業！還好起碼你堅持到現在！」Felix 說：「可以說是無心插柳！」

四出求職。屢敗屢戰

我問：「起初你如何裝備自己？是否到香港兩大連鎖咖啡品牌打工偷師？」Felix 笑說：「的確有試過！在2000至2001年，在香港咖啡文化較具代表性的，有尖沙咀亞士厘道的 My Coffee，傳媒和文化人肯定會對老闆 Johnny 有印象；此外便是旺角登打士街的里安咖啡。當年還是青蔥少年，我去到李安咖啡登門拜訪，問老闆請不請人，可不可以讓我拜師學藝！」劉婉芬說：「結果是否一拍即合？」Felix 笑說：「世事豈有如此完美！結果當然是來做人客飲咖啡就無任歡迎，但拜師學藝就 no way！不過，我最後都辭掉銀行的工作，去紐西蘭

流浪，周圍感受當地的咖啡文化，後來去到澳洲，終於有機會在咖啡室打工學習。」

Felix說：「起初無心插柳，我在澳洲去到一間咖啡室，飲了一杯咖啡，覺得好好飲，其實當時的心情比較複雜，因為再過幾日便計劃返港，加上每次問：『請不請人？』都失望而回，那次都不例外，我第一次開口被拒絕，於是我第二日再去，今次問：「我不收人工，你可不可以留我在舖頭實習？」結果終於成功！我無償幹了兩個星期後，老闆開始請我做兼職，我記得每小時工資有13.5澳幣，當時對我來說已算不少。」我說：「必然是你上手快，老闆覺得留你在舖頭幫得到手！」Felix說：「除了上手快之外，我也很進取，當時有位澳洲籍的兼職辭工，我便問老闆可不可以聘請我來到取代他的位置，結果前前後後我在該處逗留了兩個半月。」我問：「你學到些甚麼？」他說：「都是些皮毛，頭一個月我做不少下欄功夫，連咖啡都未掂過，我再三求老闆，到最後一個月才開始學沖咖啡和拉花，不過，我也有記低老闆沖調的咖啡配方。」我再問：「該店是連鎖品牌還是小店？」他答：「小店。」

Felix說：「至於張生剛才問我有沒有到過香港的兩大連鎖咖啡品牌打工學藝，直至要到我回港計劃開

> 我在招聘的時候，絕對不會同夥計講有分紅或者合夥開店的機會，要他們交出成績，自己爭取才考慮給予機會。

店的時候才實行，當時紅色和綠色兩個品牌我都有去應徵，結果紅色那個品牌聘請了我，任職了8個月。」劉婉芬問：「可否分享你在澳洲和香港學到些甚麼？」他分享說：「我在澳洲的咖啡室只逗留了兩個月，無論是咖啡知識抑或技能都所學不多，雖然亦有自學時間，要數最大得着，便是感受到一間咖啡室應有的環境氛圍。一間咖啡室，無論用到幾靚的咖啡豆和高級的機器，能給人客味覺和嗅覺上的享受，但如果欠缺了應有的環境氛圍，很難留得住人客。後來在香港，學習到比較具體的營運管理知識，好像如何訂貨、人手調配和管理，當時我一邊盤算咖啡機和租舖所需成本，積極計劃開店，雖然即使未學過這些，只要碰幾次釘，都一樣可以！」

單品與調配。各有捧場客 ——————

劉婉芬問：「你舖頭的咖啡豆是否全部由自己調配和烘焙？」Felix說：「這是我在咖啡行業浸淫了一段時間之後才開始的，由起初經營咖啡室，到後來兼營咖啡豆和器材批發，慢慢將業務向供應鏈的上下游拓展。當然，每逢與一個新品牌合作，如果拍檔不選用我烘焙的咖啡豆，大家自然好難有機會合作，所以暫時都如劉婉芬所說，旗下咖啡室品牌都採用我烘焙的咖啡豆。」劉婉芬說：「最出色是

甚麼咖啡?」Felix説:「當然是我們的招牌咖啡（House Brand），用了5種不同產地的咖啡豆調配出來。」

時下流行單品咖啡（single origin），與傳統調配咖啡（blend coffee）的，兩者各有捧場客，人客口味許多時會各走極端，劉婉芬問:「調配咖啡是否較適合用來沖調espresso？可不可以用來沖製手沖咖啡（hand drip）？」Felix説:「對我來説，當然是任何方法都合適，不過因為我公司出品的招牌咖啡，其烘焙度較高，所以用來做意式咖啡會較優勝，果仁和朱古力味較突出，加牛奶飲用，味道倍覺香甜。」劉婉芬問:「你旗下的咖啡室品牌以意式風味為主？還是主打單品咖啡？」他答:「Café Corridor主打意式風味咖啡，用

espresso沖調各式咖啡，配合咖啡拉花。不過，時下潮流追捧單品咖啡，所以我們都會急起直追，引入多幾種單品咖啡。」

拓展上下游．咖啡豆批發

我問:「那麼烘焙咖啡豆是否也由你一手主理？」Felix説:「現在我沒有辦法一手主理所有事務，不過我會在背後一手監製，推動公司發展！」我再問:「你如何揀選咖啡豆？咖啡豆是否像雪茄般，不同年份出產的煙葉會受該年的雨水多少而影響出品質量？你需不需要親身到產地視察和買貨？」他説:「我的前輩、業界內的精英已經發展到親身去產地視察咖啡豆收成，再決定採購甚麼貨源來到進行調和和烘焙。」劉婉芬和應説:「近年有一些咖啡豆產地，好像埃塞俄比亞都派代表來香港洽商，甚至舉

位於銅鑼灣時代廣場對面大廈內巷仔的 Café Corridor。

行咖啡豆拍賣。」Felix 説：「最主要是我公司的貨量仍未發展至需要直接從產地配送，所以我暫時都是跟隨業內前輩的腳步，從經銷商手上拆貨，揀選我們認為合適的咖啡豆，再進行調配和烘焙。」

劉婉芬問：「你公司一個星期烘焙多少咖啡豆？」Felix 笑説：「我沒有統計過，可見我仍欠營商頭腦！公司星期一至五營業，每星期送2次貨，每日大約烘焙30公斤咖啡豆，一個星期大約150公斤咖啡豆，雖然亦曾經有過比較大單的交易，每個月要烘焙一噸至一噸半咖啡豆。」我問：「一般建議買咖啡豆後可保存幾長時間？」他説：「一般建議在烘焙後的一個月內享用咖啡豆；如果未開封的話，即使儲存上3個月，味道都不會有太大轉變。」我問：「你們有沒有售賣家庭裝？」他答：「家庭裝一包有200克，以每次用15克來計算，大約可沖13至14杯，如果一日一杯的話，即是兩星期飲完。」

做了父親的 Felix 人生進入另一階段，近年致力優化公司管理。

穩定的銀行工作讓 Felix 愛上咖啡，無心插柳下成就了他的一番事業。

位於上環的 FabCafé 是 Felix 旗下最新一員。

劉婉芬問:「烘焙後應立即享用,抑或等待一段時間再享用,咖啡豆的風味會更佳?」Felix笑説:「如果烘得比較淺,等待7至10日飲用,咖啡豆的風味會更佳;至於深烘的咖啡豆,養豆3至4日,最適合飲用。」劉婉芬説:「剛才Tommy説飲咖啡會失眠,不過我聽過另一派説法,在烘焙咖啡豆時會釋出咖啡因,所以經過烘焙的咖啡豆,其咖啡因含量其實不高。」Felix卻説:「以我所知,咖啡因要在400℃高溫才會釋放出來,而一般烘焙溫度即使是深烘都只有二百多度!」劉婉芬繼續抗辯:「我每日飲3杯咖啡,許多書和研究都指只要不加糖和奶,齋啡是健康飲品!」我從來都飛沙走奶,但每次下午飲了咖啡,夜晚便眼光光失眠!

回望過去。展望將來 ———————

最後當然要介紹下Felix旗下咖啡室品牌的美食,不過Felix做了極勇敢的決定,便是Café Corridor回歸基本,只供應咖啡和蛋糕甜品,不再供應簡餐,就連沙律都從此告別!雖然我不是咖啡友,但咖啡對我來説只有兩個意義,一是消滯,二是有靚甜品,我必然想起要配杯醇香咖啡!我問:「是否請不到員工,所以有此決定?」他説:「的確是一個契機,其實除了Café Corridor,供應西式素食的OVOCAFE亦面對人手短缺的困難!不過,這個契機讓我回顧當初創立Café Corridor之初,膽粗粗一張A4紙供應廿項出品,已經開業!雖然很不成熟和幼稚,但經過廿年後

多年來 Felix 透過咖啡生意廣結緣份,部分員工和人客最後更成為他的生意夥伴。

重新檢討，讓我重拾初心，專注在咖啡方面的發展。」其實在通過最低工資之初，我已經講過最低工資必然會令飲食業愈來愈難聘請人手，員工會被吸引轉投其他較舒適的行業，面對勞工短缺，飲食業必然要收縮菜單！

Felix 説：「公司要衝刺，在其他品牌已經可以做到，而 Café Corridor 因為面積較細，當初為了生存，而迎合市場需求去改變，但近年咖啡文化較受市民所接受，可以嘗試重新專注在咖啡方面。」其實由幾年前開始，我已經覺得美國人的口味慢慢由咖啡轉向茶，事實證明我無錯，我問：「你覺得香港會不會都轉為捧茶？」Felix 説：「我不敢預測未來，但在過去10年時間，我仍然未覺得咖啡成為香港人生活的一部分，頂多是有名店開張，年青人去追捧一下！重新專注咖啡，對 Café Corridor 來説，可以説是一個考驗，且看我們能否堅持下去！」

Felix 接受傳媒訪問。

Café Corridor大事年表

2001	• 於銅鑼灣創立Cafe Corridor	2015	• 於中環開辦第二間OVOCAFE及於深圳觀瀾湖開辦Gee Coffee
2009	• 於牛頭角開辦Caffe Essenza		
2013	• 於觀塘開辦咖啡辦館	2016	• 於西貢開辦N1 Coffee & Co.
2014	• 於灣仔開辦OVOCAFE及於尖沙咀開辦N1 Coffee & Co.	2018	• 於上環開辦FabCafe Hong Kong

柳暗花明。未忘初心

2006年,位於銅鑼灣的Café Corridor,因為業主加租3倍而光榮結業,但Felix未能對咖啡忘情,希望繼續留在咖啡行業,當時已經密鑼緊鼓學習烘焙咖啡豆技術的Felix睇準市場上微培烘(micro-roastery,意即小批次烘焙)的空檔,毅然在觀塘開設咖啡會館經營咖啡豆批發,Felix笑說:「當時其實都是膽粗粗一試。」幸運之神卻因為一篇傳媒報道而眷顧他,從事製衣業的永新集團計劃在集團總部設立一個精品咖啡角,招待從世界各地來港洽商的高端客戶,於是便聘請Felix為他們提供顧問服務和供應咖啡豆,成為了咖啡會館的首批客人!

為了拓展業務,Felix之後參加了大型食品飲料及酒店餐飲設備商貿展HOFEX,並得到美心集團垂青,走生活概念路線的烘焙咖啡輕食品牌Simplylife採用了咖啡會館的咖啡豆,高峰期咖啡會館每月生豆總消耗量共1.5噸。批發業務發展順利,但Felix未忘初心,咖啡館始終是一個交朋結友的地方,2007年Felix在伊利近街一幢大廈二樓覓得地點適中而租金相宜的舖位,便開設咖咖會館的分館,在經營咖啡室之餘,並用作教班和showroom;2008年,以前銅鑼灣Café Corridor的舖位招租,Felix曾因加租而與業主鬧得不快,於是使出權宜之計,找朋友出面簽約租下舖位,暗中籌備復業,到業主撞見Felix才終於恍然大悟,Felix笑說:「現在大家雖然未致於是朋友但相敬如賓,畢然大家都經歷過許多事,學懂成熟處理。」

其後的N1 Coffee、Caffe Essenza、OVOCAFE和FabCafe,Felix說:「無非是對的時間遇上對的人,有些拍檔是由客人變成朋友、有些則是舊夥計,至於人人都話『做生意最重要是地點、地點和地點』,就以Café Corridor為例,銅鑼灣的人流集中,但之前幾位租客無論是經營潮流熱賣的韓食抑或糖水舖都好,最終都被迫結業,證明經營餐飲最重要還是出品。至於如何招攬人才和留才,其實我在招聘的時候,絕對不會同夥計講有分紅或者合夥開店的機會,要他們交出成績,自己爭取才考慮給予機會。」過去一直率性而為的Felix不諱言他亦曾經歷失敗,現在他開始學習如何做好管理,將講求個性的咖啡文化發揚光大!

港式美食

20

家庭小菜。突圍而出

翠河餐廳集團

陳耀輝

經濟實惠。家庭晚飯

最近我同現代管理（餐飲）協會的會友講起「翠河」，不過並非今集的嘉賓──翠河餐廳集團董事總監的陳耀輝（下稱輝哥），而是一代馬王「翠河」！翠河餐廳集團在2005年由陳錦華先生成立，輝哥是在2014年才入主統帥，我問：「輝哥，知不知道集團點解會以『翠河』來命名？」輝哥說：「我和翠河餐廳集團的創辦人陳錦華先生是從小便認識的同學兼好友，第一間翠河在北角堡壘街開業，由他和舖位業主合作，當初命名翠河其實無特別原因，只是當時翠華大熱，便圖個便利！」

眨眼之間，集團已經創立接近14年，旗下共有45

間茶餐廳，規模甚至超越上市集團翠華，劉婉芬說她都是捧場客之一，皆因分店網絡遍佈港九，就連公共屋邨都有。我問：「翠河有何優勝之處，可以如此迅速發展？舉例太興主打燒味，我每次到翠華都必定吃咖喱牛腩，也有主打潮州魚蛋粉麵和炸魚皮的茶餐廳業界，那麼翠河又有何灑家之處？」輝哥說：「翠河的特色就是我們不設燒味！晚市做小炒，中西都有，每晚8款，有2款炆餸、蒸餸、沙薑雞、肉醬意粉……每款都不過是五十零蚊，其他茶餐廳多數做碟頭飯，簡單講便是人冇我有！」劉婉芬說：「現代人個個做到放工已經攰到不想動，如果晚飯可以食到新鮮熱辣小菜，再加碗無味精老

翠河榮獲中國飯店金馬獎。

火湯，簡簡單單已經好舒服！」

我和應説：「五十零蚊分分鐘自己去街市買餸都煮不到！過時過節，街市減少來貨，亦難免會加多少價，就更不及出街食乾手淨腳！」輝哥同意説：「所以我們都是吸引家庭客為主！一家四口都是二百零蚊埋單，經濟實惠。」劉婉芬説：「如果我慳埋例湯或者飲品，會否再便宜一點？」豈料輝哥説：「每位可省回$9，因為跟餐加一碗白飯都不過收$9，再送埋碗例湯或者熱飲。」我説：「即是一個小炒大約$48！」輝哥笑説：「無錯，由$48至$55。」我説：「我同老婆出外用膳，通常都是一碗白飯同例

湯兩份食，如果白飯同例湯可以逐位計，能夠方便到我們這些『唔湊米氣』的人，時下有很多人都需要管理體重，晚上少吃米飯。」

限量供應。蒸魚套餐
為自己追求福祉，我再問：「晚上有沒有蒸魚套餐？」輝哥説：「有兩款，游水紅䱽和鯇魚，間中還會有游水白鱠。」我問：「是否每日有夥計到街市買，還是安排來貨？」他説：「每日到街市，商販都知道我們要些甚麼，而且取貨量不多，每日都只是要5至6條，賣完即止！回來廚房才自己劏，而且一定要返到來仍然識游水，就連鯇魚都是買一

整條回來，才自己劏、自己切！」劉婉芬説：「好新鮮喎！」輝哥繼續説：「所以蒸鯇魚可以説是我們的招牌菜，鯇魚要大才好吃，一條有成九斤十斤重，可以分開十份，每份十両。試過7點幾未到8點已經售罄，結果夥計給人客鬧，惟有請人客致電預留！」

如果飲食業沒有一半毛利便很難經營，但亦不可以賺到盡。

充説：「正如過往我不會將海南雞飯放入餐牌一樣，用新鮮雞炮製，煮好，放櫃位售賣，天天清貨，保證新鮮！」輝哥説：「其實會開口的都是熟客，樓面見慣見熟，知道他們每日大約幾點來晚飯。」劉婉芬：「晚市小菜還有甚麼招牌菜？」輝哥

劉婉芬問：「點解不入多些貨？」輝哥説：「因為每晚客情都不同，尤其是鯇魚只要入過冰箱，肉質便會變霉。如果賣剩，情願煮給夥計做福食。」我補充

説：「西蘭花炒花枝蝦球啦！好多人客入到來都會點，都是$58。」我問：「午市有甚麼？」輝哥説：「梅菜扣肉是我們的皇牌！如果附近有地盤的話，肯定售罄。」劉婉芬聽到梅菜扣肉立即大叫「救命！」

翠河雖然是茶餐廳但闊落舒適，裝修光潔明亮。

利錢偏高。競爭激烈

劉婉芬問：「香港有好多人夢想開茶餐廳，翠河餐廳集團旗下共有四十幾間分店，究竟茶餐廳容易不容易經營？」我說：「如果你問我，我會答你近年香港開業最多的餐廳品種是茶餐廳和日本食肆，雖然競爭大，但亦證明如果經營得好，有市場發展空間，否則不會有這麼多人入市。」劉婉芬說：「好簡單，就在錄音室附近已經有兩間茶餐廳分別隸屬不同連鎖集團，兩間各有捧場客，而且客路不同。」我說：「以我為例，其實我剛剛才兩間都幫襯過，一般去街口那間我會吃咖喱，不過那次我喉嚨唔舒服，所以吃了魚蛋粉；至於街中間那間，有次我忽然想起很久沒有吃過燒肉和叉燒，便去了吃雙併燒味扣底。」香港雖然多茶餐廳，最緊要還是要有特色，剛才輝哥就提出翠河的晚市小菜夠灑家！

劉婉芬說：「是否主攻家庭客較容易成功？」輝哥說：「以翠河為例，我們深入每個社區包括屋邨。」我說：「你選對路線，近年屋邨的消費力較高。」輝哥說：「不過近年即使屋邨舖的租金都好高！」我說：「有些無良業主見到你生意好，便想同你分，仲要分大份！」輝哥說：「屋邨其實一樣面對人手短缺和租金問題！」我反駁說：「屋邨的租金無論怎樣貴，都不會貴得過中環！而且屋邨已經最容易請人，居民一般會留在屋邨內工作。」輝哥卻說：「屋邨頂多都是租金較平，但人工一定不會平，且別以為屋邨會容易請人，屋邨師奶都不肯炒更（加班）！所以你問我是否好做？我會答都不是如此好景！按技術來說，茶餐廳其實都不簡單；不過計利潤，如果加上水吧的話，茶餐廳比酒樓賺多了杯飲品，所以利潤算是偏高！」我說：「通常去茶餐廳都不會齋飲，跟餐一般較實惠！」輝哥說：「無錯！」

我說：「講開扣底，我試過好多次明明講明要扣底，結果都無功而返。」輝哥說：「夥計的心態是餐廳收了人客一樣價錢，不能夠給太少份量。」劉婉芬和應說：「不過我都明白，試過我話要三份一的飯，結果對方反問我：『一半得唔得？』我說：「如果用碗仔會較容易處理；好似我去食燒味飯，如果用碟上，太少飯會冇睇頭，但無得打回頭，因為已經淋了汁。」劉婉芬問：「茶餐廳多不多廚餘？」輝哥說：「以翠河為例，我們不多，因為用中央工場，很講究處理食物的安全衛生，如用適當溫度保溫，需要時才因應用量解凍。如果預製對品質無影響，例如梅菜扣肉、肉醬意粉的肉醬和沙薑雞的沙薑汁等，便安排在中央工場製造；否則便安排在分店廚房做，例如沙薑雞都是在分店製。」

良心企業。微中取利

最後介紹一下輝哥的新品牌——逸翠軒，旗下分別有3間點心專門店和2間海鮮酒家。先講點心專門

陳耀輝和股東攝於翠河分店開幕。

翠河餐廳集團大事年表

2005	• 第一間翠河餐廳成立
2015	• 翠河餐廳發展至24間,同年成立另一個品牌逸翠軒海鮮酒家
2016	• 成立逸翠軒點心專門店,而且同年翠河餐廳也發展至42間

2016–2017	• 翠河餐廳榮獲「茶餐廳天王至尊大獎」金馬獎;逸翠軒點心專門店尖東分店榮獲「香港最佳點心專門店」金馬獎
2017–2018	• 翠河餐廳榮獲「餐飲領軍品牌大獎」金馬獎;逸翠軒點心專門店青山道分店榮獲「香港最佳點心專門店」金馬獎 至現在為止,翠河餐廳有45間,逸翠軒有5間。

店,我問:「是否在中央工場做好交貨到舖頭?」輝哥說:「因為分店數目不多,所以暫時全部點心都是在個別分店廚房製造。」我問:「點解不合而為一?廣東人習慣飲夜茶,現在香港都有不少點心專門店會由朝到晚供應點心,只是如此做的話,成本一定貴,因為點心師傅要分兩更點,現在請一更都已經如此困難!」劉婉芬問:「可不可以請一更預製好全部點心放雪櫃留到晚市使用?」輝哥說:「品質會受影響。既然打正旗號叫點心專門店,便不可以做壞招牌!師傅一般要在開市前預早兩至三個鐘頭

返到來準備。」

我問:「有幾多款點心?」輝哥說:「點心專門店不會太複雜,一般都是三十餘款。」我問:「最好利錢是甚麼?甜品?」他答:「灼菜。」劉婉芬乘時而起:「好難明白灼菜在酒樓點解會賣到咁貴!」我說:「我知!因為要幫補蝦餃和牛肉的利錢!你賣幾錢一籠蝦餃?」輝哥答:「$32一籠4隻。」劉婉芬說:「利錢有幾多?」輝哥答:「大約一半毛利。如果飲食業沒有一半毛利便很難經營,但亦不可以

陳老闆熱心業界活動,圖為他參與現代管理(飲食)協會活動。

賺到盡。」我問:「海鮮酒家有甚麼招牌菜?」輝哥答:「兩間好大分別,一間在科學園,另一間在顯徑,屬於屋邨酒樓,做法不同。顯徑分店走大眾化路線,主打家庭小菜,最緊要好下飯;科學園分店的檔次較高,招牌菜是燒骨,新鮮排骨用糖、生抽和冰糖去扣,有些似無錫骨或者糖醋骨。」

劉婉芬說:「我好同意輝哥所說,做食物館要對自己有要求,賺錢不可以賺到盡。」輝哥說:「最緊要人客付錢付得舒服!」輝哥句句金石良言,香港飲食業雖然競爭激烈,有無得做就視乎是否能夠讓人客心悅誠服地付款!

管理層重視僱員關係,員工上下一心。

我與陳耀輝合照。

新品牌翠逸軒點心專門店。

張宇人說「翠河」

除了業界之中有不少馬主,有留意賽馬消息的都對「翠河」這隻馬留下印象,我的電台節目拍檔劉婉芬卻問:「翠河這隻賽馬尚在嗎?」如果我沒有記錯,一代馬王「翠河」大約在90至91年以3歲之幼齡出賽,有別其他賽馬在成為賽馬前先用作配種,一般要待至大約廿多歲才開始出賽,「翠河」屬於閹馬,所以不會用作配種,記憶最深刻是「翠河」第一次出賽雖然漏閘十幾個馬位,最終竟然可以跑入頭三甲之位!「翠河」由張奧偉與夏佳理所擁有,曾經於 1990/1991、1991/1992 和 1993/1994 馬季成為香港馬王,是唯一在董事盃、香港金盃、香港冠軍暨遮打盃均贏取過頭馬的三冠馬王,於 1996 年已經退役。

陳老闆是馬主,與業界在綠茵場上歡聚一堂。

靓裝冰室。香港情懷

瑞士喺啡室

梁健龍

供電所限。簡化餐牌

我的電台節目拍檔劉婉芬説今集嘉賓梁健龍（Terry）的相貌年輕，難得他旗下有15間食肆，品牌除了瑞士喺啡室外，還有廉記冰室、越南咖啡室和泰菜館亞萊嘜嘜（AloyMakMak），亞萊嘜嘜分別在元朗和荃灣有分店，由泰廚主理泰式小炒。踏入2018年，瑞士喺啡室剛剛有10年歷史！第一間瑞士喺啡室就在新城電台中環直播室附近，不過，雖然開在中環利源西街，食肆正門卻被販賣衣服雜貨的鐵皮檔所遮擋，如果不是熟客，單憑地址未必可以搵得到！Terry卻説曾經在舖頭撞見我，可幸他説我和老婆在附近購物後入內小休。

門口隱蔽，面積卻有2000平方呎，近百個座位，奇在店舖的供電只有100A（安培），而且不可以接駁石油氣和煤氣；過往介紹美食車，我經常都講美食車只得33A電力，所以沒有美食車供應雲吞麵，因為不夠電力長時間滾着罉水來焯麵，不過，美食車如果不駛過隧道，還可以選擇拖兩罐石油氣！我問：「Terry，最初是否已經計劃開食肆抑或有其他打算？」Terry説：「我同朋友最初計劃開戶外運動用品店，但店舖面積比較大，即使入幾百萬買貨都未必鋪得滿店面，加上我之前曾經有餐飲經驗，望落舖位間隔都適合做餐飲，於是把心一橫便變陣！」

瑞士㗎啡室推出慈善餐牌，Terry（右四）透過創意營銷打響知名度。

上手租客經營零售，我再問：「你點肯定舖位的電力供應和去水足夠應付做餐飲？」他答：「我有請顧問，他說電力足夠供應哪些煮食爐具，我才決定簽約，一簽便6年，現在已踏入第二個6年。」劉婉芬問：「但只得100A電力，要面對甚麼限制？」Terry說：「廚房不可以同時開所有爐具，要輪流煮食，否則會跳掣，便要換電線。」我和應說：「其實好危險！」Terry同意說：「無錯，所以我要教廚房師傅習慣。」劉婉芬說：「你選擇留低，舖位一定有吸引之處。」Terry說：「生意夠做便繼續。我惟有簡化餐牌來遷就電力供應。」

除了展銷，Terry還贊助不少體育活動。

兜兜轉轉。再戰餐飲

剛才 Terry 提過在開瑞士喋啡室前，曾經有餐飲經驗，故事由2001年説起，他當年畢業回港後，同3個朋友各自投資十多萬元，在西灣河開咖啡室，我説：「四頭馬車，這個排頭認真差，更何況大家都咁高咁大，其他人點解要聽你點！」Terry 説：「當時大家都入世未深，待人處事未成熟，該發生的都有發生，最後只是做了一年便拆夥，將舖頭頂手，可幸是無賺無蝕，大家取回本金離場，所以都算成功！」之後 Terry 和之前其中一位股東在西灣河另起爐灶，無奈開業幾個月旋即遇上 SARS，卻成為逆市奇葩，不單只賺錢，還引來傳媒追訪，他解釋説：「全區最乾淨便是我們的茶餐廳！」雖然賺取了人生第一桶金，過的卻是非人生活，經營了3年後，有人客願意頂手，Terry 便賺錢離場，今次不再開咖啡室，改買磚頭。

婚後 Terry 轉行零售，經營運動服裝店，他説：「雖然賺錢，不過只是微利，要公一份婆一份，互相補貼。」我説：「Terry 經營過餐飲、又經營過零售，才想起餐飲原來如此美好！」Terry 説：「其實經營餐飲都好苦，由朝企到晚，要面對好多人，合理的、不合理的都會遇上，瑣碎事特別多，不過餐飲業有機會可以發圍。」2008年，Terry 出售物業，孤注一擲，投資瑞士喋啡室，劉婉芬感嘆説：「都幾冒險！」Terry 和應説：「還要當時太太決定辭職做家庭主婦，所以都真係靠信心！當時我

如果老闆不在公司，公司可以繼續賺錢，投資者才覺得這間公司值錢！

尚欠部分資金，所以找了一個朋友合資，不過就由我佔大份，因為之前經驗讓我明白，一定要有決策權，才有得做，時至今時今日，旗下所有品牌都和這位股東合作，當然個別品牌可能會有其他股東加入。」

我説：「我不少業界都押埋老婆張棉胎來開舖，既然 Terry 當初要押棉胎（出售物業），他現在可以有15間舖，必然是一路賺到才能陸續再開。」劉婉芬問：「你贖回張棉胎沒有？」Terry 説：「尚未。」劉婉芬問：「那麼賺到又開舖，其實等於一路投資。」他説：「無奈物業升值太快。」我説：「不排除他銀行戶口多了錢，只是未夠物業升值快速！當然物業不是生財工具，可能到他做大咗個牌子，不想太辛苦，索性將幾個牌子頂手。」Terry 説：「我暫時沒有這個想法，那時是因為做得太辛苦，但現在公司同事已經增長至幾百人，當遇到好同事會推動我構思開新店。」Terry 正正説出許多業界的想法，夥計跟了自己長時間，不為自己都為夥計着想，而且開新店代表夥計有機會升職，不過當公司管理欠妥善和人手短缺的情況下，擴充太快有可能會帶來危機，甚至拖垮整間公司。

擴充開店。求才若渴

劉婉芬問：「不經不覺，已經營10年，由一間做到現在有15間，你覺得現在經營餐飲與過去有甚麼分別？」Terry 説：「以前在一份報章刊登聘請廣告，

瑞士喋啡室的佈置處處滲透着「港」味！

品牌的港式美食獲法國藍帶美飲協會認同。

Terry 主辦瑞士雞翼盃全港小學生乒乓球賽。

員工代表公司出賽國際金茶王大賽。

員工聚會難得濟濟一堂。

瑞士喙啡室大事年表

2008	● 在中環創立第一間「瑞士喙啡室」
2009	● 開設「瑞士喙啡室」荔枝角分店
2011	● 開設「瑞士喙啡室」灣仔分店
2011-2012	● 瑞士喙啡室榮獲黑白淡奶頒發「全城我最喜愛港式奶茶茶餐廳2011-2012」
2012	● 開設「瑞士喙啡室」葵興分店 成立新品牌「廉記冰室」於中環開店
2013	● 開設「瑞士喙啡室」新蒲崗分店 在銅鑼灣開設「南龍冰室」&「壹餅房」 荔枝角分店水吧獲金百加頒發「金鴛鴦第三名」 公司以泰臣為代言人，拍攝多個出位造型配合公司出位食物及裝修令食客一試難忘
2014	● 開設「瑞士喙啡室」炮台山分店 新品牌「亞萊嗲嗲泰越小廚」於元朗開店 荔枝角分店水吧獲金百加頒發「金奶茶第二名」 榮獲城市青年商會主辦第十八屆「創意創業大獎」
2015	● 開設「瑞士喙啡室」葵涌和宜合道分店 開設「瑞士喙啡室」將軍澳分店 榮獲「星級優秀品牌大獎」得獎品牌之一，進一步獲得信心保證
2016	● 開設「瑞士喙啡室」西環分店 成立新品牌「粗菜館」於炮台山開店 成立新品牌「越南咖啡室」於秀茂坪開店
2017	● 贊助「點滴是生命」慈善活動，於香港仔郊野公園為跑手派發雞翼打氣 開設「瑞士喙啡室」樂富分店 獲香港地品牌籌委會頒發「香港地品牌入圍獎2017」 與TVB合作為熱門節目「我係小廚神」贊助總值超過十萬元禮券 參加「O2O香港購物節」全線餐廳以71折售賣71份瑞士雞翼撈麵 開設「瑞士喙啡室」觀塘分店 參加「第六屆香港食品嘉年華」 參加「奶茶日」全線餐廳免費派發100杯奶茶 開設「亞萊嗲嗲泰越小廚」第二間分店於荃灣
2018	● 參加「香港工展會2018」 在灣仔開設「廉記冰室」 贊助「無國界醫生野外定向2018-救援在野」於粉嶺為參賽者派發雞翼 贊助「點滴是生命」慈善活動，於香港仔郊野公園為跑手派發雞翼打氣

已經有幾十人來應徵，而且會來上工，但現在登幾份報紙，可能只有三、四個人打電話來，但都沒有下文；還有便是租金和食物成本，以前雖然都是辛苦，但即使外行人都有機會做到，現在即使識做，都未必可以成功。」劉婉芬說：「我們作為食客，有時候好唔明白，同樣面對食物成本上升，但有食肆仍然可以四十幾蚊供應三餸套餐，同樣在中區同樣是三餸套餐，有些食肆可能要售過百元！點解個零售價可以相差咁遠？」Terry 說：「其實一齊升、一齊跌。」劉婉芬說：「但我們見不到跌。」

我說：「嚴格來說通縮對飲食業是致命的，我們不怕高通脹，因為租金和人工永遠追不上通脹，但當98年通縮來到，我們不會減夥計人工。對 Terry 這種小店來說，其實好受鄰近大型連鎖品牌的影響，就算通脹他們應該加價，都未必敢加足！反而當他做好咗個招牌，食物價格就可以水漲船高！」劉婉芬說：「會不會是你們選取走甚麼路線，影響採取甚麼定價？」Terry 說：「當然會。其實好多因素，好像店舖地區、食肆類種，當然亦會參考附近同類型食肆的定價，但即使同樣是茶餐廳，如果裝修得靚少少，都可以收多幾蚊，現在我們都逐漸做高檔次裝修，例如第一間的裝修較平民化，但新店就會設皮梳化等。」

我問：「你舖頭叫瑞士喙啡室，是否因為有賣瑞士雞翼？」Terry 解釋說：「其實正好相反，外邊茶餐廳多數都叫七記，我想特別一些，想到不用國家名，瑞士喙啡室好像幾有格調，便取這個名字。至於招牌菜，如我所講，其實最初我沒有餐飲經驗，對食物一竅不通，師傅問我：『瑞士雞翼好唔好？』人客入來又問我：『有甚麼招牌菜？』我隨口回答：

Terry 工餘時積極投身業界組織活動。

『瑞士雞翼。』最後無論什麼食物賣得多，出品便自然會好。」我問：「奶茶得唔得？」Terry 説：「我們參加過金茶王比賽，用自己配方，當然都要視乎師傅手藝，惟有經常睇實師傅煲幾多度、幾多分鐘才拉茶。」

因地制宜。地區限定

我説：「我覺得茶餐廳同冰室其實都有分類，瑞士喺啡室屬於哪類？」Terry 説：「視乎區域，中環老店因為電力供應問題，所以主打即食麵、通粉和三文治，當然還有招牌瑞士汁炒牛河和西多士，我們用比外邊厚一倍的麵包，連埋杯飲品都只售廿多元；去到工廠區，便會多些炒鑊，例如豆腐火腩飯等；去到屋邨，夜晚就賣鐵板扒等，所以我們是貨真價實的茶餐廳。」我説：「因應不同區分，供應不同食品。所以我在樂富鋸完個鐵板扒，落到中環瑞士喺啡室卻未必會有鐵板扒。」Terry 説：「無錯。」劉婉芬説：「那麼你幾個品牌，最睇好哪個？」他説：「其實茶餐廳不是最容易經營的種類，不過最重要都是有個好夥計。」我問：「廉記冰室和越南咖啡室有甚麼分別？」Terry 坦誠回答：「從做生意角度，多個品牌可以分散投資，同埋廉記冰室想試下較高檔路線。」我笑説：「但你叫廉記卻走高檔路線，豈不是掛羊頭賣狗肉！」一笑！

劉婉芬問：「如果現在要你捲土重來，你仲夠不夠膽入市？」Terry 説：「現在未必有這種體力！」劉婉芬問：「一個星期有沒有放一日假？」他説：「現在不用那麼困身，即使一日不巡舖都不成問題。」大約五、六年前，當 Terry 開到第三間分店的時候，他偶然得知稻苗課程，他説：「當時舖頭雖然上了軌道，但仍離不開家庭模式經營，兩公婆都要落手落腳做，我好奇其他連鎖品牌是如何管理十幾廿間店舖？於是便決定進修，學習企業管理，最深刻是課程講到『如果一間公司，要老闆在公司才營運得到，這間公司便不值錢；如果老闆不在公司，公司可以繼續賺錢，投資者才覺得這間公司值錢！』理論歸理論，Terry 提醒：「實踐的時候，要狠心迫自己放手，給夥計去嘗試學習甚至犯錯；一些原本自己可以完成工作，但現在要付錢聘請夥計，可能還不夠自己做得妥當，就當是為將來發展的一種投資。」

我和梁健龍（Terry）合照。

22

鮮肉叉燒。享譽同行

新桂香燒臘

陳群

一食一宿。年少入行

廣東菜講究「鑊氣」，今集嘉賓雖然開燒臘店，不過，未知是否前舖後工場的關係，所以他舖頭燒製的叉燒特別夠火候，又夠鬆化，每次我都論斤買，而且一買便幾斤！今集嘉賓新桂香燒臘的老闆陳群，業界多數都叫他做「偉哥」，偉哥解釋有次他睇醫生，護士叫錯他做「陳小姐」，於是他便自己改名做「阿偉」！

1978年，偉哥17歲偷渡來港，最初跟阿叔賣菜，左鄰右里建議他學門手藝，五金、點心甚至燒臘都好，前途較有保障，最後介紹他到銅鑼灣邊寧頓街華園學做燒臘，他18歲落髮（飲食業對入行的俗稱），人工有$800，偉哥說：「那時已經算幾好，有人工，仲有食、有住。我來到香港之後，沒有地方落腳，學做燒臘可以有宿舍！」兩年後，他見舖頭無人離職，升職機會渺茫，便經朋友介紹過塘到柴灣桂香燒臘，人工由千五加到過二千，偉哥說：「桂香在柴灣華泰大廈地舖，最初只是間舖頭仔，83年老闆擴張營業，在宏德居買了個過千平方呎的舖位，但因為人手過剩，生意開始出現問題，直至98年亞洲金融風暴，生意更差，終於捱到2001年結業！」

創立新桂香的三位掌舵人，左起負責企檔的陳群（偉哥）、工場的根叔和斬燒味的文哥。

企檔功力。成生招牌

回想在2000年選舉，我去新蒲崗拜票，一盒雙併燒臘飯連例湯竟然售$12！偉哥説：「在青衣，一盒燒臘飯更低至$7，還要送埋汽水！」我説：「其實舖位屬自置物業，應該不難做，不過當年正值低潮，偉哥的老闆年紀大，與其削減人手，不如找清條數，結束關係，大家開開心心。」桂香結業後，偉哥三師兄弟要養家，那時候搵工不容易，反正在柴灣有客情，不如每人投資十餘萬另起爐灶，創業做老闆！偉哥説：「我們在柴灣企了十幾年檔，不需要招牌，個個街坊都認得我們，照計總有生意！」三師兄弟各有長短，偉哥和另一位主力企檔

斬燒臘，尚有一位則主力燒製燒味。

2001年，三師兄弟租下現址，新桂香開業。劉婉芬説：「我無想過企檔原來如此重要。」偉哥説：「刀章、數口都好重要。」我接着説：「在飲食業，不論是燒臘抑或日本刺身都好，一塊魚生有幾多筋要切走，最後留下幾多供應人客，就由負責企檔的師傅決定，出品品質和老闆賺不賺到錢，都主宰在他手上。」偉哥補充説：「如果師傅不識切，塊燒肉愈切便愈核突，好似堆垃圾一樣；如果師傅識切，便愈切愈靚，吸引人客來買！師傅的轉數又要夠快，見到那些貨去得不好，要懂得推銷，不是人客來到話

偉哥和徒弟樂哥每天合作無間，鎮守「企檔」的重任！

明哥負起工場的工作。

古色古香的
新桂香紙袋。

買甚麼、便買甚麼！」

我說：「這方面我所有業界都是如此做，見到條魚快要游背泳，你便要快手推銷！」劉婉芬說：「我有次去燒臘店買燒肉，見到燒腩仔好靚，老闆立即話：『我切嚙給你試試！』買了之後，老闆又話：『我們的生腸都好靚，給你試試！』結果埋單的時候，買買埋埋一大堆我起初無打算買的燒臘！」偉哥說：「這便叫企檔！不可以墨守成規，同埋我們不用電子磅，所以數口要精！」我說：「如果人客來買外賣，買一斤叉燒，他們便磅給人客；但如果人客來食碟叉燒飯，他們不會講明一碟叉燒飯有幾兩叉燒，一定是老闆在背後計過條數，每碟有幾多飯、幾多叉燒！」劉婉芬問：「我很好奇一碟叉燒飯究竟有幾多叉燒？」偉哥答：「以前師傅教落一碟叉燒飯有二兩半叉燒。」劉婉芬問：「即是幾錢？」偉哥又答：「如果在我們舖頭買便貴，我們一兩叉燒要賣$11，二兩半已經去了廿七、八蚊！但我們不只給二兩半，一碟飯有三兩叉燒，都只是賣$40！」

古法燒製。鬆化叉燒

劉婉芬問：「香港的燒臘店多到成行成市，偉哥覺得如何才能夠鶴立雞群？」他答：「出品一定要靚！」劉婉芬問：「我記得偉哥講過新桂香的乳豬好

出名。人客如果清明要訂乳豬，要早至農曆正月落單！豈有如此誇張！」我說：「他們沒有中央工場，只是靠前舖後工場，工場得一、兩個爐，一轉燒不到多少隻乳豬。」偉哥說：「我們一日最多只燒到40隻乳豬。」我說：「除了叉燒和乳豬，新桂香還有甚麼必食？」偉哥說：「我們的琵琶鴨都賣得好好！」我問：「但現在已經沒有鮮宰鴨，你們如何保持質素？」偉哥說：「外邊經常話我們的燒臘出名，其實這麼多年來，我們一直都只是維持傳統方法燒製燒臘，既無進步，亦無退步！只是

外邊全部用冰鮮肉，而我們仍然堅持用新鮮豬肉、排骨和雞！」

這便是生意眼，你夠不夠膽做！

我說：「當然還有偉哥那門手藝，如果現在有個18歲的後生仔入行，他未必肯像偉哥當年捱兩年學師，可能做兩個月，老闆不肯加人工，已經走人！不過，若論食材，我覺得現在有許多食材都已經今非昔比，單是鮮禽已經是例子！相反國內甚麼食材都有，當然黑心食品是另一個問題！」偉哥卻說：「如果以鴨和鵝來說，可能同肉質纖維有關，冰鮮

新桂香外表與一般燒臘店無異，全憑對出品品質的堅持打響名堂！

和鮮宰的肉質相差不遠！但冰鮮雞確實稍遜，肉質較霉。」劉婉芬問：「琵琶鴨是否每日供應？」偉哥說：「因為功夫多，所以每日只做兩、三隻，售完即止；但如果預訂，便一定有。琵琶鴨無供應碟頭飯，只設外賣，最少買半隻$100，如果識欣賞便知道抵食！」

偉哥繼續說：「好似叉燒，我們向街市肉檔攞貨，一隻200斤的生豬都只是攞到6斤梅頭右左，我們平均每日要用200斤梅頭，但兩斤梅頭才燒到一斤叉燒。」即是每日賣百零斤叉燒，每斤售$176，扣除肉價成本，單是叉燒一日已賺一萬七千幾蚊！劉婉芬說：「雖然還未扣除燈油火爉和人工舖租，但新桂香還有其他收入，許多舖頭仔一日都未必賺到這

新桂香的燒味飯深得柴灣街坊的愛戴。

昔日偉哥曾經任職的桂香燒臘舊址。

個數！」偉哥說：「這便是生意眼，你夠不夠膽做！外邊用雪肉燒製叉燒，淋汁上去，相隔片刻，便瀉下來；但新鮮肉燒起的叉燒會掛汁，我們完全無加花紅粉和色素，但叉燒表面有光澤，色澤靚到不得了！」劉婉芬再問：「除了用新鮮豬肉之外，還有甚麼秘訣？」偉哥說：「我諗是燒得夠火候！叉燒外層燒至脆皮，但咬落腍滑，入面仍然保持有肉汁！外邊未必捨得燒到咁燶，因為會有好多燶邊，要用較剪剪走燒燶的部分，這些都是錢！」

青黃不接。未敢擴張

偉哥說他們的燒排骨都好受歡迎，一樣用新鮮排骨，香得來好鬆化，不會死死實實，就連他自己都覺得好食！我說：「燒排骨的損耗較少，毛利是否較高？」偉哥說：「街市交排骨來到舖頭，表面那層肥膏好厚，這些都是損耗，所以相差不遠！」我說：「我不想批評我的街市業界，但以前老寶教我做生意，叮囑有兩類人要好小心，一是裝修佬，二是街市佬！所以飲食業那些負責收貨的，十分重要！」偉哥說：「有時外邊交貨來會『打水』（用針筒注水），如果唔識睇，便會吃虧！這些是昔日行業陋習，現在較少這個情況！」我說：「如果一籮菜，打了水，看表面不容易察覺，收貨後過秤，再放耐一些，籮底便會出水，食肆老闆便損失了幾斤菜的價錢！」

劉婉芬說：「偉哥，你做了十幾年，有甚麼大計？」偉哥苦笑說：「沒有，我們幾師兄弟做到邊，好想休息。不敢奢望仔女會接手，年青一輩有自己的想法，不到我們話事！」這點我完全明白，近年飲食業青黃不接，即使有心請人，都沒有年青人肯入行，尤其是燒臘，企在燒臘爐旁邊，苦熱難當，不容易捱！劉婉芬再問：「有沒有想過開分店？」偉哥

說：「如果開分店，好難監控出品，始終一間傳統燒臘店有許多事情要親力親為。」偉哥話新桂香十幾年來，既無進步亦無退步，但其實單是這份堅持已經不容易！

○ ● ○

張宇人說陳群

我每次去偉哥舖頭，都讓我很受歡迎，因為無論是我兒子新抱抑或女兒女婿，甚至孫仔、孫女都愛食他的叉燒！

23 叉燒大王

廚房出身。重視出品

叉燒大王
練裕林、練裕安

就業不景。迫上梁山

今集嘉賓是叉燒大王兩兄弟——練裕林（下稱阿林）和練裕安（下稱阿安），大哥阿林首先入行，15歲入行學做低櫃（行內對燒味的俗稱），累積了15年經驗之後，在2000年創業開「叉燒大王」，一眨眼便過了17年！阿林說：「我入行的時候，經濟好差，搵工不容易，試過酒樓結業要遣散，到我創業的時候，再遇經濟低迷，河畔花園現舖址無需頂手費已經可以開業！」我說：「不用問，舖租一定相當優惠！」阿林說：「是。」我的電台節目拍檔劉婉芬問：「細佬阿安加入了沒有？」阿林說：「未，那時他做緊電腦。開業兩年後，公司慢慢成形，我一個人管理不到，便邀請他加入。」我問：「是否茶餐廳

格局兼營小菜？」他說：「是，大約百一、二個座位。」

發展多年，他們兩兄弟成立創星餐飲管理有限公司，旗下除了叉燒大王，還有漁民火鍋、築地、和氣、開飯‧主意、九份‧十分和 Wooden Bowl 等品牌！劉婉芬問：「兩兄弟如何分工？」輪到阿安開腔說：「阿哥主力廚部，我則負責管理。」劉婉芬再問：「經營餐飲是許多夢想創業人士的理想，你兩兄由一間拓展到現在品牌眾多，必定經歷過許多辛酸，究竟經營餐飲是怎樣的一回事？是否只要搞定出品便可以？特別是阿林本身由廚師出身！」阿安

叉燒大王在 2013 年裝修擴張，左一是弟弟練裕安，右三為大哥練裕林。

說：「世事豈會如此簡單！」阿林跟着答：「那時經濟低迷，試過幾次舖頭執笠，反正都是無糧出，於是膽粗粗出來試下！創業頭10年，我差不多未放過假！」

劉婉芬問：「你覺得值不值？」阿林答：「我第一次出來創業，頭幾年都賺不到錢，只是得個字，兜兜轉轉，碰過許多釘子，才摸索到出路。」劉婉芬說：「主要靠甚麼方法？」阿林說：「初段時間我自己一個負責出品，睇不到廳面，好難控制夥計，他們有沒有好好做事都唔知道，直至細佬入公司幫手，感覺相差好遠！不過，創業初期比較易做，那時河畔花園儼然是條食街，叉燒大王及和氣食堂都開在附近，區內舖頭家家戶戶都擺放露天檯椅，後來人聲鼎沸，居民開始投訴，再不能夠露天擺賣，營商環境轉變了，不過，那時我們已經熟悉了附近環境，於是乘時外闖。」雖然阿林創業時值經濟低迷，租金廉宜，會比較容易做，但成功亦非必然，相信他們必然有其成功之處，才能夠闖出天下。

執着出品。叉燒大王 ——————————
劉婉芬問：「舖頭為何叫叉燒大王？相信必定是對出品有信心，才夠膽叫叉燒大王！」阿林說：「由打工開始，自己一手一腳負責出品，事事都做得

近年集團業務發展迅速，兩年內連開 3 店！

比較認真執著，自問品質有保證，人客口碑又唔錯，老闆最後攞了來掛頭牌，還改了個名叫『叉燒大王』，可惜公司後來結業，便人棄我取，用來做舖頭名字。」劉婉芬轉而問細佬阿安，説：「你覺得呢？」阿安笑説：「真係幾好食，掂得來，夠入味！」阿林接着説：「其實個個燒味師傅做出來都差不多，唯一分別是有沒有用心做，好像外邊醃肉求其撈幾撈便攞去燒，但其實你撈耐些，叉燒會較

如果請到七十後的師傅技術會較全面，出品較有保證！

入味；外邊只回燒一次，但我們回爐兩次，可以燒得比較香。燒的方法其實都差不多，可能醬汁會有多少分別，我們用自己的秘製醬。」

我問：「用冰鮮豬？」他答：「外邊即使酒店都是用湖南的冰鮮梅頭，除了最初入行，現在已經用不起新鮮豬肉，叉燒經過醃製，其實用冰鮮肉，效果可能更好。問題是現在豬肉來貨品質較難控制，有時會全瘦，就算給錢供應商都攞不到半肥瘦

的。」我説：「帶肥肉燒起來會更鬆化。」阿林和應説：「即使帶肥肉，燒時都已經迫出油分，食時不會感覺肥膩！」我説：「何況回爐兩次！」阿林説：「回爐兩次，燒起來富油香和較入味！」我愛吃叉燒飯，在香港不難搵靚叉燒，即使連鎖快餐店都水準不俗，但亦同意近來叉燒的水準減退，我問：「是否如阿林所説因為豬肉來貨問題影響？」阿林説：「我覺得有影響，聽來貨供應商説內地受瘦肉精問題影響，少了人養，豬肉供不應求，靚肉都留作內銷，影響近幾年豬肉品質很飄忽！以前的四川梅頭肉，甚麼都不用處理，肉質已經好滑。」

劉婉芬問：「叉燒是否不會用巴西豬肉？」阿林説：「以前巴西豬肉品質比內地來貨優勝，但近年巴西豬肉差了很多，即使價錢平，都無人問津；反而我們近來試用黑毛豬，最初試用內地貨，現在改用西班牙來貨，油分分佈十分平均，入味快得多，最初我們用原來配方醃肉，但鹹到入不到口，要經過調整。」劉婉芬問：「成本豈不是貴了許多？」阿林説：「差不多貴一倍！雖然損耗較少，以前遇到豬肉過瘦，燒起太硬便要剪走。」我説：「但人客聽到是黑毛豬，接受程度一定較高！」劉婉芬便説下次要提醒嘉賓帶他們的出品來錄音室給我們試食！

請人困難。阻礙發展

師傅每朝7點開始燒叉燒，劉婉芬説：「我做資料搜集，見到網上評語説叉燒大王的出爐次數都幾密集，的士司機還説晚上十時仍然有叉燒出爐。」阿林説：「燒味比較講究流轉，所以會較密集。」我問：「除了燒味，小菜是否聘請師傅炒兩味？抑或你學埋炒鑊？」阿林説：「自己做不到咁多，都是請師傅，廚部連同廚房其他部門有成18個人！可幸附近有酒店，所以晚飯小菜可以做海鮮。」我問：「附近有酒店會不會帶來許多自由行的生意？」阿林答：「有，但我們的客群都是以熟客為主。」我問：「有沒有點心？」阿林説：「早上供應西式早餐，例

如叉燒通粉。」劉婉芬説：「正路，叉燒大王嘛！那麼小菜有甚麼推介？」阿林説：「比較特色的，好像梅菜扣肉，我們請正宗客家師傅做，做得比較地道！」

叉燒大王在沙田開業近 20 年，來過捧場的名人包括周星馳。

新年聚會員工玩得盡興！

除兄弟齊心外，和拍檔及夥計也上下一心。

叉燒大王大事年表

1999-12	於沙田創辦及開設第一間叉燒大王燒臘外賣店	2013	得到叉燒大王附近地舖各業主大力支持，在天時地理人和下，再次擴充及作多元化業務發展，全新的叉燒大王就此誕生
2001	於同址擴充，叉燒大王增設堂食及供應撚手小菜		
2005	叉燒大王生意增長理想，於同址擴充面積及營業		
2007	拓展新餐飲品牌，於沙田開設日本餐和氣食堂	2016	和氣食堂黃大仙分店開業
2012	和氣食堂的市場反應理想，再次衝破界限，在沙田及大埔分別開設2間漁民火鍋雞煲專門店	2017	得到各方好友及業界支持，決定再創新餐飲品牌，先後在5月於沙田及9月於天水圍開設台灣餐飲品牌「九份‧十分」

無心插柳。開枝散葉

問練裕林和練裕安兩兄弟，如何由叉燒大王開枝散葉至成立創星餐飲管理有限公司，旗下除了叉燒大王，還有漁民火鍋、築地、和氣食堂、開飯‧主意、九份‧十分和 Wooden Bowl 等不同品種的品牌，細佬阿安說：「叉燒大王開業六、七年後，最先發展的是日本餐『和氣食堂』，可以說是因緣際會在河畔花園遇到合適舖位，因為兩間舖相隔比較近，無理由經營相同餐種，自己打自己，便嘗試做日本餐；到 2017 年，在河畔花園再遇到另一個舖位，便再拓展台灣菜『九份‧十分』。多年發展下，慢慢熟悉了河畔花園附近一帶的客情，變相成為我們集團的發展基地，到拓展新餐種和品牌，由摸着石頭過河到累積經驗，再在其他地區開枝散葉，好像『和氣食堂』黃大仙開分店、『九份‧十分』在天水圍開分店等。」

和氣食堂反應理想，2016 年在黃大仙開分店再下一城。

在沙田河畔花園覓得好舖位，遂作出新嘗試，拓展日本餐飲品牌「和氣食堂」。

劉婉芬問:「叉燒大王做了十幾年,有沒有考慮過開分店?」阿林説:「計劃中,可能在沙田區搵一些商場舖,集中些會較容易管理。」阿安補充説:「最重要都是穩定出品,所以計劃中首先都是搵位置開工場,尤其是現在公司旗下食肆的數目開始增多,如果沒有工場,好難再發展。」劉婉芬説:「開設中央工場會不會影響出品欠新鮮?」阿林説:「我們計劃在工場醃肉,再運落舖頭燒,這樣可以穩定和統一味道。」我問:「有中央工場之後,舖頭是否可以減少聘請夥計?」阿林説:「難。時下人客要求高,加上員工能力問題!某程度是請不到人,讓發展大計被拖慢,特別是燒味行業難吸引新人入行,縱使公司其他品牌都仍然有辦法請人。」近年中式飲食業確實難請人,日本食肆感覺較乾淨企理,比較容易吸引年青人入行,阿安開腔説:「其實日式食肆不是我們的專長,因為剛巧請到好師傅,所以才開!夥計現在比較現實,所以開新舖都會給多少股份予幫得到手的師傅,讓他們有較大原動力!」

我問:「和氣是否在河畔花園?」阿安説:「是,還有一間在黃大仙,因應地區需求,和氣供應壽司和拉麵。我們做日本餐,最初請不到人,不懂得分辨原材料的優劣,碰釘碰得多,由唔識做到識!好像我們曾經開過一間賣活口的日本食肆,生意欠佳的話,損耗會十分厲害,最後被迫結業!」兩兄弟經常專程到日本觀察學習和搵原材料,每次他們遇上欣賞的食物,便四處打探供應商所在,阿安説:「好像黃大仙和氣的地方較大,開舖時計劃增設甜品部供應日本雪糕,我們專程到日本找原材料,還安排一位懂日語的朋友隨行,膽粗粗衝上人哋公司拍門,試了好多間,才終於搵到一間肯賣給我們!」劉婉芬説:「其實過程都幾好笑!」阿安説:「我們還開發了其他食品,好像燒丼,有好香焦香味。」我問:「是否豬肉?」他笑説:「是,梅頭肉,都是用黑毛豬肉!」劉婉芬笑説:「豈不是同叉燒一樣!」阿林説:「料理的方法不同,同埋用日本汁醬!」

行業難題。技術斷層

劉婉芬説:「你們覺得現時還值得考慮投身飲食業嗎?」阿林説:「現時日本食肆都幾泛濫,不過如果自己識得做,仍然值得考慮。」我補充説:「尤其是在日本311之後,日本食肆的數目比2011年增加了4成!日本食品輸入香港的貿易數字每年都有增長,所以日本食肆應該有得做,特別是從日本引入食肆品牌,無需自己開發餐牌,可以集中管理。」劉婉芬説:「從事飲食業十多年,你們兩兄弟有甚麼經營理念?視作一盤生意抑或仍然對飲食業抱有熱誠?」今次阿安首先回答:「這些年來,我想我也受到阿哥影響,覺得出品最重要。」阿林補充説:「可能我是廚房出身,始終覺得讓人客食得滿意最重要,好少諗可以從他們身上賺到多少錢!」劉婉芬問:「最後你給甚麼囑咐想創業的人士?」阿林説:「你請得齊人先諗!我們遇過許多在工場做了十年八載的師傅都只是半桶水,如果請到七十後的師傅,他們的技術會較全面,出品較有保證!」

○●○

張宇人説練裕林、練裕安

練裕林、練裕安兩兄弟是自由黨員,記憶中多年前他兩兄弟曾隨自由黨在社區做慈善活動,除了落手落腳幫手派飯盒之外,還為該次慈善活動贊助飯盒,出錢出力!

24

屏山傳統盆菜

鄧聯興

各施各法。未懼競爭

《金漆招牌》以前也訪問過經營盆菜的嘉賓,雖然都是姓鄧,但就來自厦村鄉,今集嘉賓鄧聯興(下稱聯哥)則來自屏山,我笑説:「入到元朗,你見人便叫鄧先生、鄧小姐,十不離九!」我的電台節目拍檔劉婉芬説:「我有緣試過聯哥的手勢,在我老友鄧達智的媽媽仍然在生之時,他每年農曆年初都會在祠堂辦一次盆菜宴,有時飲鴨湯、有時就食九大簋。聯哥,我有沒有記錯?」聯哥説:「對!」我問:「是否每次都由你煮?」他説:「一做就做了十幾年。」劉婉芬問:「有沒有二、三十圍?」聯哥答:「一間祠堂坐得迫迫地大約可以擺30圍,但30圍其實不算大陣仗,四、五個人已經可以煮得到。」

劉婉芬説:「就如Tommy所説,我們過往亦曾訪問其他盆菜老字號,但大家各師各法。不如聯哥你介紹下屏山傳統盆菜有甚麼特色?」他説:「煮盆菜其實最緊要樣樣配料都落得足些,好似炆豬肉用來起鑊的洋葱、蒜頭和薑,用美國和大陸洋葱,成本都已經相差幾倍,煮出來的效果完全不同,問題是你捨不捨得用?炆豬肉用甚麼配料不是秘密,個個都是用小茴、八角和南乳,好多時有人問我,我都照説無妨,只是各有各的手勢,出品也自然有分別。」聯哥説得輕易,但如果家庭聚會,別説煮30盆盆菜,即使只是煮一盆,就算我照樣安排四、五個幫工,都肯定一頭煙!聯哥説:「我哋屏山有煮

聯哥自少便隨父親為屏山的兄弟叔伯煮盆菜。

山頭。在拜山的時候，山頭野嶺在地下掘個洞，砌幾嚿石，燒柴生火，放個大鑊在上面，個個睇住便即場煮，但都未有人能夠偷師！即使我講埋份量俾你知都冇用！」

新興行業。興趣為先 ────────────

聯哥自少已經隨父親在祠堂幫同村叔伯兄弟煮盆菜，他說：「屋企剛剛在祠堂隔離，跟父親煮盆菜有得玩、有得食，屬樂事一樁。」我問：「在開舖前，你有沒有正職？」他說：「有。即使開舖初期，我都只是業餘，直至54歲退休才全情投入。」劉婉芬問：「你今年幾歲？」他爽直回答：「我今年60

歲。」我說：「之前訪問廈村鄉興記盆菜的鄧福全，他原本都有份正職，任職消防，業餘跟叔伯在村入面煮盆菜，直至退休才出來創業煮盆菜。」聯哥補充說：「煮盆菜其實都是新興行業。」我和應說：「以前可能不夠訂單，支持不到做正職！聯哥已經算好彩，有鄧達智間中在祠堂擺幾圍，其他人只得農曆正月那幾個星期有生意，其餘10個月都要等運到，特別是盆菜不是高價食品，養不起你10個月！」

近年盆菜已演變成四季合用的食品，特別是過時過節的日子，就連快餐店都供應盆菜，我問：「是否

以到會為主?」聯哥説:「其實好多元化,堂食和到會均有。」我説:「你有舖頭?」他説:「一幢3層唐樓,地下是廚房,二、三樓加埋可以擺十幾圍。」我問:「是否獨沽一味賣盆菜?」他答:「是,同埋不設送貨。兼顧不到;反而有做其他村的到會,近年多了其他村來叫到會。」所謂貨比三家,其他村一樣懂得選擇,比價錢、比選料、比味道!我問:「屏山傳統盆菜有幾多層?用甚麼選料?」聯哥説:「其實選料各施各法,主要配料來去離不開炆豬肉、豬皮、枝竹、魷魚,你可以決定要甚麼味道煮法的雞,就算冬菇都有許多不同來貨,由四十幾蚊到過百蚊都有,可選擇不同檔次。」

按部就班。品質為先

劉婉芬問:「聯哥,你煮了廿幾年盆菜最難忘是那次?」他答:「有時會遇上較具挑戰性的情況,就以九缽為例,以前煮幾圍已經好複雜,但現在可以煮到130圍。曾經有人問我可不可以煮百幾圍九缽?我惟有答:『對不住,超越了我的極限。』但我剛剛在沙田排頭村做到128圍九缽!」劉婉芬説:「有甚麼突破?」他説:「主要是人手安排和預貨方面的安排,其實不過是按部就班,不能夠操之過急,否則很容易冧檔!」劉婉芬再問:「甚麼是九缽?」聯哥説:「以前條條村都有,簡單講就是有九道餸菜,以前的人視肉類為上菜,所以配料來去都是雞雞鴨

1997 年鄧達智在屏山鄧氏祠堂舉辦盆菜宴,讓盆菜發揚光大,衝出新界。

鴨。」劉婉芬説:「我第一次食九缽是鄧達智請我到屏山祠堂。聯哥,可否和讀者介紹一下你的九缽有甚麼配料?」他解釋説:「盆菜的味道主調離不開南乳,如果放雞雞鴨鴨上去,都離不開一個味。我們條村以前食得比較講究,所以要將餸菜分開上,所謂『兩杉四缽』,兩杉是蘿蔔豬皮、枝竹魷魚,四缽就用雞鴨豬肉。」

聯哥繼續説:「先講盆菜,我會用蘿蔔或者鹹筍來到墊底,然後放豬皮、枝竹、魷魚和炆豬肉,盆面放雞、冬菇、魚肉丸,或者炸新鮮門鱔和蝦等。九缽都會跟一個迷你盆菜,有豬皮、枝竹、魷魚和炆豬肉;其他八道菜可以選陳皮鴨湯、黃酒雞,以前圍村人產子會食黃酒雞來補身,用自釀的黃酒來蒸雞,蒸起雞肉好滑!」我問:「你用新鮮雞還是冰鮮雞?」他説:「其實我做咁耐,人客都話食不出是冰鮮雞!」我説:「是否因為用了黃酒來到醃和蒸雞?」劉婉芬問:「如何釀製黃酒?」他説:「先蒸熟糯米,然後

煮盆菜其實最緊要樣樣配料都落得足些,問題是你捨不捨得用?

加酒餅釀6個月以上,釀得愈耐愈香醇。學懂後要做就很易,但最初摸索了好長時間!」劉婉芬説:「下次我去你處食飯,你攞兩杯來品嘗一下!」聯哥説:「無問題。」

劉婉芬繼續説:「還有甚麼?」聯哥説:「還有神仙鴨,用玫瑰露來蒸鴨,裏面釀芋蓉。」劉婉芬説:「圍村都是喜歡用酒來蒸餸。」聯哥和應説:「因為香。如果不用神仙鴨,可以選南乳鴨或梅子鴨;還有雞汁花菇,用蒸雞剩下的雞汁去炆花菇,簡單得來美味;還有魚肉丸,以前會用扁鮫魚加豬肉,自己起魚肉來到打魚丸,但現在攞不到扁鮫魚,惟有改用鯪魚肉代替;最後有炸新鮮門鱔或者炸蠔。」我説:「樣樣都是濃味!」聯哥説:「因為圍村人喜歡濃味。」劉婉芬問:「訂單是否集中在農曆年期間?」他説:「其實每年秋風起,電話已經開始響,到踏入十一月更有機會撞期要推單,始終新界有如此多圍村,無可能做得晒!」

位於屏山屏廈路塘坊村的屏山傳統盆菜供應盆菜和九大簋堂食(必須預訂)。

屏山傳統盆菜店內陳列了聯哥的珍藏,佈置古色古香。

屏山仍然保留清明和重陽祭祖在墳前煮盆菜的圍村傳統。

聯哥兒子已得聯哥真傳，參與煮盆菜和食山頭的工作。

傳統婚禮。饒富特色

聯哥說近年多了年青一輩回祠堂擺酒,圍村婚禮較富特色,劉婉芬說:「去年鄧達智的姪仔結婚,他都在祠堂擺酒,那次新郎又踢花轎、又揹新娘入祠堂,讓我印象猶深!當然,如果不是圍村人可能較難在祠堂擺酒,但我好有興趣知道在祠堂擺酒需要花費多少?」聯哥說:「視乎你要求食甚麼餸菜。」我說:「如果我要食鮑魚和大蝦,你應該都有供應?」他說:「可以。」劉婉芬問:「食鮑魚和大蝦,每圍要多少錢?」聯哥說:「曾經有同村兄弟要求食乾鮑,但始終不能夠收太貴,一圍大約都是收三千多元,當然不能夠用太貴乾鮑,我用中東鮑;食普通一點,一般每圍二千多元,實客可能會封少些人情。」我說:「但娶新抱或者嫁女不是做生意,不會計收多少人情。」劉婉芬抗辯說:「當然不是!起碼俾人情的,一定視乎地點而決定支付禮金多少!酒樓可能給一千,但酒店便要千五!」我說:「對不起,酒店是酒樓的一倍價錢!問題是在祠堂擺酒無其他雜費,起碼無需酒水!」聯哥和應說:

「單是場租已經慳唔少!」我說:「豈只場租,要煮30圍酒席廚房點只用4個夥計!」

劉婉芬說:「近年盆菜競爭激烈,但聯哥只是埋頭苦幹,無理外面。」聯哥說:「我無理。好似外邊賣千三、四蚊一盆,其實新年加兩、三百好正常;但我才賣$1005一個大盆,不加得多,我做熟客生意為主,不好意思新年加價!我們最緊要靠口碑,人客食過翻尋味!」劉婉芬問:「雖然你有舖頭,但是否必需要預訂?不設現售?」他說:「不設現售。因為要有訂單,舖頭才會煮盆菜;同埋有時接了到會,人手不夠,都兼顧不到堂食。以前舖頭營業至晚上10點,後來我提早至9點、8點半收工,如果人客8點食完離開則更好!我做得太過辛苦,不想做咁多!」劉婉芬問:「如果想堂食,最好幾耐前預訂?」聯哥尷尬說:「有時人客早個幾月來預訂。」劉婉芬問:「是否到會比較好?」他說:「主要視乎當天訂單情況。」聯哥主理的盆菜分大中細,九缽則只設12人份量,不少人食剩更會打包取走!最重要是記緊預訂!

九大簋可以說是高級版的盆菜,特色菜餚有陳皮鴨湯(中)、梅子鴨(前左二)、雞鴨飯(前左一)等。

25

八味香 帝皇盆菜專門店

季節生意。變法求生

八味香帝皇盆菜專門店
柯子大

跟老華僑。荷蘭學煮

一朝早，我同我的電台節目拍檔討論，現時多數大時大節才訂盆菜，其餘時間雖然都有供應，但屋企未必經常有大型聚會，我提醒劉婉芬説：「難道你不知道現在有4人用的迷你盆菜？」她説：「其實我第一次認識迷你盆菜，便是透過今集嘉賓。」

八味香帝皇盆菜專門店的柯子大（Sam）在米埔村長大，不過他不是原居民，自少不愛讀書，83年只有十幾歲便跟同學去了荷蘭在唐人餐館打工，一年後返港。情況和我在美國差不多，當地的老華僑不是開餐館，便是洗衣舖或者士多辦館，總離不開這幾樣！Sam説：「遇有喜慶事、婦女會或者華商會

聚會，當地的老華僑會煮盆菜食，在他們眼中視為鄉情，而我們這些後生一輩，無理由袖手旁觀，於是便開始接觸盆菜！」

回港後，Sam在屯門山景邨冬菇亭經營煒城大排檔，既供應奶茶多士，又有粉麵；在95和99年，他又在屯門開富來茶餐廳；空餘時朋友聚會，他更會技癢煮盆菜自用，他説：「直至2003年SARS，生意急轉直下，我急謀對策，便開始在冬菇亭和龍門居富來茶餐廳供應盆菜。早幾年前，我仍在山景邨經營冬菇亭大排檔的時候，已經意識到領滙的租金不斷上調，還開始要同租戶分營業額，最驚是無論

2016 年柯子大榮獲中華盆菜文化大師卓越貢獻獎及中華圍村盆菜楷模名銜。

簽了幾多年租約都好，租約內加入了新條款「假若發展，業主有權在半年內收舖」，於是我開始部署設立盆菜工場，未雨綢繆，盆菜工場09年在屯門南豐工業城開幕，果然到2014年山景邨冬菇亭被迫離場，2017年4月又收到龍門居業主通知加租，現在只餘悅湖山莊商場富來茶餐廳，但地方太細，做不到堂食盆菜，所以盆菜只做外賣。」

之前我訪問過香港老飯店老闆梁顯惠，他在十幾年內多次被業主迫遷，最終都要買舖自保，其實由《金漆招牌》開咪以來，我都鼓勵業界如果對出品有信心，分店無需要有太多，反而及早儲錢買舖為

上策，其實只要供得起，不妨放膽去馬！Sam說：「即使你想買，業主都未必肯賣！好似我有間餐廳已經做了十幾年，業主每次未必加好多，表示他都想你繼續租，但當我問他賣不賣，他還是情願收租！」

季節生意。局限發展

劉婉芬問：「一般天冷才會想起食盆菜，是否要好天收埋落雨柴？」Sam說：「盆菜屬於季節性生意，現時香港人食盆菜，尚未去到火鍋般，一年四季都會打邊爐！」我說：「以前夏天都冇人打邊爐，是近年才流行！其實可不可以都諗下一些適宜夏天

食用的盆菜？始終我們廣東人夏天都進食熱葷。」Sam說：「雖然夏天和冬天用相同的材料，但在煮法上面都有所變化，夏天的調味會較清淡。」劉婉芬說：「其實訂盆菜一般還有兩個原因，一是想在家食、二是方便招待多人。有沒有想過父親節、母親節甚至中秋節，其實一樣可以回家食盆菜慶祝？」

講起父親節、母親節，今年業界同我講，生意較過去遜色，Sam說：「可能父親節、母親節套餐，在過去幾年做太濫，給人客留低壞印象。」劉婉芬同意說：「同埋餐廳訂位要分兩輪，食得好趕。」Sam說：「碰巧今年母親節多了人訂盆菜，雖然只是多了幾盆。」我說：「母親節我可以理解，因為母親節無理由要阿媽煮飯！父親節可能無這個考慮！」劉婉芬說：「你覺得盆菜生意

唔好為慳 $80 運費，而妄顧你一家的健康！

的局限大不大？發展是否有限？」Sam說：「我們工場一日最多只能做500盆，不同集團式工場，他們分店多，動員力大，設備又好，每日生產量可以很大。」

我問：「你有沒有試過一日做500個盆菜？」他答：「平時一般維持在5、6張訂單，我最多試過一日接8張訂單合共訂400幾個盆菜，其中2張單夜晚到取，其餘全部日頭，其實這種情況最難應付。舉例如果接8張單，8張都不同時間到取，我便要分8組準備！還可能遇着一個要多豬肉，另一個就要加金蠔，而且要分不同時間運輸！」劉婉芬再追問：「你還未答我，盆菜生意的發展空間是否有限？」Sam說：「過去十幾年，因為我自己識煮，所以如果量不大，在40盆以下，我便單打獨鬥自己煮！」我說：

屯門敬老盆菜千人宴。

八味香帝皇盆菜專門店大事年表

1986	• 屯門山景邨冬菇亭煒城大排檔開業	2012	• 法國藍帶美食勳章
1995	• 屯門悅湖山莊商場富來茶餐廳開業	2014	• 愛斯克菲國際美食會烹飪藝術大師
1999	• 屯門龍門居富來茶餐廳開業		• 廣州烹飪協會理事
2003	• SARS影響生意急轉直下，開始在冬菇亭和龍門居富來	2014-2016	• 連續3年榮獲法國藍帶推介盆菜餐廳
	茶餐廳供應盆菜堂食	2015	• 中國飯店中華英才白金勳章年度影響百人
2009	• 屯門南豐工業城盆菜工場開幕		• 中國飯店業年會中國烹飪大師
	• 明火食神爭霸戰金獎、最具創意大獎	2016	• 中國飯店業年會圍村盆菜金馬獎名店
2010	• 香港飲食年鑑傳統盆菜之選		• 榮獲「中華盆菜文化大師卓越貢獻獎」「中華圍村盆菜
2011	• 台灣世界廚皇爭霸戰導師		楷模名店卓越貢獻獎」殊榮
	• 無線電視大廚出馬初賽亞軍		

捲土重來後，八味香於工廠大廈開設的盆菜工場。

由 1986 年經營至 2013 年的山景邨大排檔，最後因業主加租而被迫結業。

前香港民政事務局局長藍鴻震 GBS, ISO, JP 與家人一同品嚐八味香盆菜。

柯子大於 2016 年出席北京釣魚台國賓館全國勞動楷模與先進人物活動。

「如果超過，便要請替工，搵埋師兄弟、老婆仔女來幫手打盆。」Sam 説：「如果請個廚師，現在人工最少都要萬八，但我交一年租，可能只是做4個月生意，其實夏天一個月接廿幾個盆，能夠做到萬幾蚊生意，已經算好！」其餘8個月，Sam 便回到自己的茶餐廳炒散，生意難做！

工多藝熟。變出新意

我交給 Sam 介紹一下他的盆菜，他説：「我的盆菜，煮起一滴油都無，不似某些出品會浮起一層油！為了做到這個效果，製作時我要加多幾個工序。豬肉解凍後，要焓，水滾後，要收細火至魚眼水，待焓熟後，要啤冷水，再將豬肉切成一口一啖的小丁方，方便食用，然後還要輕輕炸一炸，再用羅漢果水炆，食起來才更順喉……。」劉婉芬等不及 Sam 説完，便問：「外邊無論是茶餐廳抑或快餐店都有盆菜供應，你的盆菜和他們有甚麼分別？」Sam 説：「我將現時市面上的盆菜分成3派，第一是快餐，第二是酒樓，第三是傳統新界出品。至於我的盆菜，突出是豬肉不油膩和自製砂爆豬皮。」

劉婉芬問：「甚麼是砂爆豬皮？」他説：「外邊好多交來的水發豬皮都白濛濛，但我們自己買乾的回來浸水，然後切，再焗水，去臊味，焗完再洗，然後啤凍水，才可以備用，最後還要檢查有沒有入砂，否則人客咬崩牙，就大件事！」工序繁複，非同少可！劉婉芬問：「盆菜還有甚麼材料？」Sam 答：「最底層有蘿蔔、芋頭、魷魚、枝竹、豬皮、冬菇和豬肉；上層一般有雞、鴨、魚蛋和大蝦；其餘可以加金蠔、海參和魚肚，總之人客喜歡食甚麼，便可以放甚麼。」我説：「即使以我這類無肉不歡的人來說，盆菜都是太多肉，如果可以多些特色食品，好像一些我平時在酒樓食不到的食物就最好！」他説：「我都遇過有人客問我可以有甚麼變化？結果我做了個南瓜底，再放新鮮淮山，他聽到就話：『好嘢喝！』」我説：「甚至鮑魚都可以凍食！」

穩守品質。誓保招牌

Sam 説：「其實我有做一樽樽醉鮑魚，有人會訂一個盆，另加一樽醉鮑魚！」劉婉芬説：「即是不放入盆？因為盆是熱食。」Sam 補充説：「對。」我

説:「因為食物衛生的處理要好小心。」他説:「所以點解我説最多做到500盆便封頂,便是因要顧及食物衛生,所有材料都當日煮製,不會預先煮好備用。所謂金漆招牌,必須要有信譽保證。我真係試過同人客拗,為了他要晏晝擺定夜晚食,我話:『唔好為慳$80運費,而妄顧你一家的健康!』」我説:「等於我同有個老友訂魚生,他一定問我幾點擺、幾點食?這些你一定要好小心,否則分分鐘出事;一出事,食物安全中心便一定來查你,尤其是對方若果只是進食過你的盆菜,便水洗都不清!」

劉婉芬問:「你有沒有想過不再做盆菜,專心搞好茶餐廳?」他答:「我其實都做了三十幾年茶餐廳,但兩難的是,你愈做得出名,租金便愈貴!」我説:「茶餐廳難做,是因為實施最低工資之後,工資高漲,加上人手短缺,偏偏茶餐廳的餐牌菜式品種豐富,需要的人手和工種都多!」Sam所以仍然維持得到,是因為他自己識煮,可以自己做!我們業界經常要動腦筋求變,為自己創造更佳的生存空間,好像香港老飯店,劉婉芬話去到食葱油餅!葱油餅的毛利雖然好,但叫不起價錢,如果食葱油餅配火膧翅,便立即不同講法!換轉盆菜,如果屋企有12人聚會,我想好容易可以擺得出二千蚊,給Sam為他們設計一個款式特別且用料精緻的盆菜,比如遼參,一般家庭都不懂得處理,又可以叫到好價錢,一家便宜兩家着!

2011年5月到台灣世界廚皇爭霸戰擔任香港導師,烹調盆菜弘揚中華傳統美食。

○○●

張宇人説 Sam

我和Sam認識多年,他更是現代管理(餐飲)協會(下稱現飲)的會董之一。幾年前,現飲曾經到他在屯門龍門居的富來茶餐廳(兼售盆菜)舉行聚會,可惜去年因業主加租而結業,此情不再。

26

生咖喱香。攻陷食客

貴麻橋咖喱屋

張國輝

因緣際會。飯堂起家

正當我和電台節目拍檔劉婉芬討論今集嘉賓有沒有供應早餐，又究意有沒有人會吃咖喱米線做早餐的時候，嘉賓貴麻橋咖喱屋的張國輝（下稱輝哥）已經按捺不住，主動答：「我們只開午市和晚市。」貴麻橋咖喱屋位於荔枝角福華街，最初叫「貴麻橋麻辣米線專門店」，「貴」代表貴州、「麻」代表四川、「橋」代表雲南過「橋」米線，經營麻辣米線，後來才在名字加上「咖喱屋」！輝哥説：「如果北方人來到，見到我舖頭名，一定知道是吃辣；但廣東人會問我：『你是否姓貴？』」

在經營貴麻橋之前，1982年輝哥和一位老人家合資經營工廠飯堂，後來拍檔因為年紀大，1984年改由輝哥獨資經營，我説：「如果你讓我估，我會話是83年中英聯合聲明談判開始，市道下滑影響生意因而拆夥！」輝哥卻説：「那時我在工廠區開業，生意不太受影響；那個年代，只要你肯做，便不擔心生意。」我問：「是否你拍檔帶你出身？」輝哥説：「我經常都對人説，好感激這位老人家。當年製衣業興旺，我朋友做裁床，我去探朋友班，朋友帶我到老人家的茶檔，原來老人家的兒子行船回來沒有工作，兩父子便經營茶檔，但他們不識做，茶檔連牛腩飯都冇，我們去到食公仔麵，但都覺得質素不成，朋友講起我從事飲食業，結果便合作搞工廠飯堂。」

輝哥用他的獨門秘方炮製咖喱膽。

工廠食堂讓輝哥搵到第一桶金，更曾經大展拳腳投資燒臘店和茶餐廳，但工廠北移與及一場97亞洲金融風暴卻讓他陷入人生低谷，輝哥憑着「打不死」精神，在跌倒後短短3個月便在荔枝角現址轉營車仔麵，他説：「偷渡來港時，我身上只是帶着5蚊，本身就一無所有，所以亦不覺得有甚麼損失！」輝哥自豪地表示多達七、八成荔枝角的工友都幫襯過他的車仔麵，一個午市他需要出300碗車仔麵，讓他走出低谷！我問：「最後為什麼由車仔麵轉營雲南米線？」

輝哥説：「03年SARS是我人生的第二個低谷。生意難做，當時興起一股雲南米線熱潮，雖然不識，但都決定毅然一試。當時大家都做茶餐廳，未有那麼多雲南過橋米線，競爭較細。」劉婉芬問：「你祖籍哪裏？」輝哥説：「深圳，我祖籍寶安，是客家人。」劉婉芬好奇説：「是否祖籍深圳便等於是客家人。」我説：「我認識大部分在深圳住上一代、兩代的都是客家。」輝哥補充説：「我16歲中學未畢業便偷渡來港。」我笑問：「游水定攀山？」他答：「攀山。」

趕上機遇．熱賣米線

我説：「你在哪裏學師？中式食肆還是茶餐廳？」輝

哥説：「在旺角舊國際酒樓（倫敦酒樓現址）下面有間總統（西）餐廳，我在廚房做學師，但做幾個月便轉到茶餐廳，茶餐廳的接觸面較廣，誰人有空便由誰人頂上，瓣瓣都有機會接觸到，但西餐廳只讓你負責某一個崗位。」我説：「是否你最初計劃做茶餐廳，但因應市場空間，所以最終做了過橋米線？開舖後，米線可以由外邊交貨，反而湯底更重要，那麼湯底是否都搵外邊供貨？」輝哥説：「不是，廚藝一理通百理明。如果有心做，你食過、睇過，肯試多幾次，基本上都做得到。」

劉婉芬問：「究竟甚麼是過橋米線？」輝哥説：「正宗過橋米線，配料還配料、湯還湯，在吃時才淋湯上面焯熟配料。雲南米線其實有個故事，從前有個書生考科舉，在河對岸的書齋苦讀，他老婆要走過橋攞午餐給他，北方天氣冷，怕食物冷卻，便將米線和熱湯分開盛載，去到才淋上熱湯，用湯的熱力焯熟配料，亦即是『過橋』。」劉婉芬説：「許多年前，香港剛興起過橋米線，我記得在櫃面會放一壺熱湯，侍應奉上米線後，人客自己淋湯焯熟配料，但近年這種食法的過橋米線已經渺無蹤影！」

輝哥曾大展拳腳開茶餐廳。

只此一家的貴麻橋咖喱屋。

輝哥攝於金輝園茶餐廳開幕。

茶餐廳供應燒味。

輝哥説:「沒有辦法,上菜速度太慢,不適合香港。」我説:「好簡單,租金貴,舖頭細,被迫要做人頭,人客坐低由落單到食完埋單,只可以有20分鐘!」劉婉芬説:「難怪正宗過橋米線只是曇花一現!」輝哥説:「大約兩年便消失,因為價錢不能夠賣得太貴!」劉婉芬感嘆説:「好可惜!」輝哥説:「價錢和出品的定位不配對。」劉婉芬問:「還記得1989年賣幾錢碗過橋米線?」他答:「$16,其實都算貴,當時一碗餐蛋麵才賣$12!」劉婉芬再問:「開舖多久後放棄供應正宗過橋米線?」他再答:「3個月。」劉婉芬大嘆:「實在太快!」我則説:「唔執已經好好!」輝哥接着説:「無辦法,放午飯人客一窩蜂來到,短時間做不到如此大量,人客又要趕住食完返工!」

咖喱飄香。順應客情

以前未有彈性午膳時間,如果人客分段來到,還有可能做到。不過,輝哥表示現時的過橋米線,一般都是預先煮好,再淋湯上面,如果要即點即煮,好難有分店,因為要靠老闆守住品質!輝哥的雲南米線不單只配料有別外邊,為確保原汁原味,他還會逐碗煮,而且每種配料和調味下鍋的次序,都十分講究!他説:「無奈舖頭細,人客流轉不夠快。」輝哥和太太守業了一年多,直至輝哥創出招牌菜「生咖喱」,才守得雲開見月明!不過,輝哥説:「貴麻橋總不能夠缺少過橋米線,所以現在一日只限量賣

二十碗,售完即止;晚上更索性轉營私房菜,不過主力都是賣咖喱!」劉婉芬問:「賣完的話,人客豈不是失望而回?」輝哥説:「可以改用即食麵底或者湯飯,不過配料一樣。我用的配料有別坊間,有黃芽白、腐皮和木耳絲,此外便是人客選的配料如豬膶。」

我問:「由哪年開始賣咖喱?」輝哥答:「大約在第2年開始,至於在招牌名加上『咖喱屋』,則由2005年開始。人客投訴日日幫襯,次次都食米線,想轉下口味食飯!其實餐牌由開舖到現在都沒有大轉變,一樣有咖喱、法包、湯飯和米線,不過剛開舖時潮流興米線,人客便一窩蜂追捧米線!」我笑説:「是否其他出品太難食,人客迫於無奈?!」他説:「我陸續在餐牌加入咖喱,人客可以選擇配法包、湯飯或米線。晚上人客準備來食碗米線返公司繼續搏殺,豈料來到聞到咖喱香,都改變主意食咖喱,於是05年便打正旗號做咖喱專門店,免得招牌叫『貴麻橋麻辣米線專門店』,主打的卻是咖喱,掛羊頭賣狗肉!最初出於人客遊説:『你的咖喱不比人差,點解要收埋來賣!』我心郁郁但未試過純綷做咖喱,不清楚要點包裝。」我説:「但你自90年已經有賣咖喱!」輝哥説:「人客對茶餐廳咖喱冇咁高要求,但對專門店會有要求!」

劉婉芬説:「香港有不少好的咖喱,即使平民食肆都做得好好,輝哥你如何突圍而出?」我説:「05年競爭可能未去到白熱化,但劉婉芬説得對,香港有不少好的咖喱,無論是日式、馬來西亞、泰國、巴基斯坦抑或印度咖喱!你賣的是甚麼咖喱?」輝哥説:「生咖喱!是否聞所未聞?」劉婉芬笑説:「你解釋甚麼是生咖喱,通常屬牛的都喜歡吹牛!」他答:「生炒的咖喱!香港大部分食肆都是做馬咖喱,生咖喱其實都源自馬來西亞,我用自調的生咖喱醬,再加咖喱膽和辣椒炒製,炒時又會用牛油和紫洋葱爆香。」

我説：「有沒有用椰汁？」他説：「沒有。生咖喱最大特色是加了蝦膏，所以氣味較濃。咖喱膽只香不辣，人客來到我再按他們喜歡的辣度逐客煮，就算辣椒我都用了兩種，指天椒取其辣、燈籠椒取其香；在外邊食咖喱許多時都會送牛腩，因為外邊一早煮好一大鍋，無論你食咖喱雞抑或咖喱雜菜，其實都是用咖喱牛腩那鍋汁！有時人客會問：『我食咖喱雜菜會不會有肉？』人客來我舖頭可以放心，唯一照顧不到的是人客不食豬，因為煮生咖喱醬的湯底是用豬骨熬的！」

生咖喱醬。即點即炒

我問：「如果有個回教徒來到想幫襯食咖喱，回教徒不食豬，你做不做到？」輝哥説：「得！我可以用清水煮。」劉婉芬問：「午膳時間，如果個個來到都食咖喱，豈不是有排煮？！」輝哥説：「我舖頭有48個座位。」劉婉芬問：「我不明白咖喱點樣可以逐客煮，可以解釋下嗎？」輝哥解釋説：「例如咖喱牛腩，我會預早炆好牛腩，另外準備個生咖喱醬，到有人客落單，先爆香蒜頭和紫洋葱起鑊，加牛腩炒一至兩分鐘，再落生咖喱醬和辣椒！」劉婉芬問：「最不容錯過是哪種咖喱？」輝哥説：「按排行榜排列是羊腩、牛筋腩、牛舌和雞。」我問：「夏天和冬天會不會有分別？」他説：「不會。有人客問：『食咖喱怕不怕燥熱？』我話：『不會，你食我的咖喱保證啖啖都是果汁！』」我笑説：「無椰汁，但有果汁！」

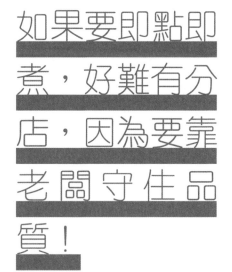

如果要即點即煮，好難有分店，因為要靠老闆守住品質！

貴麻橋午市主打咖喱，晚市轉營私房菜增加客源，我問：「私房菜設不設餐牌？」輝哥説：「有餐牌。」我説：「即是用料比較靚的手工菜。有甚麼必食？」他説：「用料不一定貴價，好似客家的豬膶湯。正確説應該是適合下酒的菜式，好像黑椒煎牛舌和紅酒焗桶蠔都做得比較出色。」劉婉芬問：「輝哥你煮不煮？」輝哥説：「抱歉，全間舖得我一個大廚！」話題一轉，劉婉芬問：「你覺得現在入行做飲食可不可為？」我替他答：「你見他兒子跟來做訪問便知。」輝哥補充説：「如果他接手管理還可以，但如果要和我一樣入廚房揸鑊鏟，便沒有可為！」我説：「兩個問題，一、時下年青人學歷太高，同輝哥攀山越嶺偷渡來港，什麼都肯做的心態不同；二、你叫他來做管理，但如果不識廚房，其實好難管理！」

輝哥同意説：「其實飲食業一定有得做，我見證好多人半途出家，一張白紙，最初懵懵懂懂，但都可以成功！我們這些老江湖的數口太精，他們半途出家唔識驚反而夠膽做！」劉婉芬説：「不過成功的只是少數。」輝哥説：「最緊要都是肯做，好似我煮生咖喱醬，一煮便4個鐘頭，爆蒜頭時熱油經常會濺起，要圍毛巾和載上口罩，辛苦非言語所能表達。」全世界之中，香港經營飲食業的競爭和風險都算高，所以最初構思《金漆招牌》我要求品牌必需具十年或以上歷史，正因如此！

27

屋邨麵包店。性價比取勝

麵飽先生
賴志偉

舖內工場。保證新鮮

今集嘉賓麵飽先生的賴志偉（Pacco）説他自16歲開始學師，有四十多年製麵包的經驗，我笑説：「如果他再早點出世，可能12歲已經開始學師，不過，他出世得遲，政府立法管制童工！」Pacco的麵包先生有6間分店，他還有另一個品牌，不過兩個品牌的店舖都集中在屋邨，我問：「何解鍾情屋邨？是否和房署一同成長？」他説：「其實現舖位都是透過投標得來，不過，屋邨舖比較穩定，較少遇到業主加租迫遷的情形。」我説：「想當年或者無錯，但自從房署將商場給了領滙（領展）之後，大舖搬細舖、樓上搬樓下的情形屢見不鮮！你有沒有遇上？」他説：「我都是其中一位受害者，有兩間屋

邨舖被要求加租兩倍！」我和應説：「還要面積減半！」Pacco繼續説：「無錯！最後惟有放棄！」

窮則變、變則通，Pacco和拍檔開創了一個新品牌「甜蜜烘培坊」，共有2間舖，其中一間選址在沙田新落成的公共屋邨水泉澳邨。我問：「兩個品牌是否都主打菠蘿包、雞尾包等港式麵包？」他説：「在屋邨都是以港式麵包為主，雖然我們都有與時並進，不時參加供應商舉辦的工作坊，也試過推出新麵包款式，可惜銷路麻麻，最後都是賣回傳統港式麵包。」我笑説是否新產品非驢非馬以致滯銷，Pacco反駁説：「香港獨資經營的連鎖麵包店不

自 1994 年創業後，多年來麵飽先生隨時代逐漸變「新」，圖為脫變中的荔枝角分店。

多，我們是其中之一，所以每當供應商有新產品如藍莓醬、朱古力醬和軟芝士，都好喜歡落來我們鋪頭做示範。大型連鎖麵包集團未必歡迎他們到訪，但供應商不想去那些只此一間的小型麵包店，最喜歡都是來我們這些中小型的麵包品牌，較有推銷成效。」食材供應商許多時會構思好食譜，甚至為客戶印製餐單。

麵包之中，我最愛是椰絲奶油包，不過椰絲奶油包只限於舊式麵包店有售，以前我老婆見到會買2個給我，但現在我年紀日長，她很少再買，劉婉芬問：「近年消費者注重健康，會不會多了顧客關心反式脂肪的問題？」Pacco 説：「以我所知連鎖集團全部用植物牛油，所以會有反式脂肪的問題，但我們舊式麵包店用豬油，只會有膽固醇，不會有反式脂肪。植物牛油的融點較高，所以連鎖集團出品的麵包不及我們軟熟，便是這個原因！」劉婉芬說：「連鎖集團出品的麵包輕飄飄，吃麵包就好像食空氣一樣，完全給不到我飽足的感覺！」

勞工短缺。有礙發展

Pacco 旗下兩個品牌總共有8間麵包店，其實可以考慮設立中央工場，但他堅持在店內自置工場，他說：「其實我曾經試過開中央工場，但經營成本還

貴過在店內設置工場，單是中央工場的租金都四、五萬蚊，再加上運輸生包落店舖的費用，一間分店平均要走3轉，試問一架客貨車一日可以走多少轉?! 還要替司機購買勞保，成本遠遠超出我的預算，所以最終都放棄。」我說：「這層我身同感受，我的廢油回收公司要請個司機，以前請一個司機的工資只需4位數字，現在便要過萬! 我也有向政府反映現時勞工短缺的問題嚴重! 」

賴志偉自16歲便開始學師，圖為當年的港九糖果餅業工會會員證。

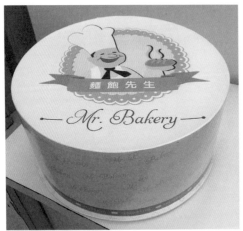

換上現代包裝，變身後的麵飽先生。

劉婉芬問：「但每間店設置工場，一樣要交舖租，還要添置機器和聘請麵包師傅，現在請一個麵包師起碼都$15,000，但8間舖加起來都仍然及一個中央工場?! 」Pacco說：「麵包師的工資已漲至平均$18,000，我們每間分店都有獨立麵包師傅。」我問：「一間分店平均要有多少個員工?」他說：「每間大約6個。」我補充說：「要記住，即使有中央工場也不可以代替舖頭6個夥計了，起碼要留2個賣麵包，還要有人焗包，又要請司機運輸! 更何況麵包始終都是人客睇住新鮮熱辣在舖內工場出爐最吸引! 」麵包師傅每日午夜12時上班，清晨5點開始有麵包新鮮出爐，到6點差不多出齊款式，舖頭7點開門開始有人客湧至，每日4轉出爐麵包，舖內工場還有個好處，就是可以無需積壓太多貨，按銷情來控制出品，保證新鮮。

革新形象。招攬人才

講到新鮮，劉婉芬好奇地問：「麵包是新鮮出爐最好食?還是稍稍置涼為佳?」Pacco說：「麵包當然是新鮮熱辣出爐最好食，尤其是雞尾包，包餡熱辣辣、香噴噴，聞見都流口水! 」我和應說：「新鮮熱辣菠蘿包夾一片雪凍了的牛油入去，一啖咬落去，享受一流! 你們舖頭有沒有賣菠蘿油?」Pacco說：「如果有人客要，我會幫他做。菠蘿包賣$4.5，菠蘿油就賣$6，同餐廳比，價錢比較大眾化。」劉婉芬說：「外邊的連鎖麵包店便沒有這支歌仔唱，惟獨屋邨舖做街坊生意，會盡量滿足人客

麵飽先生荃灣老店。

的要求！去茶餐廳食一個菠蘿油要成 $12，足足貴一倍！」

論性價比，屋邨舖的出品可謂超值，按道理可以繼續擴充，但 Pacco 大嘆請人難，劉婉芬觀察到一個現象，於是說：「經常聽見業界抱怨難吸引年青人入行，但每次廚藝學校有烘培班開課，必定座無虛設，年青人明顯對烘培感到興趣，只是未考慮以此為業；會不會同烘培業的薪金有關？」我代 Pacco 回答：「我都不明白時下的畢業生，現在即使在餐廳洗碗都有 $18,000 工資，如果真的找不到工，何不放膽一試？新式烘培採用開放式廚房，人客在店外可以睇到整個烘培過程，就好像做騷表演一樣，雖然要半夜起身返工，而且烘培學徒未必有 $18,000 工資，但不失為一個吸引的行業。」Pacco 卻說：「我們在勞工處登招聘廣告，但無後生仔來見工！」

我說：「就以時下流行的兩大連鎖咖啡店品牌來說，他們全部都是請後生仔，但換成茶餐廳，即使一樣有不少連鎖茶餐廳，亦未見能夠吸引許多後生仔入行！所以其中一個問題徵結可能和包裝形象有關，烘培業應該相對容易在包裝形像方面著手！」Pacco 說：「連鎖集團可能會較容易做到，但對我們這類中小型品牌來說，一間分店只得五、六個員工，員工許多時都要由備貨、發麵、煮餡、打餡到清潔都一腳踢，不似連鎖集團可以細分工序和工種，舒舒服服，企定定來做。」我和劉婉芬卻異口同聲說：「如果給我揀，一定揀到小店工作，無論眼界和成長都更快！」可惜我和劉婉芬都不是年青人！

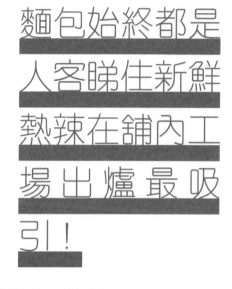

麵包始終都是人客睇住新鮮熱辣在舖內工場出爐最吸引！

麵飽先生的甜蜜烘培坊

1994 年賴志偉在上水翠麗花園開第一間麵包先生，在猶豫之際，幸得太太鼓勵他去創業，太太又把舖頭打理得井井有條，可惜勤奮工作到 2008 年得了肺癌，不幸在 2011 年過身，Pacco 說：「她是我生命中最懷念的人，如果話我今日有甚麼成就，大部分功勞都是屬於我最愛的太太李桂芬。感激太太為人忠厚有愛心，忠誠對待丈夫，照顧子女無微不至，我想不到有更好的詞句讚美她！」

28 郭錦记餅店

太平清醮。活的見證

郭錦記

郭錦全、郭宇鈿

師承舅父。潮州餅食

今日要多謝我們的嘉賓——長洲郭錦記餅家的掌舵人郭錦全，一早便帶來大包細包的潮州餅食，給我和拍檔劉婉芬做早餐，劉婉芬說：「雖然我是潮州人，但我一世人都未食過潮州番薯餅，外表有些似光酥餅。」我說：「光酥餅是我的至愛，但較乾身，食完要飲杯靚茶潤喉，但潮州番薯餅不乾，而且還很鬆化，食完不會口乾！」除了潮州番薯餅，郭老闆今日還帶來了雞仔餅和老婆餅，劉婉芬盛讚他們的雞仔餅，不過，他們最出名的其實是平安包！

我在長洲有很多選民，所以每次選舉，我都會入長洲拜票，我問：「你叫郭錦全，何解舖頭會叫郭錦記？」郭老闆答：「我爸爸以前開士多，他叫郭永通，舖頭就叫郭通記；創立郭錦記時，我還很年青，以前甚麼舖頭都流行叫乜記物記，於是就跟爸爸用自己名字來命名，叫郭錦記。」郭老闆的舅父是唐餅師傅，他廿幾歲的時候從潮州來港，投靠郭老闆的父親，在士多做一些花生糖等零食售賣，於是郭老闆便跟舅父學師，後來大家分道揚鑣，各有各做，最初是舅父先承接包山的做包工作，後來舅父年紀漸老，後繼無人，郭老闆於是大着膽子問舅父：「可不可以給一座包山讓我試試？」寫下了郭錦記與太平清醮的故事開端。

郭錦記始創人郭錦全（左二）喜獲兒子郭宇鈿（左三）回巢接棒。

酬神幽包．變平安包

劉婉芬問：「平安包如何起源？」郭老闆答道：「其實以前不叫平安包，在我跟舅父學師的時候，太平清醮的包山，每座均由街坊會和潮州會館等社團組織出錢搭建，包山供酬神之用，在太平清醮出會後翌日，便會將包派給街坊，此外，街坊自己亦會買平安包回家拜神。」郭老闆説起當初包面不是印上「平安」二字，而是「壽」字，寓意平安，名叫「幽包」，供拜祭鬼神之用，改成「平安」是在1978年發生包山倒塌意外，做成十多人受傷之後的事。

那時候的包山，用大木柱加竹搭建，不及現在安全！後來，長洲的鄉事委員會和街坊會等社團組織覺得，停辦太平清醮搶包山後，長洲的市面便靜了下來，於是向政府申請復辦，我記得當時由何志平做民政事務局局長，有次他來長洲，我們向他表達意願，次年便復辦搶包山。」我和劉婉芬嘆謂，郭老闆是長洲之寶，其實飲食業每個品種都有不同的演變，之前我們講過參茸海味業，今次輪到同讀者講下平安包的起源。

郭老闆説：「太平清醮起源於18世紀，長洲發生瘟疫，街坊於是組織起來拜北帝，製一大批包來到酬

郭老闆與藝人陳茵媺合照。

郭錦全幸得賢內助，郭錦記現由郭太主理出品。

神，又製作一些旗來辦巡遊，後來瘟疫停止，街坊便每年舉行太平清醮。」意外停辦後，長洲在2005年復辦太平清醮，搶包山亦得以繼續，郭老闆説：「搶包山活動以嘉年華形式舉辦，強調安全性，參加者需要綁上安全帶，最初做真包來搶，後來因為落雨容易發霉，才改用仿真包！復辦後，康民署來搵我做平安包，但期間有2年不是由我來做包，而是由一個有錢佬贊助，在大陸做好包，再運來長洲，包面印有『平安』二字。於是，次年康民署同我開會，建議不如沿用這個樣式，請我代訂兩個印模，我話訂印不是問題，但要用甚麼字體，後來他們給了一款字體我去做印，就是現在這個式樣，沿用至今。」

固守傳統。素麻蓉餡

劉婉芬問：「在長洲，除了郭錦記，還有沒有其他人識做平安包？」郭老闆説：「當時除了我們之外，尚有一家老字號，但現在已經沒有做。此外，還有個由十幾歲已經開始跟我學師的徒弟，我在長洲有3間餅店，其中一間頂了給他來做，另外一些長洲的酒樓食肆都會做包來賣，甚至現在外邊一些士多辦館都會攞貨來賣。」劉婉芬説：「我好同意郭老闆的講法，如果當年不是何志平入長洲，可能太平清醮不會復辦，長洲亦不會是今日的境況！」我説：「我估不到政府，還要是在民政事務局的主導下，竟然會得出『平安包』這個好名！」

平安包主要用麻蓉餡，但和酒樓的麻蓉包不同，郭老闆説：「平安包的麻蓉餡製作較簡單，以前長洲居民生活儉樸，用砂糖和糕粉搓成包餡，糕粉即是熟的糯米粉，做香蕉糕和許多糕餅都是用它；最初跟舅父學做包，用鹼水來到接麵種，所以包皮吃起來會帶少許酸味。我廿幾歲的時候，第一次接了一座包山來做，一座包山大約有6000個，那時才幾蚊一斤，每斤4個，即是大約一蚊一個！」現在平安包每個$9，即是30年來，都只是漲價9倍，郭老

2006 年 5 月 5 日攝於長洲太平清醮。

在民政事務局的主導下，幽包印上了「平安」二字。

不同年代和用途的唐餅印。

平日造餅的工作已交由郭太（後方）主理。

郭老闆攝於 2015 年香港烘培大獎活動。

閭説：「銷情最好是飄色巡遊那天，大約賣出一萬個平安包，其實應該可以賣更多，但人手和地方有限，我們做不了那麼多！」

我問：「除了麻蓉，還有沒有其他餡料？」郭老闆說：「我們還加了蓮蓉和荳沙，因為要維持太平清醮茹素傳統。」我說：「點解不改良成酒樓做麻蓉包用的那種麻蓉餡？」他説：「其實現在甜甜哋，都幾好味！如果你問我，我不會改，因為百幾二百年來，傳統做幽包都是如此做法！老一輩買來拜神，都堅持要買這種餡料的平安包，所以不會改！」劉婉芬問：「時代不斷轉變，如果有日需要改變，你會否難過？」郭老闆説：「不會難過，特別現在交兒子接棒，兒子放棄本身工作和收入來接棒，其實不是我的意思，但既然他自己選擇，我便支持他。」

要塑造品牌，許多人決定是否購買，都取決於是否吸引，其次才是味道。

答：「許多傳統餅食都已經式微。我在長洲土生土長，見到許多老一輩經歷生老病死，雖然是傳統餅食，但都要讓年青一輩有機會認識和接受！」

我問：「要點變？」郭老闆説：「許多年前，我已經構思改包裝，許多遊客來到長洲都是買來即食，但其實可以買來做手信！阿仔回巢接班，由3年前已經開始講起，在我提出手信這個概念，阿仔都很感興趣，不過廚房可能要添置一些用具，來到配合。」劉婉芬問：「是否所有餅食都是自家出品？」他答：「是，不過現在我年紀開始大，減少了麵包之類的出品，專注做傳統餅食。以前我請幾個師傅，現在由我第二任太太正式接手做師傅，她跟我已經學了十幾年，加上聘請女工協助，如果接到訂單多，我都會幫手。」

破舊立新。打造手信 ─────

劉婉芬問：「你做了幾十年，辛不辛苦？」郭老闆不堪回首地説：「剛剛開張的時候，我做了7日，便劫到跌在地上，對母親説：『我唔做嘞！』以前長洲有許多水上人，他們出海前，會買許多傳統餅食做乾糧，那時我只得廿多歲，經驗不足，日日做十多小時，那時銀碼又細，做2、3千蚊生意已經好巴閉，阿媽勸我：『阿仔，你捱捱下便習慣！』於是瞓醒覺，第二朝咬實牙關繼續捱下去，慢慢便過渡了這個難關，但講真心話，做唐餅其實好辛苦！」劉婉芬問：「你覺得老餅家需不需要與時並進？」郭老闆説：「對。合桃酥和雞仔餅都可以存放十多日，但

傳承父業。弘揚文化 ─────

在郭老闆身邊，還有第二代的郭宇鈿（Martin），我笑問：「你當上阿茂沒有？」俗語有話「阿茂整餅」，Martin説他尚未正式回巢，不過他自少在廚房出出入入，觀察不少，要學的話，相信不難上手，郭老闆説：「有。之前他每逢放假都有回長洲幫手，現已經懂得部分工序，如包餡和造形，只是未懂得搓皮。此外，外邊有些社團和學校，都會安排學生來跟我學做平安包，就是今個暑假都有3、4班人，所以最近我忙着教學生。」我説：「是否要揀選一些耐存的品種，才可以做手信？」他説：「對。合桃酥和雞仔餅都可以存放十多日，但

我們堅持傳統特色，不會跟現代餅房加防腐劑，而是做幾多、賣幾多。」

輪到第二代的 Martin 分享他在接手後的大計，他說：「很同意爸爸所說，要讓年青一輩認識中式餅食，所以我想透過舖頭承傳中式餅食文化，和爸爸過去40多年的心血。」我說：「那麼你是否要揀選一些耐存的唐餅，來實現你們的手信大計？」他說：「中式餅食有個先天優勢，便是耐存，一般存放十幾日都不是問題，但要建立一個品牌形象，給人感覺可以買來做手信，其實一直有許多東南亞遊客包括星加坡和馬來西亞遊客，來長洲一買便十幾盒，回家做手信。」

我問：「平安包是否可以做手信？」郭老闆說：「技術上有多少困難，但可以克服。可以讓人客放入雪櫃，冷卻後，即使放室溫一、兩天都不會變壞，人客需要時，可以自行蒸熱食用。」劉婉芬說：「雖然說年青一代在情感上支持傳統中式餅食文化承傳，但單憑味覺判斷，年青人面對時下眾多選擇，平安包無疑欠缺吸引。」Martin 說：「所以要塑造品牌，許多人決定是否購買，都取決於是否吸引，其次才是味道，久而久之便成為習慣。」

失傳鳥餅。重塑原型

劉婉芬問：「有沒有一些元素想加入到平安包中？」Martin 說：「剛才提到平安包因為要維持太平清醮

郭老板將傳統潮州鳥餅經典重現。

的傳統，所以要揀選合適的餡料，但其實一些新口味如綠茶都好受時下年青人歡迎。」劉婉芬説：「會不會覺得有許多限制？」我説：「要承繼一個金漆招牌，這是必然，無理由改到人客不認得是郭錦記出品！可能Martin都會想保留郭錦記的出品，到他兒子那一代還可以接手下去！」

我繼而問郭老闆：「除了平安包，郭錦記有甚麼出品，來長洲必試？」他答：「我自己最鍾意是番薯餅，因為在我跟師傅學師的時候，有好多人客會買，潮州話叫番薯餅做『鳥餅』，供祭祀用，用一半番薯加一半麵粉和糖搓成，以前會製成一隻雀仔的形狀，再用紅色染料來點睛，但現在外型變了。」我説：「這些正正是香港的飲食掌故，有必要留存！期待我在出書的時候，師傅出馬，由郭老闆重塑鳥餅的原型！」

郭老闆與我老友田北俊攝於長洲郭錦記。

講起鳥餅，立即喚起潮洲妹劉婉芬的回憶，説：「以前屋企的確經常會買鳥餅，只是我不知道鳥餅原來就是番薯餅！我好同意張生所説，如果郭老闆可以重塑鳥餅的原型，再道出鳥餅的來歷，必定很吸引！因為現在已經沒有人懂得這些掌故！而Martin在承繼這個金漆招牌的時候，既要面對許多制肘，又要與時並進，兩者如何取得平衡，殊不容易！」

郭錦全是長洲太平清醮活的見證。

美食車

29

豪園

HOUSE OF HO YUEN·NOODLE CUISINE

獅子山下。情味小店

豪園小食美食車

梅樂文

歸去來兮。二代豪園

豪園麵家的金漆招牌故事始於60年代，當年梅樂文
（Conina）的父親梅鴻琳和她的兩位伯父在黃大仙
及慈雲山等舊區經營豪園麵家、豪園冰室及梅園麵
家等。但在80年代隨着戴卓爾夫人仆一仆，許多香
港人都舉家移民外國，當中亦包括Conina一家。
結束香港所有食肆，舉家移民到加拿大溫哥華，在
當地繼續經營食肆，同樣以豪園及梅園為名，亦
闖出名堂。我說：「加拿大生活平淡，惟獨在溫哥
華、多倫多的粵菜和點心，水準在全北美洲最好；
如果講澳洲，則數雪梨和墨爾砵最好。」Conina
和應說：「那個年代的中菜確有水準，不過我在上
年夏天曾經回到溫哥華，中菜水準已略見失色。」

Conina一家當時住溫哥華，她爸爸在加拿大卑詩
省列治文（Richmond）頂手了一間在超市隔鄰的
舖位，及於高貴林市（Coquitlam）經營豪園。
Conina說：「我爸爸睇舖位真係好叻，返到來香
港，我在黃大仙的舖位都是由爸爸幫手睇的！」97
回歸，Conina一家人又隨着熱潮，回流返港，
結束了當地的主要業務，包括列治文的豪園，不
過Conina說她在加拿大有許多親戚，仍然經營有
梅園、金豪及鹿園等。我說：「其實這班人幾慘，
他們在樓市低潮時脫手香港所有物業，去到加拿
大，遇正加幣最高峰期，兌成加幣，當地樓市在80
年代一路攀升，到96年樓市和兌率均開始回落，

美食車開業首天，Conina 夫婦和蘇錦樑局長合照。

他們卻選擇回流返港，一去一回，唔見一籮穀！」Conina 説：「我覺得爸爸媽媽好偉大，他們是為了幾個仔女讀書而移民。」

燃起鬥志。女承父志

Conina 坦言她不喜歡讀書，所以最終沒有讀大學，回流返港後，她從事市場推廣工作，她説：「雖然我由細聞住咖啡奶茶的味道長大，間中亦有幫手，可以説是半個小樓面，但我從來沒想過要自己開食肆！我爸爸亦唔鼓勵我！」世事難料，Conina 最終回到黃大仙重開豪園麵家，還要由爸爸幫手揀舖位，她説：「如果你有機會來我舖頭，

你會見到一幅好大的獅子山下壁畫，兩邊有幅對聯『昔日平陽新村，今日現崇山』，其實一個好大的對比，同一個獅子山，壁畫是50、60年代木屋區的影像，外面是今日的現崇山豪宅，好多人來到都在壁畫前面影相！」

Conina 返港後投身白領，晉升至知名瑜伽健身機構的亞太區市場總監，高薪厚職，家住中環半山，結婚生子，甚至無想過會搬到九龍區居住，但爸爸媽媽鼓勵她住近家人，於是她便遷居黃大仙現崇山，喜歡港式美食的她落到樓下商場，卻連飲咖啡奶茶或者食碗雲吞麵的地方都沒有，商場十室九

空，於是產生了經營麵包舖的意念，和爸爸去睇舖的時候，豈料爸爸比她更肉緊説：「梗係要街舖啦！」讓Conina感受到爸爸內心其實對經營食肆仍然有團火，更燃點了Conina心中的火！她説：「碰巧當時我不想再打工，想轉換一下工作環境，我抱住想做些地道好嘢給街坊食的心態，街坊一定要有咖啡奶茶和雲吞麵食，認為街坊生意一定有得做！」

抱住想做些地道好嘢給街坊食的心態，認為街坊生意一定有得做！

於是，豪園麵家便在2014年於黃大仙現崇山商場的一個向街的地舖開幕，Conina説：「有黃大仙街坊認得我，『你咪以前梅太個女！』小學同學又同我相認；甚至我最近出了美食車，經傳媒高度曝光和更加多人重逢！」至於用獅子山下做品牌型像，Conina説：「其實構思出自爸爸，不過由我將之轉變成品牌形象，就連壁畫兩旁的對聯，都是出自我爸爸的手筆。」豪園麵家不少美食都用回Conina爸爸和二伯父昔日的傳統秘方，Conina説：「最出色的必定是雲吞麵，豪園的雲吞，九分鮮蝦、一分靚肉，自家大地魚末，既有蝦肉的爽彈，又有豬肉的油香。在溫哥華時，我爸爸甚至將車房間成打麵房，自己親手打麵。在香港重新開舖，好多事都要靠我爸爸幫手，好像搵食材供應商和聘請老師傅來助陣。」

兩代鴻溝。以愛相繫

我説：「我都想同阿女一齊做生意，但我和她的性格似到十足十，大家合作，肯定火花四射！」Conina爸爸和我一樣，在70、80年代做生意，

夥計很長情，但現在後生一輩無份工會做得耐，Conina爸爸就覺得是否她的管理出了問題！她笑説：「他會經常説我。」我説：「找日要和你爸爸碰面，同他傾傾偈！我們這個年紀和30、40歲那代，睇事物和做事的方法完全不同！」她説：「阿爸、阿媽覺得我應該經常駐守在舖頭，有時如果我行開買嘢或者湊小朋友放學，他們會覺得我又走開！」我分享説：「70年代，下晝酒樓生意淡靜，我喜歡同老婆和阿仔去睇四點場，睇完戲再去食漢堡包，有次我回到舖頭，見到我老子企在門口，大聲質問：『有冇搞錯！你去了哪裏？』我沉不住氣説：『你那個年代的老婆仔女，可以容忍你經常丟下她們工作，但在我這個年代，如果繼續用你的方法，肯定老婆會帶埋仔女離婚！』最後，我老子才稍稍作罷！」

劉婉芬説：「其實可以理解，點解爸爸媽媽咁擔心，因為盤生意不是他們的。」我説：「但是他們當年點解可以搵到錢移民，去到又買屋、又開舖，就是因為他們日做夜做，時時刻刻守住間舖！」劉婉芬説：「但到今時今日，業界人仍然講力不到不為財，老闆稍一不在便作怪！」輪到Conina開腔：「其實最重要都是品質監管，所以他們一見到廚房或水吧轉人，便會擔心保持不到水準！」我説：「他們是應該擔心！你還未有一個配方，許多出品都仍然要靠味覺去做品質監控！當然你和你爸爸兩代的管理方法亦會有分別！」

劉婉芬説：「但有一樣嘢不變，就是老闆在和不

在，出品品質會有分別！」我説：「以前我經常被我的世伯、伯母取笑，只要我稍一行開，世伯、伯母的電話便跟着響起：『你碗豆腐花的味道變差了！』我心諗：『開玩笑好了！豆腐花還不是一碗豆腐花，可以有甚麼分別！』」Conina説：「我覺得老闆在不在，並不會影響味道，但有個因素卻真會有影響，便是請替工，所以每當替工上場，我都會睇緊些！」過去《金漆招牌》訪問過許多嘉賓，有些已經發展至跨國集團，他們一定無可能駐守每間舖，惟有建立一個制度讓管理團隊去遵從，用制度來做管理！

美食車先導。考個人實力

劉婉芬説：「Conina過往從事市場推廣，而且做到管理層，她一定不會滿足於守住一間舖頭仔，是否因為這樣，所以你才參加美食車先導計劃？想有較多向發展？」她説：「其實我尚在摸索階段，但我喜歡新挑戰，正在試驗自己的能力吧。美食車的出現，讓我很興奮，甚至到現在我仍覺興奮！在過去幾個月，我有許多學習機會，體驗及獲益良多，亦都有機會試驗落實構思，我是潮州人，便嘗試推出多款港式及潮州的創意小食作為主打，而美食車亦沿用獅子山下作為品牌形象，理念是希望藉着分享美食將人情味拉近。」

Conina的豪園小食美食車，招牌菜是「神級燒鮮魷」，最出色是兩款汁醬──一款辣、一款不辣。Conina説：「其實買一條鮮魷不便宜，在西餐來説，燒鮮魷甚至是國際級佳餚，雖然是美食車，但我們新鮮熱辣即場香烤給人客品嘗，在燒烤的時候，鮮魷會發出誘人的香味，原汁原味！」我問：「但美食車可以用什麼爐燒？」她答：「我們用電烤爐，即場烤起的鮮魷其實好香、好爽又煙韌，再配埋秘製的惹味醬汁，原條香烤，是會有它的捧場客！加上我們用的，是每朝新鮮從街市特定而來的鮮魷！」

豪園小食的招牌美食，還有「炸一字雞翼」，Conina介紹説：「我做的是新派小食，雞翼一定入圍，因為大人細路都歡喜，而我做的是單骨雞翼，方便易食。」我問：「但可以有個炸爐嗎？夠不夠電力供應？」她説：「OK，我還做埋抽風系統。」我問：「還有甚麼小食」她説：「還有炸芋泥春卷和一口蠔丸，其實潮州菜好多人都會想起蠔餅，我做成一啖一個，用新鮮蠔仔釀入像蝦棗、蟹棗的肉醬入面，炸起再蘸秘調的醬汁，我研究了好耐，才終於成功！」我問：「有甚麼飲品？」Conina介紹説：「我們有個『檸茶BB』，好開心現在都開始好多人認識！我發現香港人好鍾意飲凍檸檬茶，而

慈雲山舊店內母親與Conina姊弟合照。

外公外婆攝於溫哥華舊店前面。

黃大仙豪園麵家，媽媽正在寫餐牌，背景為 Conina 設計的獅子山下壁畫。

且好有要求，又要少糖、又要少冰，但拮檸檬時好容易弄瀉，所以我將新鮮檸檬茸加埋秘製茶膽和糖水，飲時無需拮檸檬，味道特別甘甜清新！」

麻雀雖小。菜式甚豐

劉婉芬問：「美食車做了幾多個月？」她說：「5個月。」劉婉芬再問：「賺不賺錢？抑或每次出車都要蝕？」她說：「未有那麼快賺錢！其實現在正是檢討成效的時候，因為我終於去勻全部8個指定營運地點。」劉婉芬說：「最旺和最靜是哪個點？」Conina說：「最旺是迪士尼，最靜則好極端，初初出美食車，天氣仍然比較冷，我第一個點便抽中去黃大仙廣場，那次很旺場，可能剛剛推出美食車造勢成功，加上我做了些出位宣傳——起初我將神級燒鮮魷做了個自由訂價！可是現在最淡靜卻是黃

大仙和觀塘。」我說：「其實起初我有參加比賽，但沒有勝出，我覺得觀塘應該在晚上做生意，因為那處多後生仔女去拍拖，但日頭確是困難，觀塘有許多食肆競爭。」

介紹完美食車的小食，又講下 Conina 在黃大仙的豪園麵家，每次在電台節目開始，我都會問候劉婉芬「食咗早餐未？」豪園麵家其中一個招牌菜是似刀削麵一樣彈牙的『刀削公仔麵』，我問：「午餐和下午茶是否都係食刀削公仔麵？」Conina說：「好多人客來到，睇到個餐牌，都一路睇一路嘩嘩聲說：『這裏的餐牌認真豐富！』其實因為我們做熟客生意多，加上我自己做人客都身同感受，認同餐牌的食物品種一定要多，才覺吸引！所以我們由朝早供應港式早餐，到晚市供應潮州菜，食物品種

的確較多元化！特別推介是雲吞麵，我們有個招牌豪園麵，可以做湯麵或撈麵都得，去食雲吞麵經常都要揀，最多雙併，好少會有三併。」通常我去到麵舖，最喜歡是炸醬麵，再叫碗淨雲吞，再加些牛筋腩，如果老婆同我去，就叫豬手，Conina 説：「其實我們的招牌豪園麵正正是這樣，雲吞、水餃、牛丸、墨丸和魚蛋各一粒，如果再加多幾蚊，就可以有埋炸醬、牛腩或牛筋，人客來到正好每款都可以一次過試到！」

健康為本。創出新滋

Conina 説下午茶餐的款式亦是以大路港式茶餐為主，而且豪園麵家設露天茶座位，商場又設停車場，人客都喜歡來享受一個悠閒下午。晚上則供應粵式及潮州菜，必食的有蠔餅、明爐烏頭、糖醋麵和反沙芋，但沒有打冷，其餘自創菜式有拔絲欖角骨，味道酸甜鹹香兼備，格外醒胃；還有自家豆腐，用無糖豆漿加雞蛋，製成自家玉子豆腐。劉婉芬説：「我聽都覺得她個菜單好豐富！」我説：「所以不易容做，特別時下人手短缺，人工上漲，如果餐單去到如此闊，食材又有機會廢棄，人手又需要聘請多些！」Conina 説：「這個問題我們知道的，但都管理得可以，其實來來去去都是那些材料，不過是玩多些變化罷了！」

機上播放 Conina 夫婦的訪問片段。

美食車入圍公佈典禮。

父母主持黃大仙豪園麵家開幕。

首創美食車自助餐。

中環海濱死場變生場。

劉婉芬問：「你們多不多熟客？」Conina 說：「多！甚至有些一日三餐都來我們處解決！」劉婉芬問：「附近多不多茶餐廳？」Conina 說：「有，不過相隔一段小距離。」我說：「過去我經營食肆，都有熟客一日三餐，甚至一年365日來幫襯，原來他在廚房放了盞水晶燈，所以在家中終年都不開火！」劉婉芬說：「有次我去茶餐廳，他有5款午餐，唯一揀得落的便是梅菜蒸鮮魚，其餘是叉燒炒伊麵、炆火腩煲、乾炒牛河和燒味飯，我便同我的朋友講：『如果有人一日三餐都來幫襯，他應該會走得好快！』所以當 Conina 推介她們的鮮茄豬軟

骨湯通，讓我想到做街坊生意，如何吸引人客每天都來幫襯，其實都有所需技巧，可能的確是做一些較健康的菜式來到吸引熟客！」

Conina 最後補充說：「除了食物，其實我們這類小店還講熟客街坊情，熟客來到，見到我同我先生在舖頭，感覺都不同些！所以我自己都做得開心，特別當見到人客食得開心！」我問：「你有沒有帶埋個仔落舖頭做功課？」Conina 笑說：「真係有，因為我細個都是這樣！」難得現存一些人情味小店，期望再過50年後，仍然不變！

30

粵廚
點心專門店
CANTON'S KITCHEN
DIM SUM EXPERT

點心美食車。營商先導班

粵廚點心專門店美食車

成德豐

計劃出線。代父上場

在我經營酒樓的時期，一間可以坐2、3千位人客，每日廚房出點心，點心籠都疊到一座小山般高，平日見得太多，影響我日後見到點心和燒味都失去食慾，不過今集嘉賓——粵廚點心專門店美食車的成德豐，他的美食車雖然賣點心，但營業時間開10點！其實過往《金漆招牌》亦間接介紹過這個品牌，那次訪問香港仔魚蛋粉的成國元（下稱成老闆），已經介紹過他在尖沙咀堪富利士道和深水埗南昌街的粵廚點心專門店，難得全部點心在店內廚房自製，就連叉燒包的叉燒都自己燒製，而且即點即蒸，所以在政府推出美食車先導計劃之後，我便游說他們參加！

Ben 代父從軍，負起美食車的工作。

粵廚點心專門店美食車有實體店支持，出品品質有保證。

不過，今日來同我們講美食車的不是成老闆，而是他兒子成德豐（Ben），他說不經不覺粵廚已經有6年歷史，最近在佐敦北海街開了新店，即是現在總共有3間，為保質素，全部點心都是在個別分店的廚房自製！劉婉芬見阿Ben年青有為，問他：「你是否畢業便幫爸爸手打理粵廚？」他說：「不是。我畢業之後做過2年見習工程師，但感覺不合適，剛巧爸爸着手搞美食車，分身乏術，便幫下他手，後來變成全盤負責。」點心是香港飲食文化的精粹，美食車的經營概念既然是推廣香港特色美食，無理由沒有點心車！

雖然我游說了幾位業界參加美食車先導計劃，但最後成功脫穎而出的只有粵廚點心專門店美食車，所以我請阿Ben講講計劃的篩選過程便最恰當不過！他說：「計劃以比賽形式進行，在遞交計劃書之後，要經過2輪篩選，第一輪選出80位、第二輪選出最後的16位，之後限半年內申請牌照，包括食環署、消防處和環保署等，所以話過五關斬六將，一點也不能出錯！」我解釋說：「每架美食車都必需持有食肆牌照或食物工場牌照，所以經營美食車，其實不比經營食肆容易！」阿Ben說：「據我所知，部分美食車因為沒有食肆牌照，所以會集合起來，找一間食物工場，以食物工場名義申請牌照！」

天堂地獄。睇天做人

劉婉芬説:「顧名思義,既名美食車先導計劃,按道理是為有志投身飲食業的人士提供初試啼聲的機會,申請牌照不應該成為問題!」美食車是名副其實中小微企,除了起初投資一百幾十萬,買架車進行改裝之外,以現時的工資水平計算,最理想是兩公婆拍住做,如果請夥計,分分鐘賺埋都不夠給人工!當初商務及經濟發展局局長蘇錦樑找我,説:「我去為美食車撐場,你同不同我一齊去?」我一口答應,豈料當天傾盆大雨!

其實計劃曾邀請我為停泊點提供意見,所以我巡視過全部8個停泊點,包括迪士尼,並提出意見將迪士尼的停泊點更改成現在位置,即出港鐵站後通往迪士尼入口直路中段,近員工入口的凹位,最大賣點是迪士尼的幾千員工,比起政府最初所選位置優勝不知凡幾!其實現在有許多停泊點包括海洋公園,都不是理想位置,某些時段甚至完全無生意,我在收集業界意見,會再向政府反映,例如可不可以准許美食車在午餐時間泊入學校,既安全衛生,

我要多謝成老闆將我喜歡的雞球大包經典重現。

方便老師和學生,業界亦有生意可做,達至雙贏。劉婉芬卻説:「豈不是有違計劃不和現行食肆競爭的原意?」我説:「其實可以透過規管,不難實行得到。」

劉婉芬問阿 Ben:「由2017年2、3月陸續推出美食車至現在,你們總共去過幾多個點?」他説:「我們屬於遲起步,因為起初爸爸無時間搞美食車的設計,所以我們差不多遲了一個月開始,第一站便到迪士尼,每日營業額由最旺的三萬幾蚊到萬幾

粵廚點心專門店美食車出爐首站便到迪士尼,成績不俗。

蚊都有，做美食車要睇天做人，如果下雨，便可以收工！」劉婉芬説：「其實生意甚至比許多餐廳更好！」Ben説：「算是幾好，因為我們經營時間短，晚上七點幾已經收車。」劉婉芬問：「那麼你覺得計劃有甚麼需要改善？」我問：「先講停泊點，你覺得迪士尼的停泊點有沒有值得改善的地方？」Ben説：「如果比較其他停泊點來説，已經算是完美，因為差太遠了！」

定位未清。競爭激烈

現時美食車先導計劃每3月安排抽籤一次，輪流到8個停泊點，每個點為期2個星期，可以停泊2架車，我問：「最差是哪個點？」他答：「觀塘起動九龍東！我們總共到過2次，最好那天都只是做了千零兩千蚊生意，最差那天只得3、4百蚊！如果請個司機再加廚師和幫工，一個月單是人工已經4萬蚊，平均每日千幾蚊人工成本，加上租、食材和雜費，一日起碼要

做3至4千蚊生意，才勉強收支平衡！我們算是成本較輕的一架美食車，因為有舖頭支撐，現在由每間舖做多些點心交來，無需另外聘請人手預製食物，加上美食車生意未如理想，人手由原來的3個削減至現在的2個。」

我問：「你覺得觀塘的停泊點可否改善？」Ben説：「即使搬到海邊，每日都是多一千幾百，因為觀塘有太多食肆，最近的茶餐廳只需行2分鐘，40幾蚊餐已經有冷氣嘆，如果鬥平則首選工廠食堂！」觀塘區內有一、二百個工廠食堂牌照，茶餐廳的數目亦不少，當然相反來説，區內食肆亦多得美食車唔少！Ben説：「其實黃大仙都相差無幾，甚至差過

觀塘，因為大家都知道觀塘只是做12點到2點的午市，之後便可以放慢手腳，無需太重成本！」我和應説：「剛才我正正是講這點，如果知道有些停泊點只是做個午市或晚市，其餘時間可否給美食車駛到其他地方，就以起動九龍東來説，附近有許多建設工程，可否准許美食車駛入工地，每逢3點3供應下午茶給地盤工友！」

劉婉芬説：「但如果美食車的食品別具特色，能不能吸引人客多行幾步去捧場？還是美食車的食品，其實在外邊都可以食得到！」我説：「要參加美食車先導計劃，首先必定要有特色美食！」以粵廚點心專門店為例，他們便有個雞球大包，Ben説：「首先外邊的雞球大包已經買少見少，其次我們的雞球包名副其實有雞肉、叉燒、蝦和鵪鶉蛋做餡，依足古法炮製，視乎地區每個都不過售$32至$38！還有首創的桂花叉燒包，桂花的幽香配合叉燒的甜味，搭調得來味道新清；此外，還有自己包製的煎餃和湯餃，其他如腸粉、糯米雞、炒銀針粉和香港仔魚蛋粉！」

加強宣傳。闖出生天

劉婉芬説：「最初美食車先導計開記招，我印象好深刻的是計劃推廣香港特色美食，而且對象是遊客，所以停泊點設在金紫荊廣場、海洋公園和迪士尼等！現在去到觀塘和工廠食堂、茶餐廳競爭，當然行不通！」我説：「其實香港無一個業界可以單靠做旅客生意生存得到；同埋賣點究竟是美食？還是地道？旅客來到香港，其實都好想試試地道食物。如果我是遊客去到外地旅行，都會揀一些多本地人

右側大圖文字：做美食車要睇天做人，如果下雨，便可以收工！

幫襯的食肆去光顧，道理一樣！所以由始至終我都不贊成美食車以美食（Gourmet）作招徠！」劉婉芬說：「美食車使用電爐，但炒銀針粉大都講求鑊氣，如果做本地客生意，難免會有要求！」我拍心口保證說：「試過他們的炒銀針粉，味道唔錯！」

劉婉芬問：「阿Ben，你覺得美食車要如何才可以生存得到？」Ben說：「其實現在都可以生存得到，但要靠左慳右慳來削減成本。」我問：「計劃要如何配合？」Ben說：「最直接是改善停泊點。就算海洋公園，美食車停泊在巴士站旁邊，一車車遊客來到，好快便被導遊趕入海洋公園，加上其中一架美食車的位置偏遠，好難被發現！一定要去到海洋公園售票處對出位置，才有生存空間！其次是刪減觀塘和黃大仙2個點！記憶中，黃大仙最旺的日子，即農曆年初一至初六，美食車卻不能夠營業！就算金紫荊在七一回歸和尖沙咀在維港發放煙花當日，美食車都是要停止營業！」

劉婉芬問：「阿Ben，經營了美食車幾個月，你有甚麼感受？美食車可不可以做終身事業？」他說：「最初的確雄心萬丈，但經過幾個月，試過一日做幾百蚊生意之後，明白到要靠美食車賺錢的可能性不大，但計劃讓我有機會同政府部門開會，學習如何同官員打交道和經營一盤生意！」

粵廚點心專門店位於深水埗的元祖店。

環顧全世界，美食車其實都在起動的潮流當中，難得港府將計劃放入財政預算內，加上要實行美食車先導計劃不易，所以值得支持！金紫荊其實應該是不錯的停泊點，除了有遊客之外，每年暑假在會展都舉辦不少大展覽，好像有書展、動漫展、美食博覽等，問題正是如何宣傳美食車！

○●○

張宇人說粵廚點心專門店

粵廚點心專門店是經我游說參加美食車先導計劃的！政府當初推出計劃，無論對立法會抑或旅遊事務署，我都說：「雖然點心不是由香港發明，但一直是香港飲食文化的港粹，就連《牛津字典》都收錄有點心（Dim Sum）這個名詞！美食車無理由沒有點心車，所以便游說一些我認為合適的商戶參加計劃，當然成老闆亦厲害，過五關斬六將，成功突圍而出！最初我計劃如果有多幾架美食車入圍，會和他們齊齊拍檔經營，可惜其他經我游說的拍檔均未能入圍，最後我惟有問成老闆：『對不住，你介不介意自己唱獨腳戲？我不想為一架美食車而破戒！』成老闆大方回答：『無問題！反正我一定賺！』」

31

餐車過江龍。憑經驗導航

大師兄美食車
黃偉文

原意是好。鼎力支持

今集繼續我們的美食車系統，請來大師兄美食車的 Raymond，品牌英文名字沿用在洛杉磯經營餐車拍檔的品牌 Bao and Buns。我的電台節目拍檔劉婉芬說包點應該好適合做早餐，問題是不知美食車開幾點？早餐時段可能未開始營業！

美食車先導計劃出自前任財政司的構思，我好支持這個計劃，覺得香港有需要推出美食車，只是我另一邊的業界（持牌食肆）卻不是很高興，覺得會被美食車搶走生意；就等如濕街市的業界不喜歡連鎖超市一樣。這種情況在功能組別中屢見不鮮！其實現時餐車在全世界都很蓬勃，甚至有些大受歡迎的

食肆會選擇開餐車來到擴展業務！計劃在討論初期，我的立法會同事、工聯會的陳婉嫻拍掌讚好，話：「可以給市民賣魚蛋、腸粉，總好過擺街邊檔。」

在香港，最終每位美食車的經營者都投資過百萬，未必是一般在街邊擺檔賣魚蛋、腸粉的攤販可以負擔得起，這層和餐車在香港的發展尚未蓬勃有關。在美國，二手餐車的市場很蓬勃，六、七萬美金已經可以買到一架二手餐車，車上面廚房和煮食工具齊備，計起來都不過五、六十萬港元，因為在香港無論是餐車型號、車斗抑或生財工具等都缺少製造

大師兄屬第一批出爐的美食車，開幕當日黃偉文與蘇錦樑合照。

商。劉婉芬說：「其實我們由細幫襯到大的雪糕車已經是餐車的一種。」我說：「曾經有段時間，政府想取締雪糕車，擔心會阻塞交通、阻人、阻車，擔心食物衞生問題，但我一力反對。」

美食車先導計劃最終收到190多份申請書，經篩選後得出六十多位參賽者，構思他們的招牌美食，最後由評審團選出16架餐車，在農曆年初陸續推出，經歷了（2017年）三、四月的困難時期，部分在五、六月加入，到現在大部分餐車都已經營運了一段時間，雖然生意不算好。大部分經營者都反映停泊地點欠佳，我們從事飲食業最重要便是人流，以

迪士尼樂園為例，其實最初的停泊地點還不是現在位置，是在我建議後才改成現在位置。

洛杉磯爆紅。香港展拳腳 ————————

介紹一下今集嘉賓的大師兄美食車，我說：「Raymond，據我所知你們的美食車的英文名字沿用在洛杉磯經營餐車的拍檔品牌Bao and Buns，公司名就是太平洋未來，由幾位股東合資經營餐車，第一站是洛杉磯，跟着來到香港。為免隔山買牛，於是加入了一班香港股東，包括你Raymond，最有趣是你之前並未有餐飲經驗，加上餐車在香港又是新行業，萬事起頭難，對你這名

新手來説，更是難上加難。Raymond，你們最初參加比賽有否擔心過會落選？」

Raymond回應説：「沒有，因為我們的洛杉磯拍檔在經營餐車方面經驗豐富，總廚在美國本身都有擔任評審，了解那些食品的製作和出菜速度，適合經營餐車和評審的口味，勝算在握。我的洛杉磯拍檔是美裔台灣人的第二代，Bao and Buns本身在美國很火熱，已經擁有自己的銷售渠道，更上過電視節目，拍檔更躍身成為知名的 TV Chef！所以才會將這個刈包帶來香港的美食車。」劉婉芬卻説：「雖然是美國的過江龍，但來到香港是否合適，會否水土不服？」

Bao and Buns在洛杉磯屬中式餐車，可是洛杉磯的中菜水準未見突出，加上美國人的口味獨特，以墨西哥菜為例，他們最愛的Taco，在墨西哥卻未見有售！美國的中餐館最多便是芙蓉蛋和炒雜碎，但在香港有幾許人會食芙蓉蛋和炒雜碎！Raymond將他們在洛杉磯賣得火熱的刈包引入香港，我交給他介紹一下刈包有多吸引，他説：「刈包現在有4款餡料，參賽時原本還有天婦羅蝦一款，但後來美食車的電力負荷不足夠應付安裝炸爐，所以最後放棄。」

先天不足。尚待改進 ————

我説：「但你參賽時，如果有細閱條款，應該知道美食車的廚房依靠電力供應。」Raymond説：「條款説可以使用電力或氣體燃料，所以最初我們甚至計劃將美國的餐車原裝運港！但最後餐車如果要使用氣體燃料，便不能夠駛過隧道，所以被迫變

陣。」我講笑説：「如果美食車要用氣體燃料，要有部單車跟尾，每日開工前送來氣體燃料，到收工時再來收走氣體燃料！」劉婉芬説：「這件事不是十分講得通，你的得獎美食是天婦羅刈包，但最後只剩下了刈包，天婦羅卻消失了！」

Raymond 説：「最初和政府開會，我還講過我們應該是最早出車的一批，因為我們已經有2架二手餐車連廚房和生財工具準備在手，只差外部裝飾設計，就如張生所説在美國買部二手餐車只需六、七萬美金，根本好簡單！」劉婉芬説：「無論如何，事到如今只好努力做好！」我説：「不如講講刈包有哪4款餡料。」Raymond説：「有燒鴨、雞扒、牛柳和五花腩，五花腩是台灣刈包的傳統餡料。比賽時也有雞扒；而燒鴨會在人客點單後，再用燒爐烘一烘才上菜；為適應香港人客的健康要求，我們會選用肥瘦比較適中的五花腩。」

大師兄美食車在2017的農曆年初投業，屬第一批投業的3架美食之一，至今已經到過全部8個停泊點，每個停泊點營業2星期，即是一年大約可以完成3個循環，大師兄現在已經進入第二個循環，劉婉芬問：「每次我們都會問美食車經營者相同的問題，哪個停泊點生意最旺？哪個停泊點最差？」Raymond説：「好的只有一個，就是迪士尼。其實做生意都是地點、地點、地點！」劉婉芬再問：「那麼迪士尼是否足夠支撐其餘7個停泊點的開支？」Raymond答：「我們幸運地得到拍檔支持，其實在最初遞交申請書的時候，申請書都有問『如果不幸虧損，你們計劃如何持續經營？』我們都是填投資者支持。」其實做生意很多時候都是蝕頭賺尾，問題是投資是否有遠見！

> 如果沒有中央廚房，餐車日後很難營運。

劉婉芬説：「問題是要和時間競賽！你們得到投資者支持，但許多小投資者未必如此幸運，能夠繼續支撐下去！」Raymond説：「問題是我們只得一個牌照，政府不準備再發牌，如果有機會多三、四部餐車，即使停泊點不變，起碼方便我們編配人手，例如黃大仙只需要一個夥計都已經足夠，我們可以將剩餘人手抽調到其他較旺的停泊點，做多些生意補貼收入！」我和應説：「我明白。在我讀商管的時候，就有本教科書叫《Cheaper by The Dozen》，講述如何透過mass production來提高成本效益，尤其是Raymond有中央廚房，只要有多些食物在中央廚房預製，便可以減少餐車所需人手，降低成本。」

築巢引鳳。放眼未來

Raymond補充説：「其實政府應該多謝我們，我的投資者在投入計劃初期，已經有先見之明，指出『如果沒有中央廚房，餐車日後很難營運』；加上美食車本身沒有牌照，必需要由食肆或者中央廚房申請牌照，所以現在有4架餐車都是經由我們的中央廚房申請牌照和處理預製；如果經營者缺乏行業經驗和背景，貿貿然如何會有中央廚房肯為他們承擔責任！在計劃初期，我的洛杉磯投資者已經問政府，『有沒有中央廚房可供租用？』因為餐車行業在美國已經發展至相當成熟，政府會有中央廚房可供租用；跟着便問：『如何處理污水？』」我解釋説：

香港人貪新鮮，美食車開業初期錄得不錯的業績。

美食車先導計劃在推出初期有不俗的宣傳和聲勢。

大師兄的美國拍檔在當地是知名的 TV Chef。

大師兄的美國拍檔在當地經營美食車經驗豐富，為美食車設計餐單難
不到他。

子女鼓勵爸爸經營美食車！

「美食車的污水要全部收集妥當，再運回中央廚房處理，如果沒有中央廚房，便很難處理污水！」

Raymond繼續說：「在知道美食車先導計劃沒有中央廚房之後，我的拍檔第一件事已經說：『我們要投資開設中央廚房！』我已經知道大件事，投資一個中央廚房起碼需要一百幾十萬！惟有如國內一句諺語說『築巢引鳳』，寄望將來大展拳腳！」劉婉芬說：「所以你們都是有遠見，才有機會蝕頭賺尾！」我說：「他們亦可以減低成本，不過餐車擠在一個中央廚房出菜，如果7架餐車，便有7個國家的菜式，恐怕廚師會亂成一團！」Raymond說：「我們都計過數，由於中央廚房只有千多平方呎，所以只可以供4架餐車共用。」

美食車先導計劃的原意是推動特色美食，但面對現實下，大部分餐車為了生存，都兼賣魚蛋，甚至飯麵等食品，Raymond說在美食車啟業第二個星期，已經率先加碼——香港人所喜愛的麻辣魚蛋，他笑說：「一推出立即在網上引起討論熱潮，不少人喝倒采！但我們在金紫荊，一小時可以賣3包2公斤的魚蛋，還未計燒賣！」劉婉芬說：「其實很多時候只是想吃點小食，不想食太飽；如果你叫他們食個包，可能會食唔落！」Raymond說：「魚蛋燒賣食極都不飽，食完會回頭再買！加上我們賣的是大大粒的麻辣魚蛋，很多國內人連見都未見過！有一個人買了，立即引到全團人都食，最高紀錄試過一個人買20份魚蛋、10份燒賣！」

因地制宜。變陣求存

劉婉芬問：「刈包又如何？」Raymond說：「刈包都不俗，我試過一日賣300個刈包。刈包其實是溫州小食，我以為溫州人會見過，但原來很多都未見過。」劉婉芬說：「原來金紫荊廣場都是個好的停泊點。」Raymond補充說：「現在金紫荊廣場的位置未是最好，因為架車被金紫荊的雕像所掩蓋，而

且要視乎是否旅遊季節，我們去的時候遇正農曆年假期旺季，但到了年十六，整個金紫荊廣場立即連人影都不多見！」我說：「如果政府可以向訪港旅行團多做點宣傳，美食車應該可以吸引到遊客。」劉婉芬問：「美食車的顧客群，其實以遊客還是本地人為主？」Raymond 說：「最好當然是兩者兼備！」在美國，餐車的主要顧客必然是本地人，遊客不會追捧餐車，相反當地有許多商業大廈附近沒有食肆，要靠餐車解決員工膳食問題。

我問：「未來你們有甚麼部署？」Raymond 答：「寄望政府可以增加多幾個停泊點。」我說：「以新加入的科學園舉例，業界在最初一個月的意見正面，指科學園生意唔錯，但後來又話生意麻麻。」Raymond 說：「科學園我尚未去過，下星期才會到；不過我想無論如何都會比黃大仙和觀塘好，因為觀塘停泊點的人流實在太少，偏偏區內食肆的競爭好大！」我說：「我經常都說當局應該放寬規定，容許美食車停泊在缺乏食肆的地方，好似如果我老友田北俊屋企請客，如果可以請架美食車停泊在他花園招待人客，便一舉兩得！」

Raymond 卻說：「不過這些不屬於旅遊項目！」我反駁說：「那要視乎你怎樣定義旅遊項目?! 假如他宴請旅發局，甚至是外國領事或者外國投資者，那又算不算旅遊項目?!」劉婉芬說：「既然計劃趕不上預期，便惟有變陣求存！所謂先導計劃，並不是一成不變！」我舉例說：「好像近期的國際競技龍舟賽，所有美食車都到場，當然大家都滿載而歸！國際競技龍舟賽肯定是旅遊項目，這個絕對是好的例子！我覺得有很多方面值得重新計劃，不單是增加停泊點如此簡單！問題是政府官員不懂得做生意，所以做生意最好都是交給商界主導，好像停泊點選址，其實未必是區分問題，而是選址在哪個位置！」

○ ● ○

張宇人說黃偉文

Raymond 的拍檔在美國洛杉磯經營餐車，而我就在三藩市經營餐車，大家的經營模式應該差不多，但我交了給拍檔營運，所以並沒有如 Raymond 般把品牌帶回來香港。及至政府推出美食車先導計劃，我拍心口支持前財政司這項計劃，甚至找來六、七個業界入計劃書參賽，但因為沒有時間參與營運，所以我最後都沒有參與，而有份參賽的業界最後只有粵廚點心一位順利跑出。

32 魔廚麵

Fusion 車仔麵。創意本土美食

Mein by Maureen 美食車

羅慕蓮

送湯先驅。第一桶金

我同我的電台節目拍檔劉婉芬說:「我們應該幫襯今集嘉賓——魔廚麵,食個車仔麵早餐,雖然 Maureen(羅慕蓮)的概念源自車仔麵,但出品較高檔,如果到她在金鐘中信大廈的舖頭,一碗麵便要六、七十蚊!」今集延續美食車列,魔廚麵的品牌故事源自5年前 Maureen 在灣仔開店,她說:「我很喜歡吃麵,找製麵師傳造了一款介乎雲吞麵和擔擔麵的魔廚麵,因為我喜歡吃雲吞麵彈牙口感和鴨蛋的蛋香味,但又喜歡擔擔麵的粗幼度,再配上我設計的招牌蔥頭汁來做撈麵。最初我其實想做中式湯麵,但要煮一個濃香馥郁的中式湯底,食物成本非常之高,所以我便做撈麵。」

劉婉芬問:「灣仔店的生意如何?」她說:「當時反應唔錯,難得有人用心煮食,無論是傳媒、food bloggers 抑或人客都聞風而至!除了麵條,所有食物都用慢煮,法文 Sous Vide,英文 Slow Cook),配合中菜食譜烹調,味道簡單清新(clean and nature),展現食物原味!」劉婉芬問:「你之前是從事餐飲業?」Maureen 說:「之前我在加拿大讀營養學,首次投身飲食業是99年創辦送湯服務,我是第一個用湯壺送湯上辦公室的!」劉婉芬說:「創業初期,Maureen 用了個好聰明的方法——湯水,毛利應該幾高,相信可以賺取第一桶金。」我補充說:「加上她用的器皿夠吸

我到 Mareen 於中信中心的實體店為她打打氣。

引。」Maureen 解釋説:「我用了個保溫壺。」可惜後來競爭者爭相抄襲,惟有轉型求存!

劉婉芬説:「一般來説,只要觸及營養,都不期望好味道!你如何平衡兩者?」我笑她説:「我女兒都是營養學碩士,但她煮食好味到不得了,不久前我老婆用了她的食譜整曲奇,所有材料都可以在香港買到,曲奇非常美味!如果營養師肯用心煮食,而又有烹飪技術,一樣可以煮到好食物!」講回 Maureen 的魔廚麵,在她起步的時候,遇上日本拉麵熱潮,她説:「車仔麵已經獲全球認同是具有香港特色的街頭美食,所以會叫魔廚麵是因為我的

名字叫 Maureen,朋友都喜歡叫我『阿魔』。」

低溫煮食。原汁原味

我問:「概念來自車仔麵,是因為人客可以選擇淨麵,或者自由揀選配搭餸菜?」Maureen 説:「無錯,不過我所有餸菜如鴨脾、豬手和牛腩等,都是用低溫煮食。」劉婉芬問:「低溫煮食有甚麼好處?」我笑説:「向我這個煮食文盲解釋一下!」Maureen 説:「低溫煮食一般針對肉類,方法是醃好後,將肉類放入膠袋,然後抽真空,再放在插入『低溫神棒』的水中煮製,水溫介乎38℃至90℃,比煎和蒸等傳統方法的溫度低,舉例蒸的溫

度一般超過100℃；又例如炊牛腩一般超過100℃，但低溫煮就會用56℃至60℃，相反煮較長時間，煮起的牛腩會非常腍軟，而且肉類裏面的水份和營養不會流失，可以鎖住在肉類之中！」我問：「麵條又如何？」她說：「麵條一定要高溫煮，用低溫煮麵會變糊！」

我問：「美食車和舖頭肯定有別，美食車有甚麼餸菜？」Maureen 說：「美食車不供應餸菜，只設魔廚麵配招牌蔥頭汁，每份賣 $38。此外，有慢煮滷水雞脾和花雕浸溏心蛋，用慢煮炮製的溏心蛋，花雕酒會滲透入蛋黃，酒香格外醇和！」我說：「來到即是先買一碗魔廚麵，再配花雕蛋和滷水雞脾！」Maureen 說：「尚有供應一般街頭小食如魚蛋和芝士腸，因為小朋友喜歡。」劉婉芬概嘆說：「魚蛋和芝士腸不健康！但現實很殘酷，為了生存，幾乎每架美食車最後都賣這些小食！」

打響頭炮。因地制宜 ——————

在推出美食車先導計劃之前，工聯會陳婉嫻期望可以有美食車販賣街頭小食，但政府就覺得食肆一定會反對，食肆每個月交幾十萬舖租，如果門口泊了架美食車販賣街頭小食，豈會不反對！所以最後美食車便以推動旅遊業為宗旨，但構思歸構思，遇到現實未理想，都需要變陣！劉婉芬說：「美食車好像沒有售賣甜品？」我解答說：「美食車是可以售賣甜品的，不過如果要賣雪糕，便要另外申請一個牌照。」Maureen 說：「我在停泊尖沙咀的時候曾經

租舖形同替業主供按揭，遇上業主加租被迫遷，付出心血，最後都是付諸流水！

推出甜品，設計了一個帶分子料理特色的慕絲，有乳酪和椰子味兩款，但發覺無市場，因為國內遊客佔大多數，他們不懂得欣賞分子料理，來到都是問有沒有雪糕。」劉婉芬說：「美食車是否正面對市場配對的問題，雖然食物有特色，但人客不認識甚麼是魔廚麵，三、四十蚊買碗淨麵，肯定會猶疑！」

追查紀錄，Maureen 是第一架到迪士尼的美食車，當日就連迪士尼總裁都同她合照，完全是打響頭炮！劉婉芬問：「由推出至今已經數個月，總結有甚麼得失？」她說：「開心的是，即使今時今日都仍然有朋友問：『你架車是否仍然泊迪士尼？』不開心的是，每一位置都要重新構思如何變陣，因為客路有別！」我說：「別說黃大仙和觀塘，就算海洋公園、金紫荊廣場、尖沙咀和迪士尼同樣做遊客生意都有分別！即使客群相同，但地點不同都會影響需要預製多少食物和人力部署。」

Maureen 舉例說：「以金紫荊廣場為例，人客通常快來快去，一架架旅遊車，來到落車影完相便走！」我說：「其實旅遊專員在金紫荊廣場可以做多些宣傳，請旅遊團多留5分鐘支持美食車！」Maureen 繼續說：「那裏的營業時間很早亦很短，下午便沒有生意，一直要到黃昏才再有遊人到訪，但過了晚上8時，便又再消聲匿跡！」的確，部分停泊點缺乏晚市，政府應考慮讓美食車另覓生意，例如上門提供到會服務，劉婉芬問：「不同停泊點是否真的會有不同經營策略？」Maureen 答：

Maureen 烹調香煎雞肝。

Maureen 的魔廚麵美食車和在金鐘中信中心的實體店。

「對。如迪士尼,一早預製充足食物,由早賣到晚,直至晚上樂園關門,賣清食物便收工,雖然辛苦,但很有滿足感!」

斧底抽薪。變陣求存

劉婉芬追問:「其他停泊點又如何?」Maureen

再答:「我們中途遇上少許意外,有段時間美食車需要維修,所以部分停泊點如黃大仙,我們並沒有到過,但情況應該和觀塘差不多,觀塘因為無遮無擋,附近實在太熱,即使我們降價傾銷,人客都寧願到茶餐廳,可以話是蝕足兩星期!」我說:「雖然美食車的構思是好,但現在業界遇上許多困難,政

位於灣仔的舊舖,現已結業。

府有責任要協助他們解決，例如推出多些新的停泊點，而且部分停泊點如觀塘，既然個個業界都反映無生意，便一定要轉！」

劉婉芬問：「Maureen作為業界，你有甚麼建議？」她說：「例如政府提供租金優惠。停泊點因為提供電力和清潔服務等，所以每個停泊點都會收取租金，金額視乎地點而定。」我說：「可是租金最貴都不過萬多元。」Maureen申辯說：「雖然平，但部分停泊點如觀塘，無生意，即使平租都一樣無用！」我說：「即是你覺得有些停泊點不值這個租金！但在飲食業來說，租金平貴不是問題，最重要是有生意！我經常都說：『我不收租你來做，問題是即使不收租，都未必一定做到！』飲食業最緊要都是開源，雖然現在業界都在變陣求存，所以個個都賣魚蛋，但魚蛋養不到一部美食車！有些停泊點以遊客為主，有些卻以本地人為主，本地人不會同

你買貴魚蛋，所以業界每到一個停泊點，都要徹底想清楚用些甚麼出品來吸引更多客人，才能夠殺出生路！」

J2《搵食飯團》介紹魔廚麵。

○ ● ○

張宇人說羅慕蓮

除了美食車，Maureen還有經營實體店，而她的店舖就在立法會毗鄰的中信大廈，和我只是一「橋」之隔。雖然Maureen之前一直有開店的經驗，但以她這類中小微企要在甲級寫字樓內租舖，仍然不是易事，所以經營美食車雖然困難重重，但同時提供機會給這些中小微企建立品牌效應，讓更多業主認識他們，為她們提供生存空間繼續發展。

33

有得餃
(餃子專門店)
MA MA'S DUMPLING

五代同堂・五色餃子

有得餃水餃專門店美食車

廖震豪

青衣廟會。小試牛刀

為要有較多時間與家人共聚，廖震豪遂轉戰餐飲。

節目開始，我的電台節目拍檔劉婉芬戲言，如果繼續美食車系列，會不會《金漆招牌》不保？我說：「雖然美食車業界不符合我們定下受訪嘉賓品牌需具10年或以上年歷史的規定，但他們都是美食車先導計劃的優勝者，可謂百裏挑一！現在我們只是代替政府協助宣傳，其實在美食車先導計劃剛推出的時候，宣傳做得相當到位，可惜有頭威無尾陣！」劉婉芬趁機為電台發聲：「政府好統一，即使數碼廣播都一樣，打響一輪聲勢後，便停了手！」

不過，美食車先導計劃其實並非一面倒的不是，起碼計劃扶助了許多中小微企起步，就以今集嘉賓

蘇錦樑局長到訪有得餃位於元朗的實體店向 Ben 及三姨了解業界意見。

有得餃水餃專門店美食車的廖震豪（Ben）為例，他們在經營美食車前，在08、09年於青衣球場舉辦的天后誕廟會小試牛刀，壯大了信心後，至2010年在元朗又新街開店，但直至經營美食車才廣為人知，有人客專程入元朗舖頭捧場！我說：「政府實在有責任要持續發展美食車，讓美食車在香港發揚光大。對經營實店的業界來說，無論開大、中、小店，都有心理準備要面對競爭，但美食車業界弊在錯信政府！香港雖名『美食天堂』，但露天茶座要受十幾個部門監管，只要觸犯社區同任何一個鄰居不滿，都可以立即投訴！大閘蟹亦因此險告遭禁止輸入，更遑論活家禽，搞到現在活雞貴到離譜！」

Ben 說：「2016年政府推出美食車先導計劃，首次在港推出美食車，我們覺得應該有得做，在通過家庭會議後決定參賽。」不論是08、09年在青衣球場擺天后誕廟會，還是2010年在元朗開店，甚至經營美食車都好，有得餃一直都是家庭作業，現在要兼顧元朗店和美食車，Ben 和太太主力負責美食車，至於外婆、母親、姨母和弟妹則留守元朗店。

Ben 自11歲便隨外婆居住，由於外婆要工作，所以每日放學都要負責煮飯，練得一手好廚藝，他說：「有時在外邊食到道美味餸菜，返到屋企外婆便會研究點煮，由細到大一家人都喜歡研究煮食，有時

你煮一道、有時我煮一道。」

Ben原本任職裝修，因為想創業，自創了兩款秘製醬汁配外婆的拿手餃子。適逢青衣球場屬青衣鄉事委員會所有，因為是私人地方，舉辦廟會出售熟食，毋需向食環處申請牌照，所以Ben便攞幾千蚊在那裏小試牛刀！Ben說：「最初一、兩日餃子無人問津，後來陸續有人客試過，食過翻尋味，人龍便愈來愈長！現在我們每年都回來青衣球場擺天后誕廟會，和熟客一期一會！」

五色餃子。五代同堂

後來入舖，增設麵食和學生餐，儲了一年人客，總算收支平衡。和家人決定參加美食車先導計劃後，Ben用新鮮蔬菜研製了白、黃、綠、紅和紫5色餃皮，來配搭舖頭最好賣的5款餃子餡，舖頭總共有19款餃子餡料。Ben說：「難得我妹妹已經有孫，屋企五代同堂，所以我便創作5色餃子和麵條，寓意五代同堂。白色是原味餃皮配韭菜豬肉餡；黃色餃皮是加了黃薑粉的，配栗米豬肉餡，栗米是婆婆每朝買回來，用人手剝栗米，再加免治豬肉撈成餡；綠色餃皮加了菠菜汁，配冬菇白菜豬肉餡；紅配色餃皮加了番茄汁，配甘筍雲耳豬肉餡；最後是加了紅菜頭汁的紫色餃皮，配香茜木耳豬肉餡；我們想個餃子帶多點嚼勁，所以刻意加厚了餃皮；再造埋5色麵條，現在元朗舖頭後面有個小工場，由我們自己打製5色麵條和包餃子。」

我問Ben，說：「美食車投資了多少錢？」他答：「$120萬。」在2017年農曆年初，有得餃美食車與「菠蘿仔食堂」和「大師兄」率先開業，Ben總結說：「其實第一輪停泊完8個點後，美食車有盈利，不過第二輪承接不到，停泊點的人流愈來愈少，加上天氣酷熱和受颱風影響。」劉婉芬說：「我在

美食車裝組過程。

你們的面書（facebook）見到，初期開檔時你們要貼文向人客道歉，食物售罄要提早收檔！所以最初4個月，我相信你們一度對美食車的前景充滿憧憬！只是後來政府的宣傳冷卻，市民的焦點不再在美食車，貪新鮮的熱潮過去，其實和新開張食肆的情況一樣，要靠出品和服務來贏取口碑，留住人客。」

因為不是廚師出身，主打家庭式味道反而有特色。

眾吐苦水！」他說：「因為無人迫我們做美食車，人客亦不會因為業界投訴無生意而來幫襯！所以我們一路都檢討緊自己的出品，希望先做好自己。」劉婉芬問：「你覺得你可以做些甚麼去吸引人客？」Ben說：「許多欠理想的場地，我們都索性不營業，去到除了蝕油錢，還要蝕人工和食材。」

Ben說：「其實暫時舖頭還可以，只是慢慢感覺要由舖頭補貼美食車，感覺不是太好！」這點我完全明白，所謂" don't put good money into bad money "（別將好錢錯誤投資在壞錢），即使不能夠收支平衡，都不可以影響現金流，飲食業要守得住盤生意，最重要還是有穩健的現金流！劉婉芬說：「剛才我同Ben閒談，業界中其實較少向公

小改善。大幫忙

劉婉芬問：「如果任你周圍去，你如何能夠憑着5色餃子和麵條殺出一條血路？」Ben說：「舖頭經營多年，人客對我們的餃子有一定評價，所以我們對自己的出品有信心，問題是選址，希望政府可以容許我們到人流較佳的位置如商場門口擺賣。」我說：「我在美國俄勒岡州最大的城市波特蘭，三、

有得餃在2017年農曆初七於黃大仙啟業，屬第一批出籠的美食車，先聲奪人。

四十架美食車圍住個露天停車場，其實無論在哪個國家哪個城市，如果美食車單靠做遊客生意，都會很難生存，一定要靠本地人支持才會持久！」劉婉芬附説：「剛才 Ben 提到地點，但作為顧客其實我不一定考慮地點，最重要還是出品吸引！」我説：「其實美食車是否有許多限制如電力供應不足，影響出品質素，以致難吸引顧客？」他説：「雖然我們長期要開着3個爐去焯麵和焯水餃，電力供應較緊張，但品質是沒變的，惟獨是做不到湯麵。」雖然美食車可以用石油氣，但礙於不能過隧道，所以很少有人用。

我問：「舖頭賣甚麼麵？」Ben 答：「有少似上海粗炒的麵質，美食車就賣幼麵配兩款秘製醬汁做撈麵。現在其實毋須自己打麵，有切麵機可以代勞，只要搓起麵糰夠彈性，做出來的麵條便會好食。」美食車難做湯麵，亦因為人客很難拿着一碗熱騰騰的湯麵站着食，所以美食車其實有很多改善的空間，例如可以為人客提供摺檯摺凳和太陽傘，Ben 説：「不過我們有個優勢，因為不是廚師出身，主打家庭式味道反而有特色。」我説：「自從實施最低工資之後，我覺得這是必然的趨勢，因為請不到亦請不起太多人手，夫唱婦隨是必然的事！」Ben 説：「也有好處，便是每日都可以見到屋企人，外婆今年已經89歲但每日都落舖頭，做到晝晏三、四點先回家煮飯給外公食。」

為支持美食車業界，甚至請我的助理替我留意有哪架美食車在立法會附近擺檔，專誠去捧場，我補充説：「因為香港好講羊群效應，市民見到有人排隊便會搶住來幫襯，這亦是業界的致勝秘訣，如何令舖頭座無虛設，就連廁所門口張檯都有人客爭住來搶！」讀者如果想追蹤美食車的去向，Ben 教路可以上網下載「香港美食車」的手機程式，便可以隨時追蹤到16架美食車的去向！

Ben 和三姨拍檔搞美食車，一家人拍擋打天下。

有得餃水餃專門店美食車大事年表

2008	• 廖振豪及母親陳潔玲開始在青衣戲棚每年的《真君誕》和《天后誕》擺設熟食攤檔，出品的手工水餃深受市民歡迎
2011	• 在元朗開有得餃
2015	• 由於店舖反應理想，兩人於元朗開設食物工場，滿足客人需求
2016	• 贏出美食車先導計劃，開始經營有得餃水餃專門店美食車

女兒於青衣戲棚客串幫手包餃子。

香港旅遊發展局主席林建岳到訪美食車了解業界的經營情況。

34

創品牌效應。美食車入舖

菠蘿仔食堂美食車

Carrie Lam

中小微企。闖出名堂

我經常以「菠蘿包冇菠蘿，雞尾包冇雞尾」來戲謔商品説明條例，不過遇上今集嘉賓菠蘿仔食堂的 Carrie Lam 便不成立！因為 Carrie 的菠蘿包真的有菠蘿！我的電台節目拍檔劉婉芬便説：「Carrie 小時候覺得菠蘿包內沒有菠蘿很奇怪！所以長大後要完成心願，做一個真正有菠蘿的菠蘿包！」Carrie 搶閘説：「香港人的終極願望，菠蘿包有菠蘿！」延續我的美食車系列，劉婉芬説：「今集嘉賓給我感覺到有曙光！」我笑説：「Carrie 屬美食車業界中的表表者，是少數賺錢的美食車之一！」劉婉芬説：「經營一盤生意，一定會遇到困難和挑戰，但我在 Carrie 身上感受到一股生命力！」

在經營美食車之前，Carrie 和家人已經從事飲食業，她説：「我們第一間餐廳叫天誠潮菜。我爸爸在未過身之前經營五金廠，他的五金廠就叫做天誠五金廠，天是『上天』、誠是『誠信』，寓意『成事一半在天、一半取決於誠信』，我們用了爸爸的金漆招牌伸延至餐飲生意。除了在油塘的天誠潮菜，還有兩間天誠冰室，一間在彩虹彩德邨、另一間在牛頭角德寶花園，走大眾化路線。」我問：「兩間都有供應菠蘿包？」Carrie 答：「無錯，兩間都自設麵包餅房，每日供應新鮮出爐菠蘿包。」在美食車賺錢的背後，其實有堅實的配套支撐！Carrie 謙虛地説：「其實我們不過是小微企，靠每日勤奮工

菠蘿仔食堂美食車是少數能夠大收旺場的美食車。

作賺取微薄利潤。不過,讓我們興奮的事情快將實現,我們現正在東涌地鐵站做緊裝修,舖位面向昇坪360,啟業後可服務東涌居民和遊客!」

劉婉芬問:「是你們主動接觸港鐵抑或他們來找你?」Carrie答:「由我們主動聯絡,最初港鐵對我們都半信半疑,不過我們很有誠意,未待回覆,已經做了一份計劃書,解釋開舖後可以為區內帶來甚麼幫助!」我説:「所有大業主都必定左揀右揀,又驚小商戶蝕唔起、又怕會欠租!」Carrie説:「港鐵都考慮了好一段時間,但今次他們其實都幫了我們很大忙。雖然有經營食肆,但我們沒有大財

團支持,更沒有專業團隊去處理海量的文件,在如何符合政府法例方面欠缺經驗,我們惟有顯示誠意,每次開會我和弟弟親身出席!」我和應説:「美食車業界大部分來自中小微企,特別是經營美食車經常要『企』很長時間!」一笑!

目標明確。打造品牌 ——————

Carrie説:「在決定參加美食車先導計劃,我已經給家人做足心理準備——品牌對美食車非常重要,無論正面抑或較負面報道都好,都要盡量爭取見報。到現在,我們總共接受了一百八十多個傳媒訪問!一間普通的茶餐廳無可能得到這麼多的傳媒

曝光機會，所以只要美食車不蝕錢，賺夠夥計人工或者賺到多少獎金給大家，能夠透過美食車去建立一個本地品牌，這個機會絕對是無價的！由第一日參賽，我們已經目標清晰！」透過美食車，Carrie和家人打造菠蘿仔食堂這個品牌，並計劃逐步進駐旅遊區，第一站在2017年聖誕於東涌啟業，有別天誠冰室，新店供應以菠蘿為題的美食，例如菠蘿味日本軟雪糕；此外，除了菠蘿包之外，還會有特製的豬仔包，人客可揀選如沙嗲牛肉和菠蘿雞扒等富有香港特色的餡料。

Carrie說：「新店的菠蘿包和豬仔包來自兩間天誠冰室的麵包餅房，在店內再烘熱，所以麵包只會烘至九成熟，待人客落單和揀選餡料後，在新店廚房即點即做。無想過在港鐵站店舖內搞個廚房會如此艱辛，不單只我們，就連港鐵員工都傾巢而出去動腦筋，因為就連港鐵都未試過在店舖出那麼多菜款！」我說：「一定不可以明火，而要用電！」她說：「無錯，還要因應烹調多款食品而設不同爐具！」我再說：「你們不在那裏焗麵包，所以無需烘焙麵包餅食店牌照，但仍要申請雪糕牌照和小食牌照。」Carrie說：「張生，果然很熟悉！東涌住了很多外國人，所以新店會供應菠蘿什果盤和沙律，有時還有菠蘿炒飯等供應，當然少不了美食車的鮮忌廉菠蘿包！我和弟弟都有個想法，雖然東涌多遊客，亦不可以忽略本地居民，特別是區內有許多公屋居民和學生，所以早餐和午餐都供應一款特價食

一家人的奮鬥故事由 1966 年九龍城天誠五金鐵器廠開始。

品，價格比市面便宜，確保豐儉由人！」

睇天入貨。拉上補下

同 Carrie 傾了大半個小時，仍未講到她們的美食車，劉婉芬問：「好多人都話停泊點選址欠佳，那麼你如何去迎戰？」Carrie 答：「要視乎你用甚麼心態去做這盤生意，我們做了好多資料搜集，明白美食車要處理天氣問題，特別是香港可以熱到冇人出街，以2017年最熱幾日為例，我們便滯銷；那陣子又多颱風，最不開心是遇上最好生意的迪士尼！不過，整體來說我們的貨量都預得幾準，如果賣剩，會送給公公婆婆或者露宿者。」我說：「忌廉是高危的食物，必須要小心處理。」Carrie 答：「你放心，我們全架車都放滿雪櫃，甚至連爐具的火力都因此而受限制！」

劉婉芬再問：「去到比較淡靜的停泊點，不少美食車都要變陣，售賣魚蛋小食甚至飯類，或者選擇不開業。你們又有何對策？」Carrie 說：「當好生意的時候，我們會規定出菜不可以長過3分鐘時間，夥計都做到有停手，所以遇上打風落雨或者生意淡薄的日子，便索性放假休息或者攞架車去維修。」劉婉芬問：「去到黃大仙和觀塘，你們會不會放假？」Carrie 答：「不會完全不開，會開半晝或早點放工休息。不過，我也同意黃大仙和觀塘真的很淡，一日都做不夠一千蚊生意，我做生意多年都未遇過如此景況！」

現在政策放寬，Carrie 會在一些活動擺賣，她說：「我和弟弟的人際關係都不錯，試過承接一些公司活動例如團隊建立訓練，或者停泊入公司停車場款待貴賓，又試過到基層學校講創意創業講座。」菠蘿仔食堂屬第一批出爐的美食車，Carrie 說他們很早已經收支平衡。劉婉芬問：「你覺得經營美食車得的多？還是失的多？」Carrie 答：「得多。起碼一家人維繫更緊密，我同細佬妹隔日便見面，反

Carrie（後排右二）與家人合照。

Carrie 和家人經營過多間食肆，包括天誠潮菜。

除天誠潮菜外，Carrie 與家人還經營天誠冰室。

兄弟姊妹渡過了無憂的快樂童年，感情融洽。

位於東涌港鐵站的菠蘿仔食堂實體店。

而以前做茶餐廳，做順了以後大家無需經常見面，現在做美食車有多少風吹草動，翌日便見報，再加做埋港鐵站店舖，大家都嚴陣以待，經常圍埋一齊傾；此外，眼界和見識都有增長，起碼入到港鐵站店舖，以我們的家底來說可算是難比登天的事。」

鮮忌廉菠蘿包。冰火二重奏 ─────

講回她們的鮮忌廉菠蘿包，劉婉芬問：「是否似我們兒時吃過的忌廉包？」Carrie答：「不同。感覺輕盈許多，我們用的是鮮忌廉，每朝新鮮打製，再夾一些新鮮菠蘿粒；菠蘿包也經過特製，面層的菠蘿脆脆經過加厚，吃起來格外脆口，而忌廉入口溶化，口感對比強烈；菠蘿包烘到熱，而忌廉就冰冰涼涼，帶出冰火二重奏的味覺享受！」劉婉芬再問：「菠蘿仔食堂是否主打包類？」Carrie答：「其實視乎天氣，好像今年夏天暑熱難當，我和同事經常做到中曬，端午節我們停泊在中環，翌日，我才發現自己的皮膚滾燙發紅和頭痛，原來自己中暑！那天實在太熱，人客都無胃口食包，只顧着買凍飲和冰菠蘿，我和家人忙着切菠蘿。相反，如果天氣寒冷，很多人客會買我們的熱奶茶。」此外，美食車會每日打製鮮茄汁，供應鮮茄通粉，她說：「除了鮮忌廉菠蘿包，估不到最賣得的竟然是豬扒菠蘿包。」

劉婉芬說：「是否菠蘿包的變奏？」Carrie和應說：「其實都是我們在茶餐廳收工後試驗出來的製成品。我們會預先醃好豬扒，即場煎，有少少汁，

再夾一片新鮮菠蘿和新鮮番茄，好好味！最好笑是在金紫荊會遇到相熟記者，因為他們經常要到那裏採訪，他們見到我們的美食車，如獲至寶說：『整2個豬扒菠蘿包嚟』，因為他們在採訪車上沒有食物！」我問：「是否你們美食車所有出品都有用新鮮菠蘿？」Carrie答：「是。現在已經可以一年四季都買到新鮮菠蘿，不過論品質穩定，仍然以美國和菲賓律取勝；夏天的時候，我們會入一些泰國菠蘿仔，都經常會賣斷市；而沖繩菠蘿就最甜、最靚，不過成本太貴！」

我再問：「美食車有沒有賣菠蘿味日本軟雪糕？」Carrie答：「沒有。」我說：「是否因為牌照所限？」她答：「不是。而是因為我們要賣鮮忌廉蘿包，所以美食車大部分的電力都用在雪櫃之上，以保鮮食材，就連焗爐有時都不夠電，有時人客會反映菠蘿包不夠燙嘴！」

我問：「那麼天誠冰室有甚麼美食好賣？」Carrie說：「我剛剛問過夥計，這兩個月最好賣是奶茶和咖啡紅豆冰。」劉婉芬說：「新口味！」Carrie繼續說：「一間舖日賣200個堂食菠蘿包，我們現在於茶餐廳試推菠蘿漢堡包，大約有6、7款餡料可供選擇，有時會以特價限定推廣比較新穎的口味，來測試市場反應，但神奇地無論我們推出甚麼口味餡料，許多時候都會售罄！」

做好出品。打造品牌 ─────

劉婉芬問：「你覺得怎樣才稱得上一個好的菠蘿

> 品牌對美食車非常重要，無論正面或較負面報道都好，要盡量爭取見報。

菠蘿仔食堂美食車大事年表			
1966	● 天誠五金鐵器廠開業	2017	● 天誠冰室於嘉和園開業
2009	● 天誠潮菜開業	2017	● 菠蘿仔食堂美食車開業
2016	● 天誠冰室於彩德邨開業	2018	● 菠蘿仔食堂於港鐵東涌及沙田店開業

包?」Carrie答:「牛油味要夠香,麵粉要好,我們試了100個配方,試匀世界各地的麵粉和原材料,最後才選用了日本麵粉、法國牛油和荷蘭豬油;還請來酒店的麵包餅廚來提供意見,能夠用的人情牌,都差不多用上了!」其實菠蘿包只要新鮮出爐便好食,行過聞到那股麵包香都流口水!Carrie和應説:「點解無論夾甚麼餡料都售罄,原因很簡單,因為舖頭自設麵包餅房,新鮮出爐的麵包香味,人客離遠都一定聞到!參加美食車先導計劃要構思一款美食,整間茶餐廳最好賣便是菠蘿包,一個才售4蚊,人客來到無需考慮便買!於是啟發我用菠蘿包來打造品牌,出品不可以讓人貪新鮮試完便算,而是要能夠吸引人客回來再幫襯!在有了主打的鮮忌廉菠蘿包之後,我再構思其他變化,因為香港市場跟得很快,要不斷推陳出新!」

劉婉芬問:「在美食車業界中,你是比較進取的一位,你覺得政府有甚麼可以配合美食車的需要?」她答:「試過有人客寫電郵問:『在哪裏可以找到你們的美食車?』但實我們很難提供長遠營業地點,除了因為每兩星期轉換停泊點之外,有時香港舉辦大型活動我們便要配合出車;不過,正因這樣,所以我們決定要有實體店。此外,黃大仙的位置的確差強人意;中環海濱的位置其實不算差,但如果能夠更靠近海濱碼頭,人流會較好;即使海洋公園,如果能夠稍稍移動供電位置,讓美食車泊近港鐵站出口,已經搞掂!」正如迪士尼的停泊點最初都不是現址,經過我提議後,政府才吸納改善!

張宇人説菠蘿仔食堂美食車

有關菠蘿包,十多年前我曾經上過報紙新聞,話説周梁淑儀有次對記者説:「嘩,張宇人認真離譜!我見到他竟然一口可以食3個菠蘿油!」於是,我之後便戒食菠蘿油,不過菠蘿包仍然照食如儀!

招牌美食有菠蘿的忌廉菠蘿包。

35 BEEF & LIBERTY

餐車宣傳。無形效益

Beef & Liberty 美食車

Kenny Lo

藉餐車宣傳。賺蝕屬其次

今集繼續我們的美食車系列，我的電台節目拍檔劉婉芬問：「今集嘉賓的美食車賺不賺錢？如果不賺錢，便沒意思再講下去。」我說：「可幸今集嘉賓並不看重賺蝕。」今集嘉賓是 Beef & Liberty 美食車的助理營運經理 Kenny Lo，老闆是英國人，但來亞洲做生意，他的經營模式和美國的餐車有點相似，本身有實體店再透過餐車來到宣傳推廣。

Beef & Liberty 創立於2012年，除了美食車之外，至今共有3間店，分別在中環蘭桂坊、灣仔太古廣場三座和赤柱廣場，在機場客運大樓的離境大堂即將會有第4間店，Kenny 說：「其實我們有中文店名，叫尚牛會，意思是quality beef，開宗明義主打優質蘇格蘭牛肉；品牌其實在上海創立，但是中文名叫上流社會。」在經營 Beef & Liberty 之前，老闆在香港經營的餐飲業務其實是由Pizza Express開始，但已經放盤。我說：「你的老闆可能感覺美食車可有可無，反正已經有幾間舖。」Kenny 說：「或許說美食車分成兩個階段發展，第一階段集中搞好開業，然後再迎接轉變。現在美食車營業已有一年，總結經驗，我們會重新設計餐牌，加入較多街頭小食如迷你三文治和肉丸等，但要符合品牌形象，確保給人非一般的感覺。」

Beef & Liberty 美食車讓更多香港人認識公司品牌。

我説：「幾個月前其實我幫襯過你架餐車，不過那次食得很論盡，我著住三件頭西裝和白恤衫吃芝士煙肉漢堡，還要醬汁淋漓，有多狼狽可想而知！芝士煙肉漢堡是他們的招牌菜，美食車的定價比餐廳廉宜，只售 $68。」劉婉芬問：「是否和餐廳一樣份量？」Kenny 補充説：「美食車份量比餐廳少三份一。」我説：「我同議員辦事處幾個同事一起去捧場，平均消費每人 $150，以美食車來説算貴，加上漢堡包汁漏漏，令人狼狽。雖然如此，今集節目都會讓他們盡情介紹品牌美食，我在美食車還見到一款豬肉漢堡，請 Kenny 介紹一下。」

名廚出品。珍惜羽毛

Kenny 説：「張生説的是手撕豬肉三文治，用慢燉紐西蘭豬肩，手撕後拌 BBQ 醬和我們的招牌麵包，配脆豬皮和青蘋果菜絲沙律。」我説：「即是無論是三文治和漢堡。」Kenny 説：「可以這樣説，許多人以為凡是兩塊三角形麵包夾入餡料便叫三文治。其實正式來説，只有夾入漢堡扒（paddy）的才叫漢堡包，其餘叫三文治；跟用甚麼麵包和麵包甚麼形狀，並沒有關係。」我問：「還有甚麼好介紹？」他説：「還有小食如辣粟米杯和炸豬皮，兩款均售 $20。原條烤粟米、拆粒後撈青辣椒仔和酸忌廉，甜甜辣辣，作為開胃小食，可以喚醒味蕾。炸

豬皮用來送啤酒一流，雖然美食車沒有酒牌，但美食車所到之處，附近多數有酒吧。」

我問：「還有沒有其他食品選擇？」Kelly答：「除了飲料，暫時是這樣。因為如我所說，第一年營運想首先穩定出品。」我問：「暫時收支是否仍需努力？」他說：「其實收支尚可以平衡，只是美食車折舊就有待下一步。」我問：「老闆有沒有施壓？」他說：「多少一定有，但其實老闆更看重口碑，就如我們在永豐街開第一間店的時

美食車確能夠帶來無形效益，起碼多了人認識，找我們承辦大型活動的餐飲服務。

候，每日只招待40位人客，做夠便停，足足維持了一個月，才逐步延長營業時間。」

我說：「現在營業已滿一年，進入調整期，你們計劃作甚麼轉變？」Kelly說：「總結經驗，發現美食車人客偏嗜份量較少的食物，所以計劃推出一口包，定價三十多元，人客可以試多幾款食物，進食時亦較容易處理。此外，還會推出多款小食，好像肉丸、辣牛肉碎配米通、芝士焗西蘭花等，公司總廚搞盡心思令每樣出

Beef and Liberty 的品牌故事始自上海。

餐廳供應多款素漢堡，包括帶中東風味的 Falafel。

品都變得非一般。」我問：「怕不怕做壞招牌？」劉婉芬補充説：「他們的大廚來自文華酒店，是公司的生招牌，可説不容有失。」Kenny 説：「公司每推出一樣新產品，都必定安排試味最少4至5次，確保不同層面都考慮週到。」

健康美味。兩者兼得

我問：「但美食車一朝早出車後，便不會回去中央工場，出品存放在車上一整天，不單有機會變質，品質都有機會受影響，你們如何實行品質監控？」Kenny 説：「公司設立許多監控流程，例如規定食物存放超過4小時便全部銷毀，確保品質不變，不單只舖頭要遵從這個規定，美食車都一樣，因為從公司管理角度來看，舖頭和美食車並沒有分別。」Beef & Liberty 的大廚來自文華酒店，他們的招牌麵包則採用前四季酒店餅廚自立門戶品牌 Bread Element 的出品，Kenny 説：「麵包按我們的配方，就連大細都度身訂造，當漢堡扒煮至建議的5成熟，麵包不多也不少，剛剛掩蓋整塊漢堡扒。」

Beef & Liberty 的店舖主打3款套餐，售價由$128至$162連一份薯條、番薯條或沙律和一杯飲品。最後我讓 Kenny 介紹一下他們的素菜包，

他説：「有許多素食者都會來我們餐廳，我們不希望只提供利口不利腹的食物，所以單是素漢堡都已經有數款，其中一款有點似中東的豆蓉素菜餅（falafel）配薄荷葉和乳酪醬汁；另外有紅菜頭漢堡。甚至我們最近承辦活動都有提供素食餐單。」素食是近年香港流行的趨勢，有許多人都喜歡吃漢堡，可惜漢堡一般偏向多肉少菜。

劉婉芬説：「美食車能夠達到預期的宣傳效果嗎？」Kenny 説：「都算可以，起碼多了媒體報道。」我説：「如果不是經營美食車，起碼我們都不會邀請他們接受訪問。」劉婉芬説：「所以有此一問，是因為 Beef & Liberty 近年發展不俗，攞的都是靚舖位，所以想知道美食車的反應是否也在他們的計劃之內。」Kenny 説：「賺錢真的不是我們經營美食車的大前提，頭一年目標只要求收支平衡，但其實美食車確能夠帶來無形效益，起碼多了人認識 Beef & Liberty，找我們承辦大型活動的餐飲服務。」

嚴控品質。確保新鮮

劉婉芬説：「你們主力甚麼客路？」Kenny 答：「起初有超過6成外國人客，但第二年外國人客已經下降至4成。現在餐飲業和過去有很大分別，若只

無論是美食車抑或是實體店，Beef & Liberty 透過各類型活動吸引人客。

店鋪環境瀾落，氣氛輕鬆。

要求美味佳餚，其實周圍都有，但如果有心要做好餐飲，便要行多幾步，以我們的主角牛肉為例，為保新鮮，由黃竹坑中央工場送貨到舖頭起計，不超過12小時壽命，如果當天收舖用剩便會棄掉，我們有個系統準確估計每日所需貨量，能夠做到每日差額不超過10件漢堡扒，而且每日會分兩輪做漢堡扒。」

我問：「那麼豬肉又如何？」Kenny答：「半夜開始慢煮，待次晨開舖便用手撕。豬肉因為用慢煮，加上送到舖頭已經煮熟，所以可以保存48小時。每日開舖便拆開一包手撕豬肉放入保溫箱，4小時後如果賣不去便會棄置，不過因為預先估計好當天銷量，所以一般不會相差太遠。」我問：「素菜又如何處理？」Kenny說：「豆蓉素菜餅（falafel）和紅菜頭都會在中央工場預先處理好，然後立即急凍，存放期可以有一個月，每日開舖便取出來解凍。」

劉婉芬問：「是甚麼因素讓你們公司如此看好香港市場？」Kenny說：「香港人很喜歡吃，可能因為我是從外國回來，所以感受特別深。只要食物質素好，香港人很捨得吃，加上在香港的經濟在東南亞來說其實算好，捨得吃的人為數不少，又肯試新嘢，所以在東南亞地區從事餐飲，香港是不錯的選擇。」劉婉芬問：「香港人喜歡一窩蜂試新嘢，不過亦很花心，貪新忘舊，你們如何留住人客？」Kenny說：「這便要靠服務，人客再次光臨你記得他的名字、喜歡吃甚麼和坐餐廳甚麼位置，還要人客上次光臨，我同他傾計，他今次再來到，我能夠同他繼續上次的話題。在外國訓練餐廳員工，會教育他們把自己看作為娛樂家（entertainer），人客來電訂檯甚至會有指定的服務生！」

在我從事餐飲的年代，如果人客來多幾次，沒有可能我們會不知道他喜歡坐哪張檯、開甚麼茶，不幸今時今日香港普遍不重視服務行業，加上員工流失率高，才導致飲食行業服務低落！期望將來有日服務質素能夠重振聲威，成為留住人客的皇牌！

甜品 Oreo Shot 香甜可口。

招牌 el Cabron 牛肉辣椒漢堡。

我和 Kenny 合照。

36

測試水溫。協助就業

擦餐飽美食車

溫麗友、吳穎思

素食餐車。強勢登場

我的電台節目拍檔劉婉芬經常投訴每次訪問美食業界，他們都是一腔苦水，但是今集嘉賓擦餐飽JaJamBo的溫麗友（Deborah）和吳穎思（Melissa）終於讓劉婉芬改觀！擦餐飽美食車屬於後來加入的新進餐車之一，而且她們是暫時唯一一架素食餐車，他們在2017年11月獲邀入場的時候，應該已經聽過不少關於美食車的報道，包括我們邀請業界來電台親身自述，但他們竟然夠膽接火棒，絕對是勇字當頭，我和劉婉芬都說：「一定要問下她們點解咁勇！」

擦餐飽美食車由兩間公司合資經營，一間屬社企、另一間則從事品牌策劃。社企代表Deborah曾任職非牟利組織近30年，組織旗下有經營社企餐廳，退休後她和朋友自組社企，我請Deborah講解下：「點解你們有興趣經營美食車？還要是素食餐車？」Deborah說：「社企其中一位董事本身經營素食，所以我們一直都計劃搞素食餐廳，但礙於未找到合適舖址，所以未有實行；機緣巧合認識到想搞美食車的Melissa邀請我們合作，我們負責營運，她就負責意念，於是一拍即合！」我問：「你們有沒有參加美食車先導計劃比賽？」Deborah說：「有！我們由2016年已經大家頻頻碰面商討，之後做足所有步驟包括參賽，還入選第20名！」

擦餐飽作為最後一架加入的美食車，我不得不佩服Deborah（左二）和Melissa（左一）的勇氣。

我曾經問她們是否買二手餐車？她們在2017年尾入場的時候，市面應該最少有3間二手餐車放讓，但她們卻決定投資買架鈴木新車，其實在我在美國投資美食車的時候，只考慮兩個選擇——一是鈴木、二是平治，最後選用平治，因為煤氣公司可以幫我改裝餐車和安裝爐具，不需要用罐裝石氣都可以有明火煮食！Deborah說：「我選擇用鈴木，因為價錢比較實惠，與及餐車不會過於高身，同揹架貨車差不多，內籠亦夠寬敞，所以最後負責設計的Melissa便選了鈴木。」我卻說：「不過我上次問你，你不是這樣回答，你說：『我預計會失敗，鈴木的餐車較易出讓！』」Deborah笑說：「無錯，

我確實說過！」

前車至鑑。吸取教訓

劉婉芬說：「點解我怕訪問美食車業界，因為無論哪位都只是反覆指出問題，希望政府盡快推出措拖協助，但一個行業如果只靠政府援手，前景可想而知！Melissa從事品牌和市場推廣，理應最貼市，但她竟然跟最不懂得賺錢的社企合作，還要是經營素食餐車！整件事都十分神奇！」Melissa解釋說：「我們希望讓更多人考慮選擇素食為日常飲食的其中一餐，而美食車可以全港九新界周圍去，最快和最易容讓人接觸得到！如果我開一間素食餐

廳，起碼肯定你們不會訪問我們！」我笑説：「等你們經營夠10年或者可以！」

Melissa繼續説：「當美食車的生意穩定下來，我們下一步便會計劃開素食餐廳。」劉婉芬問：「那麼是否美食車是你們的宣傳試點？」Melissa答：「不只為宣傳，我們也希望做生意！」劉婉芬解釋説：「事實上許多美食車最後都發展實體店。」我説：「這是必然發展！如果你參考美國的餐車，有些本身已

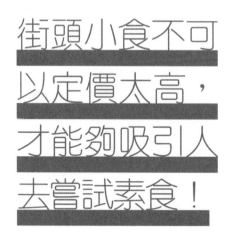

街頭小食不可以定價太高，才能夠吸引人去嘗試素食！

經有實體店，經營餐車目的為到處宣傳，但宣傳不代表就會蝕錢；有些則計劃用餐車打響知名度，在賺到第一桶金後再擴張營業實體店！不過，在香港即使有能力開實體店都要三思，因為租金、人工同食材成本都高！」

劉婉芬問：「之前美食車業界上來分享過他們面對的難處，你們如何突破地點、人流和食物種類等難題？」Deborah説：「我們算是幸運的一批，因應政府和前人的經驗而推出改善措施，容許業界可以選擇不到一些人流不夠的停泊點並且免租，而我們亦都已經吸收經驗，考慮加入一些自選項目，例如最近啟德郵輪碼頭舉辦的國際帆船賽事，在週六、日有好多遊人，而且好肯試我們的素食漢堡。除了我們，場內還有其他餐車，大家都做到生意，證明美食車其實有市場。最難得竟然有捧場客上facebook跟縱我們的動態，掌握我們的行蹤，專程來捧場；甚至遇到有個外國遊客由金紫荊跟着我們到旺角和尖沙咀，他話：『香港好難搵素食，而且我們的出品啱他的口味！』」

加強交流．推廣素食

劉婉芬問：「新措施推出後，是否可以自由決定停泊地點？」Deborah説：「不可能，政府一定不會這樣做！仍然都是8個指定的停泊點，每處的安排不同，我們都未試勻所有地點。好像尖沙咀，許多業界都有微言，但我們2018年1月到藝術坊，之後到梳士巴利道公園近文化中心，其實那裏有許多遊客經過，理應做到生意，問題是要吸引他們注意！」劉婉芬問：「市民似乎對你們的美食車反應不錯，Melissa覺得達不達得到你們的目標？」Melissa答：「經營素食會較難，好需要人客肯試第一次，以尖沙咀為例，那處黃昏後人流稀少，要直至晚上8時幻彩詠香江開始才再有遊客，我們便善用時間加強和人客交流，讓他們了解我們是素食餐車！」

劉婉芬問：「顧客以本地人抑或遊客為主？」Deborah答：「視乎地點，如果尖沙咀便遊客為主，旺角則較多本地人。」我問：「Melissa有沒有收集這些數據去分析市場？」Melissa説：「前車可鑑，所以我們到訪所有餐車和停泊點，吸收他們的經驗，了解美食車的定價和市場定位。」劉婉芬問：「你覺得有甚麼地方可以改善？」Melissa説：「我們只是剛剛起步，還需要學習，不過即使自己去嘉年華都會希望試好多食物，最好細細件、不會太飽肚就最好！或者食物添加一些元素，讓食物更出彩，都有助吸引人客去試！」劉婉芬問：「你們能否收支平衡？」Melissa説：「暫時我們只是經營了一個月，言之尚早。在剛過去的一個月，主

要在指定的停泊點經營，之後會嘗試投放較多時間到大型活動，再作比較。」

我說：「講下你們的餐車出品？JaJamBo其實是否英語？有甚麼解釋？」Melissa說：「JaJamBo其實是葛蘭唱的一首歌名，在非洲的部落語言解作Hello，而英語亦有JamBo這個字，解作珍寶（巨型），我們用來為3款素食漢堡音譯『擦餐飽』！」我笑說：「對無肉不歡的我來講，素食漢堡點可能擦餐飽！」劉婉芬說：「不過近年香港的確多了許多素食選擇，甚至有素食自助餐，如何突圍而出？如果不是因為社企其中一位董事本身

經營素食，你們還會不會考慮在餐車供應素食？」Deborah說：「我們的社企成立目的是增加就業機會，包括有特別需要的年青人的就業機會，而無論經營甚麼類型的餐廳抑或美食車都能夠達到此目標。事實也未曾有殘疾人士受僱於美食車，而我們便剛聘請了2名青年人在擦餐飽分別任職經理和助理！」

創意素食。價廉物美

我問：「介紹下你們美食車的素食？」Melissa說：「我們主打3款饅頭漢堡，和之前在美食車先導計劃參賽時遞交計劃書的主打美食一樣。第一款是『擦

色彩斑爛奪目的擦餐飽主打的卻是素食！

餐包』，以北方地道饅頭配以素叉燒，素叉燒用了麥芽糖代替蜂蜜，並用了羅勒、欖角和醬油提味；其餘2款分別是素菜包和素豬扒包，完美結合南、北風味。」Deborah補充說：「人客購買後，同事會在餐車立即加熱，大約要等3分鐘。」我說：「許多餐車業界都面對出菜太慢的問題，其次餐車食物一定要容易進食，因為餐車冇檯冇凳，所以最好可以一啖放入口，不會有太多汁醬和餡料，弄得滿手皆是或者弄污衣服！」

劉婉芬問：「每個擦餐包有幾大個？」Melissa答：「拳頭大小，每個會配一塊好似炸魚皮般的紫菜脆脆，每份售$28。」Deborah補充說：「我覺得街頭小食不可以定價太高，才能夠吸引人去嘗試素食！」我同意不可以定價太貴，許多餐車都動輒要六、七十蚊一份食物，雖然遊客一般較樂意消費，但定價仍然偏高！劉婉芬再問：「除了包還有甚麼出品？」Melissa說：「還有素串燒，用麵筋來做，入口會較有嚼勁，但有3款味道，分別用了叉燒醬、素沙茶醬和孜然來調味。孜然串燒針對國內人客口味而設，味道似孜然羊肉，好香口！」劉婉芬問：「飲品呢？」她說：「有一款無酒精雞尾飲品紅、白、藍Shirley Temple；由本地社會企業『330』出產的有機豆漿和黑豆漿，連個飲品樽都可以循環再用；與及洛神花茶。」

劉婉芬說：「經營素食感覺會不會較一般美食車困難？」Melissa說：「我們希望鼓勵大眾接受在日常飲食中加入一餐素食為目標，所以顧客對象並不限於素食人士，而為了打破大眾對素食固有的觀感，我們除了在菜式方面加入很多創意元素，在餐車設計方面都特別用了心思，例如用了比較誇張的

吸收前人經驗，擦餐飽特別減少了食物的份量，讓遊人可以多試幾款美食。

色彩和大龍大鳳等圖案,打破素食品牌一般都是用柔和自然的草木圖案。」我説:「我同一家印度人好好朋友,印度人素有茹素的習慣,多年來他們都嘗試游説我:『反正一星期有7日,不如你試試抽出其中一日茹素,不單只有益身體健康,印度神靈也會庇佑你!』但他們都未能成功!」Melissa説:「我們只要求市民嘗試一餐素食,不要求一日!」

最近星期二我嘗試約埋一班議員助理到金紫荊廣場替美食車業界撐場,但礙於金紫荊廣場的人流欠理想,有幾次去到都擺空城計,敗興而回,但我依然會擇日去為Deborah和Melissa打氣,雖然懷疑我食完一整份擦餐包加飲品,都未必能夠「擦餐飽」!一笑!

小食素孜然羊肉串,香口得來食完不會有罪惡感。

以北方饅頭夾入素叉燒的招牌美食「擦餐包」。

○ ● ○

張宇人説擦餐飽

認識擦餐飽美食車負責人,是跟他們與政府部門開會的時候。不得不讚他們夠勇敢,在明知美食餐車面對重重困難的時候,仍然堅持成為最後一架入場的美食餐車,在此祝福他們旗開得勝!闖出藍天!

食品供應

37

開放米業。百家爭鳴

鉅發源
陳建年

經歷戰亂。穩定米價

說起早餐，我剛於早前到過大阪，當地的早餐有飯有粥，而我的電台節目拍檔劉婉芬是潮州人，自少家中便常備一鍋粥，粥比飯更為重要。今集嘉賓是經營米業的鉅發源第三代陳建年（Kenneth），他是香港食品委員會主席，會員涵括柴米油鹽醬醋茶甚至罐頭和肉類商販。Kenneth祖籍潮州澄海，劉婉芬問我：「潮州人是否佔香港米業很重要地位？」我說：「我只知道在泰國經營米業的，差不多必然是潮州人！去到泰國當然不能講普通話或者廣東話，但未必需要識講泰文，只要懂得說潮州話，即萬事可通！」

鉅發源的故事要由Kenneth阿爺陳漢華先生講起。陳漢華先生早年喪父，同鄉多遠赴泰國謀生，但水路遙遠，每次回鄉需相隔數載，在親情難捨下，遂於16歲那年赴港謀生，Kenneth說：「當時南北行是香港華洋雜貨的集散地，阿爺就在其中一間經營糧油食品進出口的公司打工，後來阿爺創業並經歷戰亂，公司經歷大起大跌，再傳到阿爸和阿叔手上。」我問：「鉅發源在哪年成立？」Kenneth說：「鉅發源在1936年成立，阿爺很早便創業，父親尚就讀中學已經要到公司幫手。」Kenneth的父親陳維信先生排行第二，家中共有12位兄弟姊妹；當年流行家庭企業，仔女年紀小小

鉅發源的始創人陳漢華先生。

已經到舖頭幫頭幫尾，所以到第二、第三代接手的時候，很快便能夠上手。

鉅發源成立於上世紀初，當時食米是市民的主要糧食，1919年香港曾經因為國際食米供應短缺而出現搶米風潮，以致後來政府實施管制米業，如統一食米價格、向私人米商徵收存米甚至限制食米出品轉售等，目的是為要穩定食米價格與及確保在非常時期，香港仍有充足的食米供應，達到安定民心的作用。其後香港經歷戰亂和大批難民湧港，人口急劇膨漲，對食米的需求增加，儲糧制度一直發揮穩定社會的重要作用，終於在1955年實施登記入口商制度並要求入口商需要有一定數量的存米，我問：「好多讀者可能都不知道香港入口食米曾經受管制和有儲糧制度，可否向讀者解釋制度的前因後果？」

登記入口商。按配額存米

Kenneth解釋說：「戰後雖然有私人入口米商，但由政府負起入口食米的主導角色，當時香港每季輸入9萬公噸食米（全年入口36萬公噸食米），由於政府外行人領導內行人，難以掌握市民對食米的喜好，導致大量政府米積壓，做成政府沉重的經濟負擔。於是，1955年政府經過篩選後，選出29間登

記入口米商*，並在每季開始前公布每間公司的入口食米數量，公司要在季度完結前完成入口，並按入口量儲存相應數量的儲糧米。」鉅發源在政府實施登記制度前已經是私人入口米商之一，順理成章地獲選為其中一家登記入口米商，Kenneth 的阿爺當時更是香港進出口米商聯合會主席。

Kenneth 補充說：「在制度實施後，政府將登記入口米商的每季儲糧配額為入口量的50%，並需要存放在獲海關認可的倉庫內，費用由登記入口米商負擔。」我說：「當然米商入口新米可以替換舊的儲糧米，再存入新米，不過那29個登記入口米商始終要壓住幾萬公噸儲糧米。」儲糧制度其實是政府的上方寶劍，在67年暴動和03年 SARS，政府曾經公開表示香港有足夠的儲糧來到穩定民心！」

社會富裕。減少存米 ————————
劉婉芬問：「現在香港還有沒有儲糧米？」
Kenneth 說：「有！雖然政府在2003年取消登記入口商制度，改行食米自由進出口法，但正正在03年發生謠傳封港事件，當時曾經有市民在網上聽到謠言後到超市搶購食米和廁紙。」我問：「但開放食米入口後，任何商人都可以輸入食米，如何維持儲糧數量達45,000公噸？」Kenneth 解釋說：「雖

然食米入口在03年才開放，但政府由1998年開始逐步開放寬食米入口管制，同時將全港的儲糧米逐步減低，直到2003年全面開放制度，入口米商現時大約需要儲存入口米量的17%，全港儲糧米進一步下降至大約13,500公噸，相等於市民大約15天的食用量。」

劉婉芬概嘆說：「與1955年相比，現時的香港人口增加了不知幾倍，但儲糧米的數量卻大大縮減！」55年香港大約有200多萬人口，現時香港有超過700萬人口，如果按比例計算香港應有更多儲糧米！Kenneth 說：「根據政府數字，1965年香港每人每年平均消耗100公斤食米，但現時每人每年平均只是消耗43公斤食米，但需謹記1965年香港只有300萬人口，現時卻有超過700萬人口！」我說：「即是人口多了一倍，但食用量亦少了一半！但按比例計算，仍然要有45,000公噸儲糧米才合理！」Kenneth 說：「主要考慮到近年運輸便利，與及有祖國在背後支持，所以政府覺得有15天食用量的儲糧米應該足夠。」

雖然食米的全年總入口量維持在大約32萬公噸，但入口米商的數目卻急劇增加，在政府開放食米入口前，入口米商的數目已經增加至50間，開放後現時更有超過200間入口米商，雖然每季有進口米的米商只佔大約六成，但可想而知競爭愈趨劇烈！我

儲糧制度其實是政府的上方寶劍。

---

*註：香港重光後，所有白米均由政府自行入口，交給總代理配給一百一十多家米站，再售予市民。1950年韓戰爆發，港府為怕米源斷絕，大量進口食米，後來國際米價持續下調，至1953年，米價加上存倉費用、利息支出及行政開支等成本，竟然比售價還要高，導致政府每年虧損過千萬，決心退出食米市場，政府乃致信給資深業界陳漢華先生尋求協助，結果政府存米由各進口米商共同承購，進口米商共損失近500萬元。

昔日每當有貨船到港，米行便要「開盤」。

陳維信在戰後協助陳漢年開拓泰國米入口業務。

米業以前收取現金，所以米行都裝上鐵閘保安。

問:「我要問你一個商業秘密,其實你公司現在有沒有減少進口食米?」Kenneth 説:「在取消登記入口商制度之前,50間登記入口米商有不同的入口配額,鉅發源是最大的兩間之一,但政府開放食米入口管制之後,市場反而不及以前公開透明,所以我無從知道行家入口多少。」我反駁説:「我是問你!」Kenneth 坦白地説:「我們保持到。」

泰國香米。港人所愛

雖然米業競爭激烈,但鉅發源始終專注米業,米業昔日實行「三級制」,意思即是入口商只能夠售予批發商,而批發商只能夠售予零售商,但「三級制」已瓦解,Kenneth 在93年回巢前,鉅發源已經有直接售賣食米給超市,現時鉅發源雖然仍然集中入口業務,但也有批發食米給超市和網購商,甚至是食肆。劉婉芬問:「現在既然少了儲糧米,那麼還有沒有新米和舊米之分?」Kenneth 説:「有。或者我解釋一下,以泰國茉莉香米為例,每年只出產一造,該年出產的即是新米,而上一個年度出產的便屬舊米。」

劉婉芬追問:「那麼新米還是舊米較好吃?」Kenneth 説:「各花入各眼,舊米因為收乾水份,煮起會較硬身,而新米剛剛從田裏收割而來,所以煮起較富飯香,特別是泰國茉莉香米(Thai Hom Mali Rice);但如果到米舖糴米,買到的多數都是新米!」我反駁説:「因為新米較重秤!」Kenneth 笑説:「張議員果然是業界代表!食肆多數喜歡舊米,因為煮起較見飯,新米的含水量較高,煮起不見飯!」我問:「你們入口新米還是舊米?還是視乎拆家(即批發商)的需要而定?」Kenneth 説:「不同的銷售對象有不同需要,所以我們從泰國入口的,既有新米也有舊米。」我再問:「甚至可能你公司在泰國自設倉庫,購入當造出產新米後,由新米儲存至成為舊米,才出口到香港!」Kenneth 説:「沒有這般厲害!我們可以向泰國的食米出口商直接訂購新米和舊米。」

我問:「其實不單只泰國產米,越南、中國、日本和台灣都有產米,不同產地的食米有甚麼分別?」Kenneth 説:「泰國米仍然佔主要,特別是茉莉香米。香港人所以鍾情泰國茉莉香米,因為煮熟後,即使在雪櫃放隔夜,再翻熱都不會變硬,這是其不

早期金鳳米的廣告。

面對健康潮流,金鳳與時並進推出發芽米、紅米、糙米和黑米。

Kenneth 代表鉅發源從泰國商務專員手上接受獎項嘉許。

亂世浮生。堅毅不屈

據陳漢華先生的自傳所述,他來港後得伯父舉薦到南北行任職小工,但經常受同事奚落,數月後適逢祖父離世,回鄉奔喪,向母親表示計劃留鄉發展,母親憂慮兒子前途,苦諫「吃得苦中苦,方為人上人」,陳遂回港苦幹,意志堅奮,與同事相處亦能忍辱負重,以古籍內豪傑為鑑,豪傑多胸懷大志,不受眼前所困。

陳漢華工餘勤加練習落單出貨,熟知行情和識辨貨物,工作時格外用心,並善用智慧,在付貨時載船度尺,往往別出心裁,漸得東主器重,年僅25歲已獲大行重金禮聘為經理,並獲邀入股,陳亦不負所托,先後在泰國、新加坡和廣州開設分號,可惜在東主過世後,其子孫揮霍無道,致公司虧損。

離職後,陳漢華自創鉅發源,起初為緬甸仰光客戶代辦雜貨,後來仰光米商得知陳自立門戶,游說陳入口仰光白米,陳未敢輕率答允。經再三游說後終被打動,未幾遇上蘆溝橋事變,東北各省需求食米甚殷,為鉅發源經營米業正式展開序幕。

抗戰時期,為維持生計,鉅發源仍持續業務,並於湛江、廣州和澳門設分號,承辦各地糧食來港,而陳與家人則遷居澳門暫避。及至抗戰勝利舉家返港,時貨幣混亂,變幻莫測,陳漢華堅持所有交收以港幣結算,避過巨大損失。惟各地交通多未恢復,無業可營,經多次到訪菲律賓,代客辦運貨物,初期利潤理想,但後來競爭激烈以至利潤微薄。

1951年,陳漢華遂率領長男維德和四男維錦赴泰國考察,抵埗後,發現當地米商專注外國貿易,忽略了香港市場,陳認為此乃千載難逢之機會,遂囑咐次男維信結束菲律賓業務,全力拓展泰國米入口業務。

Kenneth 不單只子承父業，還承繼祖父和父親（左）對米業的承擔和使命，服務業界。

出席食品節與陳建年合照。

同國家購買不同品質的米！」Kenneth補充説：「現時從國內入口的，主要都是來自東北三省的珍珠米；台灣的蓬萊米，其實都是珍珠米的一種；再加上日本的珍珠米。香港入口的珍珠米主要供應日本食肆。至於泰國、越南和柬埔寨，除出產香米外，還出產白米，但一直以泰國香米較適合香港人的胃口！」

健康潮流。大勢所趨

劉婉芬問：「Kenneth剛才説香港人減少食米，就算自己屋企買一包米，許多時候都會食到生穀牛。有沒有方法可以教教讀者怎樣解決？」Kenneth説：「你可以將米放入雪櫃。」劉婉芬笑説：「豈不是可以將新米變成舊米！」香港人雖然減少食米，但凡事講求健康，即使食米都不例外，面對市場轉變，米商都要趕上健康潮流，鉅發源不單只有入口紅米、糙米和黑米，早在十年前更已經開始入口有機米，近年又推出發芽米（Germinated Rice）！

我問：「有機米來自甚麼國家？」Kenneth説：「都是泰國，並附有當地出的有機證書。」劉婉芬問：「甚麼是發芽米？」他解釋説：「即是經過發芽過程來到特別處理的米。水稻種子在發芽的時候，營養精華會集中在米粒尖端的胚胎。」劉婉芬問：「外觀上和普通米粒有沒有分別？」Kenneth答：「如果細心觀察，可以發現發芽米的外型和普通米粒有少許分別；味道亦更好。」我問：「我老婆煮紅米、糙米，會溝白米來吃，是否正確？」Kenneth説：「其實每種米有不同的營養成分，甚至我們亦推出在泰國預先混合和原身包裝的三色米在超市發售。」順帶一提，鉅發源是泰國金鳳的兩個香港代理商之一，剛才講過的有機和發芽香米、紅米、糙米和三色米均屬金鳳出品；最後Kenneth給讀者一個貼士，紅米和糙米因為含米油，如果處理得不好，會容易變質，開封後宜放在密封容器或放雪櫃保存。

○○●○

張宇人説陳建年

鉅發源在香港進口米業界一直擔當重要的角色，Kenneth的祖父陳漢華先生、父親陳維信先生及Kenneth均曾任及現任米商會主席。三人在本港進口米業建樹良多，由其是在穩定香港食米的供應及價格方面，不斷地與業界、政府及不同大米來源地國家保持緊密的聯繫，確保香港有充足食米供應。三人也不約而同地曾獲泰國政府嘉許，陳維信先生更曾獲香港政府授勳，以表揚歷年來所作出之貢獻。

38

將心比己。奠定地位

滙源茶行
譚松發

茶葉特性。生活相關

節目一開始，我分享了一個小小的不幸，就是近年因為說話太多，聲帶勞損，加上鼻敏感和胃酸倒流影響，耳鼻喉專科醫生下令我要戒煙、酒、咖啡、茶和辣，唯一可以飲的是靚普洱。今集嘉賓滙源茶行董事經理譚松發（Jimmy），亦是港九茶葉行商會的理事長。我請教他潮州功夫茶究竟因何而聞名？Jimmy回答說：「潮州功夫茶其實是一種沖茶的方法，所用的茶葉是烏龍茶，烏龍茶可分4類，潮州人沖茶比較講究，沖泡時會因應配合茶葉的特質，潮州功夫茶因而聞名。」劉婉芬說：「因為生長在潮州家庭的關係，自幼已經飲潮州茶，但一直無留意飲用的是烏龍茶，只知道用個小茶壺和功夫茶杯沖泡，味道甘甘苦苦。」

Jimmy和應說：「無錯，甘甘苦苦是潮州功夫茶的特色。潮州人在山上下田，不方便經常飲水，因為飲水愈多，排汗便愈多，身體流失鹽分，反而會更疲倦；於是便攜帶茶壺和茶葉上山，隨手斬柴燒水，功夫茶味道甘甘苦苦，生津止渴，有助減少飲水。」我說：「只知道功夫茶消滯！其實我最怕去潮州菜館，剛坐低便沖杯功夫茶奉客，已經肚餓還消滯，豈不是餓過饑進食過量，食完又再沖杯功夫茶消滯！我再問：「烏龍茶是否產自福建？」Jimmy答：「不能夠這樣說。潮州位於粵東和閩南交界，

譚松發在 2006 年一手籌劃昂坪榮華茶館並親手教授 5 個茶藝師。

山區多出產烏龍茶；其次還有武夷山的水仙。」我說：「台灣都有產烏龍，對嗎？」劉婉芬說：「凍頂烏龍。」Jimmy 說：「簡單來說，雖然台灣也有產茶，但品種和產量不多；台灣出產的其實主要是『包種茶』，商人用布包住茶樹的種子回台灣栽種，然後用烏龍茶的製造方法處理，但味道會有分別。」

青年入行。請教前輩

眼前的 Jimmy 儼然是位品茶專家，但他對茶的認識其實是由接手茶葉生意開始，滙源茶行始創於30年代，由 Jimmy 太太的祖父黃耀堂先生所創立，他由廣東鶴山來港後，於洋行任職買辦，因為洋人不認識中國茶，所以便委托他拓展茶葉生意，他於是成立滙源茶行，從國內入口茶葉再轉售給洋行。Jimmy 從外父手上接手茶葉生意，他說：「之前我從事零售業，專責為連鎖超市籌辦新店，70年代尾先到經營茶葉批發的分公司——昌興茶行工作，1982年轉至滙源茶行任職。我最初入到茶行就好似一張白紙，全靠去到哪裏學到哪裏。」

接手茶葉生意的時候，Jimmy 只有廿多歲，茶行屬古老行業，他對茶的認識不深，難免會被輕看，惟有不恥下問，三顧草廬，逐一拜訪外父的舊顧客

和生意夥伴，憑誠意打動對方，才建立今日的行業地位。難得遇上品茶專家，我當然乘機求枝好籤，「酒樓佬」去到外邊的茶樓多數飲壽眉，而不會飲普洱，尤其在這十幾年，只要想到茶樓收幾錢一位茶錢，便明白茶樓好難有靚普洱給茶客享用，我請教Jimmy：「點解『酒樓佬』喜歡飲壽眉？」他答：「行內叫壽眉『老人茶』，首先它屬於白茶，屬微發酵茶，不像綠茶般寒涼，其次壽眉可以清痰。」

劉婉芬説：「有人説酒樓佬飲壽眉，因為壽眉的變化不大，即使價錢大眾化的壽眉，品質都不會太差。對嗎？」Jimmy答道：「傳統白茶有多少藥用價值，甚至有些減肥茶都會用白茶來到索藥。」講完壽眉再講普洱，我身邊的朋友晚上吃飯便泡一杯靚普洱，覺得有益身體健康，我請教Jimmy：「靚普洱其實是否可作食療？」他説：「普洱屬黑茶，屬全發酵茶，不似綠茶般寒涼，而且普洱屬鹼

性，食物多屬酸性，兩者中和得恰到好處，還具抗氧化作用，有益腸道健康。」我和應説：「太太在這方面感受得最深，她沒有飲靚普洱的習慣，開始飲用不久即感覺腸道暢通。」

天價普洱。愈陳愈香

Jimmy説：「普洱可以説是由香港人『發明』的。普洱茶其實泛指在雲南普洱縣周邊茶園出產的茶

2006 年於昂坪開幕的榮華茶館。

Jimmy（左二）攝於 2011 年香港國際茶展。

葉，但在茶園出售的時候其實只是屬於生茶，如果要真正稱得上普洱，要儲存在倉內自然發酵，但過程很慢，需要10至20年時間。話說當年一位香港茶商的茶倉遇大雨漏水，倉裏的茶葉都發酵了，夥計取茶時發現大驚，茶商無奈取茶葉沖泡試味，發現竟然茶味醇香更勝從前。後來有茶商研究到如何科學化處理『灑水』工序加快茶葉發酵，這便是我說普洱茶由香港人『發明』的意思。」

辨認陳年普洱的其中一個方法，可從包裝紙入手，例如「紅印」和「藍印」，Jimmy 解釋說：「每生產一批普洱都會有不同包裝，招紙上的印模採用全人手印製，成為分辨生產年代的標記，例如『紅印』產於50年代，近年每餅售價已升至70至100萬。」我有幸品嘗過「紅印」，當時老友們自備鐵壺，還講究要用甚麼水來沖。我問：「『紅印』價格飆升，是否與年份久遠有關？是

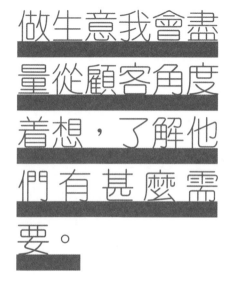

做生意我會盡量從顧客角度着想，了解他們有甚麼需要。

否年份越陳，食療功效便越佳？」Jimmy 說：「與供求有關，始終飲茶的速度快過生產發酵。至於值不值，就見人見智，有人話茶味『吭』，亦有人話『陳』，原來『陳』味變化好快，今日同明日飲同一餅茶，味道都不同。」

劉婉芬問：「可不可以形容是甚麼味道？」Jimmy 說：「茶味和茶色不能以筆墨形容，需要感受。當然即使是我都不捨得經常飲用！」我說：「我的感覺，一口茶由口腔到喉嚨，最後入胃的感覺都不同。」劉婉芬問：「70至100萬是否已經最貴？」我答：「不是，有朋友請我飲過百幾萬一

餅的普洱，朋友話現在售價已經升至400多萬。」Jimmy 說：「那是1900至1930年代製造的，當然都要講究出產年份，張生飲過的應該是『宋聘』，但無論產自那個茶莊，過百年的普洱已經非常罕有！」

引入綠茶。首創包銷

我問：「出產茶商是否代表產自某個茶園所種植的茶葉，抑或茶商周圍去搜購茶葉回來加工？」

Jimmy 解釋說：「張生，你說得對。部分茶商會到產茶的地區自己搜購茶葉加工，再壓成茶餅出售，例如香港的茶商會到雲南，每次都住上一、兩個月，白茶如壽眉便是香港茶商買回來後發揚光大的，全中國只有香港人飲白茶，就連白茶原產地都沒有人飲白茶！」劉婉芬問：「可不可以教我品茶？」我說：「同飲餐酒一樣，要飲得多，還要記性好，記低那種提子和生產年份，累積下來，自然便懂！」Jimmy 說：「無錯，多些比較，再找出相關特性。例如龍井，其實是一種產茶的方法，用扁炒炒青的方法，但要試過杭州獅峰龍井，才知道甚麼是頂級龍井。」

劉婉芬說：「我有朋友購入一個茶園，出產龍井，每年都贈我一瓶，還叮囑我要盡快品嘗。」我說：「雨前龍井，四月雨季前出產。」Jimmy 說：「以前沒有『雨前龍井』這個名稱，只有『明前龍井』，指清明前出產的龍井，明前龍井是貢品，不作外銷，是我在1988年到杭州公幹，在西湖日月樓食飯，認識了鄰桌的莊晚芳教授，莊教授是國內最

著名的品茶家和學者，他說：『你喜歡茶，我給兩箱龍井你回香港出售！』回到香港才知道是明前龍井，但原來都有高低之分，於是我便改名——『明前』（甲級）和『雨前』（乙級）龍井。」

在「明前」和「雨前」之下，還有極品、特級和1至6級，高檔酒樓飲用的大約是2至3級龍井，一般酒樓用4至5級，我問：「龍井是否要盡早飲用？」他說：「無錯。龍井富豆香，香味來自油分，但會揮發，所以存放太久，鮮香味便會消失，茶葉顏色也會由嫩綠變暗黑色，存放得30年便可以入藥。」我問：「龍井如何分級？」他說：「根據出產時間，三月尾至四月頭屬明前，摘完再長出來的便是極品和特級。」

要引入新品種茶葉，加上明前龍井不宜久存，批發商要盡量在一年內出貨，為了給批發商信心，Jimmy首創「包銷制度」，他說：「在新一個龍井產期開始前4個月，我會致電買入明前龍井的批發商，了解他們的銷售情況如何，如果有需要會透過我的人脈助他出貨。做生意我會盡量從顧客角度着想，了解他們有甚麼需要。」除了明前龍井，Jimmy還將碧螺春和較少人認識的黃茶君山銀針引入來香港。由一張白紙苦學成品茶專家，Jimmy絕不吝嗇分享對茶的見解，好像屬白茶的白毫銀針茶味陰柔但略嫌過淡，Jimmy建議加一重曬青的工序來凸顯茶味！

最後劉婉芬問：「可否介紹一些入門的茶葉給讀者？」Jimmy說：「茶葉分黑茶、紅茶、黃茶、白茶、綠茶和青茶，至於喜歡哪種其實因人而異，不過，一般來說男士較多屬燥底可以試綠茶，女士則屬寒底宜飲紅茶開始；還有些人的脾胃較敏感，也適宜飲紅茶。」

於昂坪榮華茶館內舉辦的茶藝班。

茶行到現時仍維持用石模來壓茶餅，確保茶餅鬆緊有致。

香港其實在不少地方都留下昔日種植茶樹的蹤跡。

1989 年到雲南技術交流，參觀灑水發酵茶葉的技術。

2012 年到雲南德宏州芒市參觀具 1800 年歷史的古茶樹。

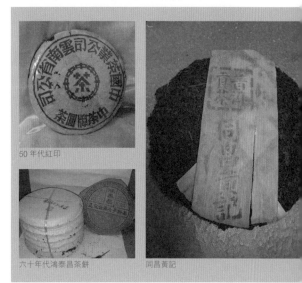

50 年代紅印

六十年代鴻泰昌茶餅

同昌黃記

39 EDO Pack®

心靈食糧。自建品牌

僑豐行

黃偉鴻

汲取教訓。自建品牌

早在十幾廿年前，我的電台節目拍檔劉婉芬好喜歡食一個牌子的餅乾，那時她很好奇餅乾為何會加鈣？今集我給她機會親口問品牌創辦人——僑豐行的黃偉鴻博士（Ellis）。我問Ellis：「其實EDO（江戶）是否你公司的英文名？」他答：「其實EDO Pack主要是我公司出產的餅乾品牌。」僑豐行是Ellis的家族生意，在他未回巢前，僑豐行已從事日韓食品入口貿易逾40年，七成貨物來自日本，例如香港人熟悉的日本紫菜、牛奶妹和樂天食品等，其餘三成來自韓國。

Ellis在1989年回巢，他説：「從事食品入口貿易需要面對產品種類、銷售地區和合約年期等限制，一旦失去代理權，便會失去過去辛苦建立的市場，如果生產自己品牌，無論自主權和生意保障都較高。」他經歷多次代理權被奪的慘痛經驗，涉及產品既有糖果，更有大型日本食品品牌和東南亞品牌！他説：「因為已經攞不到那些品牌食品，所以顧客亦會因此而流入新代理商的手上，但另闢蹊徑補回損失的生意額需要時間，絕非一時三刻能夠做到！」

我問：「日本人不是很講信用的嗎？」他説：「在我的經驗來説，日本人已經是最講信用的了！若非如

訪問當天 Ellis 帶來他的自創品牌出品送給我和劉婉芬。

此，相信我會更慘！」迫上梁山下，遂萌生自設品牌的意念，機緣巧合，一間具信譽的日本紫菜生產商尋找合作夥伴，遂開闢了一條出路。回答劉婉芬的問題「點解餅乾會加鈣？」Ellis 指當時市場欠缺一些加入營養成分如 DHA 和鈣的零食，並且沒有紙盒裝的餅乾，於是他便看準市場推出韓國生產的 EDO Pack 加鈣餅乾，並且得到成功！

定位清晰。緊貼市場 ——————

由他創立的食品品牌，用他的說話來形容——大部分均屬零食，與溫飽無關，而是精神食糧，與情緒有較大關係，簡單講，食零食無非因為開心！Ellis 説：「巨浪大切是我用了8個月時間親自構思的品牌，由品牌名字到商標字體都出自我的手筆！因為公司做了多年日本貿易，在同日本人打交道的過程中，讓我學習到好多日本文化，巨浪大切可説集結了我多年的經驗心得。」劉婉芬可能聽我講酒樓營業部要寫得一手好字，先入為主以為我也是書法高手，不過好抱歉，雖然我由細到大都被罰抄，但始終練不出一手好字！Ellis 説：「其實我相信張生都得，因為在寫『巨浪大切』四個字的時候，每個字我都最少寫了一千次！」

其實要搵人寫好容易，電腦更有成千上萬款字體

以供選擇，Ellis卻親自揮毫，必有原因，他解釋說：「如果聘請設計師，可能他設計的商標好靚，但就未必了解品牌背後的經營意念和定位。至於另創『巨浪大切』這個品牌，因為EDO Pack加鈣餅乾的形象太深入人心，如果推出薯片，就等如李施德林出可樂，令消費者混淆。」巨浪大切採用日本配方，在東南亞生產，不過清晰的市場定位只是建立品牌的第一步，能否保持品牌優勢才是決勝關鍵，所以緊貼市場，不時推出迎合潮流的新產品十分重要。好像早前韓國刮起蜂蜜牛油薯片熱潮，巨浪大切便乘時推出蜂蜜牛油口味的零食，如雜果仁、腰果、杏仁及爆谷等產品。

Ellis又説：「零食屬快速消費品（Fast Moving Consumer Goods），特點是以顧客為主導，貨品的週轉期短、流量大，而且對價格的敏感度高，很難長時間維持高銷量，故必須時刻了解消費者的喜好。」除了市場觸角，價格也要靈活，堅持薄利多銷。過往他便試過受競爭對手推出廉價紫菜衝擊，令旗下產品銷量下跌，汲取教訓，面對競爭，產品定價要保持約35%折讓的法則，所考驗的是成本控制的功力。

拓展零售．開少開大

Ellis近年又拓展零售業務，現時集團旗下大約有40間アメ横丁，他説：「許多人都不識讀前面兩個字，其實應該讀『阿美橫丁』，我刻意改這個名，顧客不識讀反而會想多些！」劉婉芬問：「在日本是否有這條街？」他説：「個『町』字不同寫法，但真是有這條街！我去到日本好喜歡逛這條街，因為氣氛熱鬧，在街口已經有人講日文招呼你，同埋好多零食賣！」香港人其實好鍾意食零食，周街都是賣零食的舖頭，劉婉芬話她有次入到一間化妝品店，竟然都有零食賣！

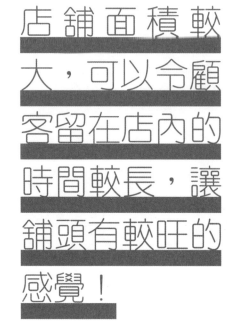

店舖面積較大，可以令顧客留在店內的時間較長，讓舖頭有較旺的感覺！

面對激烈競爭和分散風險，避免受到311日本海嘯等事件的影響，Ellis近年極力拓展貨源，已由集中日、韓兩國，增加至東南亞，甚至遠及歐洲，但定位仍舊清晰，好像競爭對手會有食米、東莞米粉和花生油等，但顧客可以在アメ横丁找到橄欖油，卻絕對不會有花生油！受市道衝擊，零售業務的發展步伐放緩，他説：「總結經驗，我發覺多開細舖，倒不如開大舖！」我説：「細舖有細舖的好處，無需壓太多貨，但開大舖，可以聘請少些人手，不過貨物卻要擺放多些！」他説：「無錯。不過，店舖面積較大，可以令顧客的滯店時間（留在店內的時間）較長，讓顧客感覺舖頭較旺！」劉婉芬説：「這個很重要，好奇怪我自己都喜歡到一些較旺的店舖，難怪有舖頭甚至會聘請臨記到舖頭暖場！」Ellis解釋説：「這就是羊群心理！」

成功開拓自家品牌，突破食品代理的困阻。

Ellis 引以為傲的自創品牌巨浪大切，由品牌名字至包裝均親力親為。

時刻裝備。抓緊機遇

Ellis 的父親最初在北角經營士多，後來從事食品批發，再發展成為食品代理。80年代，Ellis 在加拿大大學畢業後，回到父親所創立的僑豐行工作。他說：「我是大仔，當時細佬妹全部在外國升學，如果我不回公司接手，爸爸所建立的心血便可能要賣盤！」

Ellis 初初回巢，僑豐行代理的食品品牌尚少，九成九都是日本食品。他每朝6點幾起床出門口返工，朝早幫手拆貨櫃，下午便跟單送貨，後期則負責行街見客，一直維持了幾年時間。後來Ellis 開始接觸供應商，引入更多食品品牌，好像「不二家」和曾經流行一時的「Super Lemon 超酸糖」；他說：「最高峰期，一間崇光百貨，可以銷一貨櫃的 Super Lemon 超酸糖！」

在未興起韓流之前，Ellis 和老同事已經開始增加代理新的韓國食品，他說：「日本人較講信用，韓國人做生意就較進取，如果有人加入競爭，條件只要比你優勝，韓國供應商便可能隨時轉軚！」年輕時見證爸爸被搶走代理權，心心不忿，回巢後自己亦經歷滑鐵盧，Ellis 於是開始構思推出自家品牌。其實早在父親年代已經與日本紫菜廠合作生產包裝紫菜，Ellis 說：「那時尚未有時興隆和四洲紫菜！」可惜經過剎那光輝後，最終被其他地方生產的廉價紫菜搶走市場！Ellis 汲取經驗的教訓，知道要自創品牌必須做好市場規劃！

Ellis 說：「有個移居台灣的韓國人，替一間台灣廠商生產一隻餅乾，這隻餅乾在韓國銷售已有多年，那時就只有日本才流行獨立包裝的盒裝餅乾。96年一次機會，這位韓國廠商推介我們試下賣這隻餅乾，豈料銷情不俗，還愈賣愈多；結果被台灣廠商發覺，要我們立即停止銷售他們的品牌。當時同事都驚惶失措，因為公司失去了一隻皇牌商品，卻因而迫我們用了其中一間公司（江戶）的名，作為自家品牌，Edo Pack 就此誕生！」Ellis 說機會是留給有準備的人，「有些人即使遇到機會，捉到鹿都唔識脫角！」

Ellis 善用創意營銷,得獎實至名歸。

接手僑豐行後,Ellis 帶領公司獲獎無數。

僑豐行大事年表

1965	• 成立僑豐行有限公司
1970	• 開始從事日本零食進口貿易
1980	• 正式創立「EDO Pack」品牌
	• 入股並在日本設立公司，建立更多日本廠家的直接關係、增加貨源及減低入貨成本
1990	• 「EDO Pack」推出由韓國製造的餅乾
1996	• 成立金洪有限公司
1997	• 獲吉之島頒發「BEST BUSINESS PARTNER AWARD」
2002	• 獲屈臣氏頒發「健與美大賞──分區最佳銷售獎銅獎」
2003	• 正式創立「多慶屋」零售店
2005	• 獲屈臣氏頒發「健與美大賞──最佳部門銷售獎」
2009	• 正式創立「巨浪大切」品牌
	• 獲屈臣氏頒發「健康美麗大賞──全民最愛食物及零食品牌」
2010	• 獲屈臣氏頒發「健康美麗大賞──炫銅級健康美麗大獎」
	• 多慶屋與韓國振興會合辦韓國食品節2010
2011	• 獲《TVB週刊》頒發「最強零食人氣品牌」
	• 獲屈臣氏頒發「亮金級健康美麗大獎」
	• 多慶屋與韓國振興會合辦韓國食品節2011
2012	• 「EDO Pack」獲選為「第9屆中國國際航空航天博覽會」的指定食品
	• 連續兩年獲《TVB週刊》頒發「最強零食人氣品牌」
	• 獲香港品牌發展局頒發「香港名牌」及「香港新星名牌」
	• 多慶屋與韓國振興會合辦韓國食品節2012
2013	• 正式創立「アメ橫丁」零售店
	• 由網民選舉而獲得十大優質商戶之「香港優質食品大獎2013」
	• 獲香港中小型企業聯合會頒發「香港星級品牌2013企業獎」
	• 連續三年獲《TVB週刊》頒發「最強零食人氣品牌」
	• 「巨浪大切」獲香港品牌發展局頒發「香港名牌」
2014	• 建立「アメ橫丁」facebook專頁
	• 「巨浪大切」獲香港中小型企業聯合會頒發「香港星級品牌2014企業獎」
	• 連續四年獲《TVB週刊》頒發「最強零食人氣品牌」
2015	• 獲香港中小型企業總商會頒發「2015中小企業奮鬥精神獎」
	• 獲香港中小型企業聯合會頒發「香港星級品牌2015企業獎」
	• 獲九龍樂善堂頒發「樂善在商界大獎」
	• 獲香港中華出入口商會頒發「進出口企業大獎」之「企業傳承獎」
	• 連續五年獲《TVB週刊》頒發「最強零食人氣品牌」
2016	• 香港理工大學企業發展院之企業發展支持機構
	• 金洪有限公司成為香港社會服務聯會「商界展關懷」企業
	• 獲家庭議會評為「2015/16年度家庭友善僱主」
	• 連續六年獲《TVB週刊》頒發「最強零食人氣品牌」
2017	• 獲Mediazone頒發「HKMVC服務大獎」
	• 獲香港社會服務聯會頒發連續十年「商界展關懷」標誌

每次 EDO 在食品展銷會擺設攤位都成功引來群眾爭相搶購。

40

廚藝高手。振興家業

恒興行
廖淑雯

大戶人家。初歸新抱

今集嘉賓是恒興行的廖淑雯（Macy）。咭片只有公司名，沒有印上職銜，我的電台節目拍檔說：「一定是掌舵人！通常不寫職銜的那位就最能夠話事！不過，認識她的朋友一般都叫她做家嫂，因為她真的有個『家嫂廚房』教煮餸。」我說：「我都是叫她做 Macy 較好，免得幫我個仔佔她便宜！」Macy 卻說：「其實坊間有很多人都會叫我做家嫂。」劉婉芬問：「最初點解你會改名叫家嫂廚房？」她答：「事源我出版了兩本烹飪書，出版第一本的時候，我要為烹飪書改名，大家構思了許多名字但都不滿意。後來我靈機一觸想起，其實我真是我老爺的家嫂，加上我同老爺奶奶一起居住，而我又熱愛烹飪，最喜歡烹製營養美味佳餚給我的家人享用，於是便決定以『家嫂廚房』為名！」

我問：「點解你會想寫書？」Macy 說：「因為我喜歡煮食，加上我夫家很傳統。」我問：「潮州人？」她說：「三水人。我的老爺奶奶都非常傳統，特別是我奶奶，加上他們從事參茸生意，接觸的都是觀念同樣比較保守的上一輩。可是我卻在外國讀大學，觀念比較開放。在他們的觀念之中，就如粵語殘片所說的門當戶對，我嫁入劉家的時候，真係三拜九叩，件裙褂又硬，近尾聲的時候我差點便暈倒，婚宴時上每道菜，大妗姐都說出一連串吉祥說

家嫂 Macy 和丈夫劉宇興夫婦唱隨。

話，我差不多無機會進食。入門後，每朝要敬茶給老爺奶奶，遇上他們壽辰，更要煮蓮子蛋茶和換上喜服去奉茶！」

劉婉芬問：「嫁入如此傳統的家庭，要夫家接受你插手公司業務，應該非常不簡單。」Macy 説：「過程中，我經歷許多事情。要一個老人家接受一個廿多歲的黃毛丫頭，殊不容易！那時兩個兒子已經出世，我完成為劉家傳宗接代的職責，但我才廿多歲，即使不回恒興行，都總要有份工作，最後丈夫選擇讓我在恒興行做事。」其實 Macy 的丈夫劉宇興就在她身旁，劉宇興是恒興行的第二代，恒興

行的前線工作都交給 Macy，丈夫就在背後做個幸福的男人，只需要睇住盤數！一眨眼，兩人的兩個兒子都已經大學畢業！

獨沽參茸。轉營海味

以前參茸和海味是兩個不同行業，我問：「海味是否指鮑參翅肚，參茸就花旗參、人參、鹿茸？」Macy 説：「只要留意一些老字號的招牌，便會發現通常都是 XX 海味和 XX 參茸，很少會有 XX 參茸海味！近十年八載，參茸和海味業才合併處理。我老爺劉本都是從事參茸貿易出身，在他的年代，參茸公司從事具藥用價值的貨物貿易，

和海味完全無關，例如沉香和枷楠（枷楠即較高級的沉香）主要來自越南，以前我們公司從事許多沉香貿易。記得我初初回公司的時候，一入門口便聞到好香的沉香、枷楠味，好多日本和東南亞人都會來港購買。」我問：「沉香和枷楠有甚麼用處？」她答：「有觀賞價值，中東人會用沉香油塗在身上代替洗澡，即使只買一克都好貴！日本人則買回神社燃點，或者做薰香，因為沉香有寧神作用，而枷楠就可以做串珠手鏈。」我笑說：「立法會不妨考慮燃點沉香！」

別看參茸海味業好像涉及交易金額很大，但其實利潤微薄！

除了沉香和枷楠，Macy 說老爺還有從事鹿產品如鹿尾耙、鹿筋等的貿易，她說：「其實以前鹿筋是好普遍的食材，甚至連九大簋都有用鹿筋，但現在已經少人食用。」我問：「是否鹿被人類捕擸至瀕危？」Macy 說：「鹿筋是副產品，其實宰鹿主要生產鹿肉和鹿血，外邊許多標榜產自吉林，其實產量很少，主要都是產自新西蘭和歐洲。」劉婉芬問：「我見你的鹿筋主要產自新西蘭，是否當地環境使然？」她說：「我們每年都到新西蘭一次，每次一早落機，便揸車去牧場，沿路已經可以聞到好清新的氣味，空氣中的水份、大地的青草，甚至是鹿的排洩物味道。」

恒興行大約在7、8年前開始推廣鹿筋和鹿尾耙，Macy 解釋說：「從前參茸貿易好單一，粗藥和幼藥分開。粗藥指夏枯草一類有藥用價值的草藥；恒興行主要從事幼藥，即牛黃、猴棗、麝香和熊膽一類名貴藥材。我在90年回到公司，政府開始對這類藥材立了許多管制，甚至禁止入口，加上當時公司主要從事沉香貿易，沉香屬植物的根部，差不多需要過百年才長成一塊，但自從國家富裕起來，莫說沉香，就連許多天然資源都轉眼便被掏空。即使有價，但無貨都是枉然！所以公司可以說是被迫轉型，我們第一個轉型賣的乾貨便是燕窩，當時幸運地遇上一位印尼燕窩供應商。」憑着伶牙俐齒和以前做酒店宴會銷售的技巧，竟然讓 Macy 慢慢地每個月都賣到過千斤，還登上該印尼供應商的主要客戶之列！

幸運之神。幾度眷顧

和 Macy 有別，在91、92年越南政府聯絡我，想我包銷越南燕窩，但當時沒有銀行可以幫忙滙款，要帶一、二百萬現金入境，走多兩轉命仔分分鐘凍過水！我問：「你做印尼燕窩，是否印尼有人找你？」她說：「其實參茸海味素來都是做現金生意。」我說：「現付不是問題，問題是沒有銀行做滙款，記憶中當時滙豐尚未開到印尼！」劉婉芬：「Macy，你帶現金去印尼？」她說：「不是，我去印尼睇貨，他們運貨來香港，我收貨再到付。我由一張白紙開始做起，第一次買已經幾百斤。」

我說：「在香港交收，你起碼可以找老爺幫幫眼，睇睇燕窩夠不夠乾身、揀得夠不夠乾淨！」Macy 說：「其實我老爺都不懂！好彩遇上貴人，他又信得過，讓恒興行從此轉型！」士別三日，現在 Macy 只要看一眼便已經知道燕窩的級別、水份含量、有否曾經漂白、雜質成份……林林總總！我

説：「其實 Macy 所説的都不難睇到。」她卻説：「但再眼利都不及造假的技術進步神速，所以要不時和行家交流一下，留意有甚麼新發現。」我説：「那麼你是由零售乾貨開始？」她説：「不是，我們很幸運，一開始已經批發給一些較細的海味行和連鎖店舖，遠及美國、東南亞和國內，不過很少交貨給食肆。」

我問：「你何時開始做家嫂廚房？是否隸屬你公司的中央工場負責浸發海參、花膠、燕窩和鹿筋等？」她説：「那時香港經濟很蓬勃，許多外國商人會來港尋覓較具實力的經商夥伴，我其實很幸運，遇上一個中東人賣中東鮑給我！那些中東鮑屬乾鮑，來自安曼。起初我跟他們很難溝通，除了他們的英語能力問題，經商手法也有別，但幸運地一一解決，最後我買入頗大量的中東鮑。那時罐頭鮑魚還未流行，但促使我踏出此步，原因是經營海味批

發都幾淒涼，除了要用大額現金買貨，貨物囤積在倉，還經常會被人壓價，最慘是被人走數，涉及數額多達幾十萬！」我説：「你可以要求收現金，但價錢會被壓至更低！而且貨量愈大，壓價便愈厲害！」

搶佔零售。配套服務

Macy 説：「別看參茸海味業，好像所涉及的交易金額很大，但其實利潤微薄，因為來貨以噸計算，要盡快出貨，惟有犧牲利潤！所以我們要自己尋出路，逐漸擴大零售份額，以前的高陞街和文咸東西街，根本無商戶會做零售，只做批發，但現在家家戶戶都加入零售戰團，便是這原因！」劉婉芬説：「我大約在十年前認識 Macy，當時很少海味商會搞廚房，Macy 算是市場先鋒，成功吸引很多傳媒採訪，不過，Macy 作為第二代，隨着市場環境改變，相信需要作出不少改變，我想知道現在零售佔

大廈外牆仍留有恒興行從前經營參茸幼藥起家的歷史痕蹟。

在拓展零售業務後，公司大裝身變靚變新！

Macy 精於廚藝，出版過 2 本《家嫂廚房》。

你們公司額業額多少？相信與十年前相比，必然增加不少！」

我説：「我去到City'super是否便可以找到家嫂廚房的出品？」她説：「其實City'super便是一間迷你的恒興行，可以找到精選貨品和一些已經煮好的熟食。」我説：「有甚麼熟食？例如你有沒有煮好的中東鮑？」她説：「有。當年我們大手入貨，其實大大細細的中東鮑都會有，尤其批發只分1、2、3、4號，香港的酒樓喜歡10頭、國內食肆卻喜歡廿多頭，總之包羅萬有，所以惟有自己想辦法促銷，加上香港人其實都幾忙，無時間煮！」我和應説：「不單沒有時間如此簡單，還有炆鮑魚其實要消耗幾大量煤氣，如果用古法炮製，起碼要用上兩日！」

Macy繼續説：「有看過我出版食譜的讀者都知道，我在書中講過多次，爸爸是烹飪高手，老爺就影響我做生意！我自少在家中已經食佛跳牆和鮑參翅肚等，爸爸雖然不是廚師，但他曾經經營過酒樓，影響我亦喜歡烹飪！起初我嘗試煮一批中東鮑，結果反應非常之好，原來香港人喜歡食但唔喜歡煮，現在發展至更廣闊的一系列產品包括汁醬，好像公司有售黑毛豬，連帶推出叉燒醬，更會拍片教煮！總之公司產品需要用到甚麼汁醬配合，便會推出相關產品，提供一站式服務。」

揀手美食。省時便捷

很多人客問Macy有沒有炆好、有味的罐頭鮑，她説：「我發現原來好多香港人都不懂得煮海味，市場較接受已經預先煮好的即食產品，但行家會

知道，靚鮑魚好像南非的養鮑技術和品質已經非常成熟，多數用來清湯煮，很少會用來紅燒，所以今時今日我仍然堅持只做清湯，不做罐頭紅燒鮑魚！我經常去旅行嘗試新產品，為回應人客要求，我做了個玻璃樽裝的糟滷鮑，反應非常好！最近我更演變至糟滷意大利蛋和糟滷鵪鶉脾，其實許多人客和我們已經非常相熟，經常留意我們有甚麼新產品！」

揀手貨陸續有來，Macy繼續說：「我們每年5至6月會做一批紫薑，識貨的會知道，靚子薑在漬醃後，會變成天然的淺粉紅色。我們認識賣子薑的攤販，每年5、6月，便追問他們幾時有靚子薑，所以人客追問幾時醃好紫薑，我們自己都不清楚！」劉婉芬驚嘆說：「由參茸到海味，甚至賣埋紫薑，變

化有幾大，可想而知！」我說：「過往《金漆招牌》曾訪問過海味商，睇準人客不懂得煮，便推出即食產品如罐頭鮑魚，還拍片教煮海味，但產品種類都如此廣闊！」Macy說：「我們應該是市場首創！最近我甚至用鮑魚試煮台灣滷肉飯，在網站貼出來，立即好大迴響，提醒我必須不斷求變！」

我問：「有沒有第三代準備接手？」Macy立即耍手擰頭，笑說：「我有兩子一女，自少我已經跟他們說：『如果不喜歡，即使不接手生意，都無問題！』」我說：「即使不接手生意，都可以承繼阿媽的廚藝！」Macy卻說：「他們覺得好大壓力！雖然好多朋友來食飯都說：『其實你應該將廚藝傳給其中一名子女，因為實在難得！』」我說：「但要講興趣，好像我阿媽喜歡煮，她便傳給我老婆！」

公司張貼滿 Macy 下廚的菜式照片。

單是招牌已經歷過幾個時代的轉變。

揀手靚貨。將心比心

好東西

黃紹華

屋邨雜貨。我為人人

我和我的電台節目拍檔劉婉芬一朝早便很興奮，因為我們竟然食吉品鮑魚做早餐！今集嘉賓好東西的黃紹華（Dilys）説：「鮑魚確是60頭吉品，只是稍為薄身！」我不慌不忙説：「的確貨真價實是吉品，雖然薄身但比一般60頭大隻！」

Dilys父親在潮州潮安是賣米的，來港後最初在同鄉的米舖幫手，後來在黃大仙徙置區巷仔租了個檔口仔經營糧油雜貨，取名「裕成豐」。徙置區遷拆，一家人獲分配到慈雲山邨，兩間房兩個舖位繼續經營糧油雜貨，雖然也賣海味，但以蝦米、蠔豉和土魷等普羅大眾所需物品為主，賣得最多是油、

米和火水。90年代，慈雲山邨亦拆卸重建，七兄弟姊妹便分家，大哥在黃大仙開舖；二哥協助三哥在荃灣福來邨經營海味店；四哥和五哥就接手「裕成豐」，遷址到粉嶺繼續營業；七妹Dilys另有發展，但自少耳濡目染，潛移默化學習了父親的一套營商之道！Dilys在2007年有意跟朋友合股開摩登海味店，一眾兄長大表贊成，三哥更義不容辭出錢又出力！

我説：「是否套用父親那套經營模式去管理你的摩登海味店？」Dilys説：「爸爸在屋邨開舖，貨物不標價，街坊來到可以靠人情賒數，屬傳統模式經

（左起）三哥、Dilys、父親、四哥與大哥攝於 2014 年分店開業。

營，跟現在明碼實價同收信用咭的經營模式完全兩回事！」經營模式和父親有別並不奇怪，那個年代生活艱難，要等到出糧才有錢可用，所以要靠賒數！我繼續問：「好東西是否只經營零售？有沒有批發？」Dilys 説：「我們正逐步開拓批發，因為開業已經有十年，是時候重新檢視一下未來發展。」

享入廚樂。維繫感情

我説：「十周年，你介紹下『好東西』已開業，衙前塱道的舖頭有甚麼好東西？」最初我以為 Dilys 除了經營海味乾貨外，還有幫人客浸發和加工鮑參翅肚，然後收回油料費，就以剛才讓我和劉婉芬食指大動的炆鮑魚，其實是 Dilys 姪仔研究成功的試驗品，在『好東西』並沒有售賣。店中只供應乾鮑。近年有許多年輕中產，他們識食又有消費力，弊在不懂得煮同埋沒有時間煮，於是吸引許多有生意頭腦的業界開拓即食海味市場。

她説：「點解我會想開摩登海味店，其實以前我很抗拒海味舖，濕街市周圍濕泅泅，入到去又冤崩爛臭。無錯，時下許多年青一輩都不懂得處理鮑參翅肚，但其實外邊許多酒樓食肆都可以代勞，我最希望人客買了海味可以回家自己烹調，因為香港人缺乏消遣，一家人在屋企煮飯仔，其實是不錯的

娱樂！往往聽見有人講『如此複雜的鮑參翅肚都可以煮到！』、『何解同是貢丸，味道卻大不同！』之類之類的話，好東西一直都以引入上乘食材，讓食家透過簡單烹調，得到大廚級享受為宗旨。正如張生剛才提到，舖頭要讓下一代接手，一定要吸引年輕人幫襯，不是人人會動輒花一萬幾千買鮑參翅肚，於是我想到引入其他優質食材去吸引顧客，特別是現在社會普羅大眾經常週遊列國，如果方便人客毋需去到台灣、日本都食到當地的優質食品，未嘗不好。」

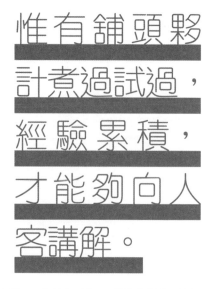

惟有舖頭夥計煮過試過，經驗累積，才能夠向人客講解。

我問：「有些甚麼外地食品？」Dilys 説：「首先我們挑選的商品一定不可以隨處有售，否則亦沒有必要引入；其次一定要過到我那關，我食嘢都幾揦尖，除了美味還要天然健康！就以涼果為例，傳統涼果有許多防腐劑和添加劑，我了解過台灣在這方面的規管；加上香港人對台灣很熟悉，當地的涼果跟茶很搭調，口味亦廣為香港人所接受；最後還要符合『好東西』的形象，包裝要靚；要符合以上種種條件，其實很難！另一個例子是甄沾記，既是香港品牌，又是老字號，我專誠去找甄小姐，親自同她洽談！」甄沾記是我的童年回憶，在剛過去一屆的漁農食品嘉年華，我和太太見到甄沾記的攤位，興奮到立即食了杯椰子雪糕！我問：「好東西賣甄沾記哪些產品？」她説：「有椰子糖和蛋卷，稍後還會賣杯裝雪糕。」

多行一步。善導顧客 ——————

劉婉芬説她在知道要訪問好東西之後，專程去了Dilys 的灣仔店，入去發現除了鮑參翅肚，還有許多外來食品，她説：「入到好東西，所有貨品都提供試食，例如瓜子粒粒都碩大完整，紅彤彤相當吸引！讓我印象深刻的，還有Dilys 的夥計，見到我望着面前的台灣三星葱餅，立即説：『這是舖頭頭號搶手貨，我自己食過都覺得好好！』還教我那些海味食材買回家可以如何煮食，好懂得觸摸人客心理！其實舖頭員工是否經過培訓，懂得如何教客人欣賞店內貨品？」Dilys 説：「對我來説，其實這是同人客的一種溝通。除了讓人客買到優質食材，還希望人客買回家後懂得如何妥善煮食，避免浪費好食材。」

Dilys 在 2013 年為《明周》盲試（blind tasting）醬汁。

我問：「同事是月薪抑或佣金制？」Dilys 説：「我想講你都唔信，他們是月薪的。同我爸爸的教導應該都有關係，我記得以前每逢年三十晚，爸爸都會躲在房中數錢，然後逐個哥哥叫入房派花紅，因為我幾個哥哥都在舖頭幫手。時至今日，請夥計的時候，我會講明有13個月糧，希望能夠留才，但花紅就不一定有，因為近年經濟不穩定，沒有把握賺多賺少！暫時都做到效果，部分夥計已經達5、6年年資；即使灣仔店，開業3年，不少同事都任職超過2年！」我問：「是否以女性為主？」她説：「是。難吸引男士入行，特別是年青人，他比較抗拒『海味佬』的形象！」劉婉芬問：「賣優質食品是否也受父親所影響？」Dilys 答：「雖然那時爸爸售賣散裝貨品，好像油、米和火水等，但他經常教導我們『幫得到人便幫、做得到便盡量做』，對我影響好深！」我説：「因為食物食入口，特別是散裝貨睇不到包裝，所以多數會自己食過、試過才賣給人！」

劉婉芬説：「過去有海味舖嘗試過高檔路線，但近年租金颷升太厲害，好多已經轉戰網店。」Dilys 説：「海味店經營網購有一定困難，因為海味必需要乾身，如果不夠乾身，煮時會出現許多狀況，網購一般海味可能問題不大，但如果高價海味，我會選擇實體店有機會同人客交流，可能受父親影響，我渴望有多些機會同人客交流！『陳生，好耐冇見！』、『張生，你上次買那些60頭鮑魚食完未？我有些36頭你想不想試下？』好多人客都同我笑着投訴，『黃小姐，我入來打算買3斤冬菇，諗住五、六百蚊落樓，何解最後揪着3大袋貨出門口，成五、六萬元找數！』我有好多熟客慢慢都成為朋友！」

無分年齡。以食會友

劉婉芬説：「好東西如何定位？」我説：「除了中產之外，可能還要上多少年紀。」劉婉芬補充説：「有趣的是，我入到Dilys舖頭，見到甚麼年齡層

四哥和孫兒在粉嶺裕成豐門前耍樂。

2012 年 Food Expo，好東西大收旺場。

2014 年於誠品書店舉辦「慢 ● 活」講座。

Dilys 年與同事參與 Bread Run 2017 慈善活動。

好東西

好東西大事年表

2007-09	• 好東西開業	2016-11	• 為「善德基金會」慈善行籌得15萬
2012-08	• 首年參加香港貿易發展局美食博覽	2017	• 應邀滙豐銀行中小企接受「滙智盈商」電視特輯訪問;
2014-07	• 好東西灣仔分店成立		出版《十年有誠》紀念刊;參與「樂餉社Feeding Hong
2016-01	• 進駐一田百貨做Pop Up Store		Kong」Bread Run 慈善活動

的顧客都有!」Dilys說:「其實在開業的時候,我並沒有設定目標顧客的年齡層,總之對優質食品有興趣的都是我的對象。當然,有消費力的始終集中於三十幾至五十幾歲,年紀大的都開始有,上了年紀的顧客會覺得『夥計那麼後生,未必懂得浸發海味!』惟有隨着舖頭夥計的年資增加,他們煮過試過知道有幾好食、有幾唔好食,經驗累積,才能夠向人客講解。」

Dilys又說:「至於年青一族,我有另一招吸引他們。有次我無意中發現一枝全世界最辣的辣椒汁,誤打誤撞下竟然吸引了一班年青人透過網上搜尋來

到好東西!」劉婉芬說:「但他們極其量只是來買辣椒汁!」Dilys解釋說:「但引發我開始搜羅辣味食品。你有沒有留意最近一隻叫『18禁』的薯片?就是我引入香港的!」

環球美食。豐儉由人 ——————

來到訪問尾聲,我請Dilys介紹她舖頭的好東西,她說:「舖頭頭牌是青邊鮑!最初賣罐頭清湯南非青邊鮑,後來又引入罐頭醬汁澳洲青邊鮑。我對舖頭的罐頭青邊鮑頗引以為傲,在沒有賣廣告的情況下,竟然可以做到出晒名!」

Dilys(第二排中)與三哥(第二排左三)2016年出席春茗與同事樂聚一堂。

很多人不知道鮑魚有分青邊、啡邊和黑邊，其中以青邊鮑的品質最上乘，我問：「你的青邊鮑來自澳洲甚麼地區？」Dilys說：「塔斯曼尼亞，當地出產許多優質野生鮑魚。」我說：「我建議你到西澳珀斯一試，以前我不買塔斯曼尼亞鮑魚。除了罐頭鮑魚，你們還有賣日本吉品。鮑參翅肚中你們還有賣哪些？」Dilys說：「海參、花膠都多。」劉婉芬搶白說：「Dilys的花膠好多元化！」Dilys解釋說：「由每斤千餘元到貴價貨都有，甚至有鱉魚膠、白花膠和蜘蛛膠。」我說：「60年代我在金冠食花膠，花膠足有一隻天九牌般厚！」

好東西不單只有賣鮑參翅肚，貨品其實豐儉由人，劉婉芬說：「我在好東西見到有許多台灣貨。」Dilys說：「台灣貨佔了公司3成貨品，因為台灣同香港的口味接近，加上距離近、運輸快，運輸成本較低，現在許多食品其實都貴在運輸費。」劉婉芬說：「香港有不少人對台灣十分熟悉，入到好東西，必定認出這款養生棗。」Dilys說：「我賣這款養生棗其實有個故事，之前有朋友請我食過這款養生棗，但可能存放太耐，棗身已經發黑還潲口；後來有另一個人客請我食，起初我說：『不過爾爾。』但人客堅持要我再試，說：『你再試試，真的很好食！』一試，我發覺果然好味，於是便去台灣找供應商洽談，對方列出許多條件。後來再想想，這次經驗其實給了我很好的銷售理念。

現在我經常同人客講：『你不喜歡吃貢丸?! 信我，再給一次機會這款貢丸！』」好介紹還有獨家的台灣貢丸，Dilys說：「因為供應商的產量有限，所以只獨家供應給我們！」我問：「怎樣分辨貢丸好不好？」Dilys解釋說：「好多台灣人去這間舖頭其實是去食涼麵，而它的貢丸特別在有肉汁，而且用黑豬肉新鮮製造，有肉味得來，仲特別彈牙，其實好多香港人不喜歡食丸，是因為凍藏得太耐。我覺得張生應該來買包試試！」Dilys此話一出，立即引得哄大笑！

好東西店內大部分貨品均設試食，圖為2008年人客試食鮑魚。

42

即食燕窩。快捷保健

官燕棧

朱志明

夢想創業。白手興家

延續每次訪問開始前我和我的電台節目拍檔劉婉芬的話題,我問:「你有沒有食燕窩做早餐的習慣?」她答:「我豈有那麼富貴!但我不介意有人每日供應燕窩給我做早餐。」我笑說:「你不妨問問我們今集的嘉賓官燕棧國際有限公司的董事總經理朱志明(Samson),可不可以供應舖頭的燕窩頭尾甚至是散落地上的燕窩碎,加以清潔整理後給你做早餐?」以前我哋「酒樓佬」通常由總經理話事,官燕棧屬股東生意,身為董事總經理的Samson則負責掌舵。Samson在大學是主修工程的,劉婉芬說:「我可以證明他真是工程師,在訪問途中發生了一段小插曲,檯面筆記本電腦發熱,他看了一

燕窩由印尼工廠經過潔淨和去除雜質後,再加工和包裝出口。

由零售乾燕窩至即食保健品，朱志明歷過不少難關。

下便説：『不用擔心，只是散熱欠佳。』完全切合他的工程師身份，但他最終卻從事燕窩生意！」

Samson解釋：「因為我從少的志願便是做老闆。」我立即問：「為什麼你不主修商科？」他繼續説：「因為學生時代我的數學成績優異。其實在大學時代已經和幾個同學搞補習社，如果堅持下去可能我會成為補習天皇！想做老闆可能同我的成長有關，我出身自草根階層，和飲食業也有淵源，爸爸是雞農！」我説：「那麼你更加沒理由做燕窩，我自細食不少燕窩但也沒從事燕窩生意！」他説：「機緣巧合，我屋企無能力買燕窩，但爸爸有些顧客會買燕窩，我發覺原來識人和不識人的價錢竟然相差如此遠，埋下日後創業的念頭！後來朋友介紹我到印尼，認識當地的燕窩批發商，他們在六十年代已經從事燕窩生意，但在香港未有銷售自己的品牌。」

明碼實價。會員折扣

Samson在1998年便創立官燕棧。「官燕」是表示最優質的燕窩，而「棧」就解作貨倉。他説：「還記得因為樣子年輕，許多傳媒都以為我是富二代，子承父業，甚至我講自己白手興家，傳媒起初都不信！」創業初期，官燕棧專注印尼乾燕窩生意，我笑説：「你的印尼拍檔一定聘請了好多人幫

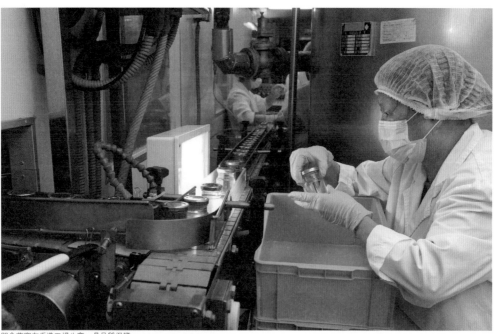

即食燕窩在香港工場生產，具品質保證。

針對繁忙都市生活而設的一口棧。

他們爬山採燕窩！」Samson解釋：「你説的是洞燕，現在有屋燕，但已經無需爬山。」我説：「現在可以模仿燕子生長的環境養飼屋燕，但以前採燕窩要爬山很危險，我常笑説：『血燕其實是採燕窩工人在山上跌了下來嘔血而成！』當然這只是説笑。」話題一轉，我問：「現在還有沒有和印尼的拍檔合作？」Samson説：「當然有，而且規模還愈來愈大，現在我們的生意夥伴主要有印尼和馬來西亞。其實印尼拍檔素來有賣燕窩來香港，只是沒有做自己品牌。」

許多人不知道香港是全世界海味市場的集散地，不單只是燕窩，即使鮑魚和魚翅（金山勾這個名字指由舊金山，即三藩市，運來的翅）香港的批發價甚至是全球市場的指標，因為香港的海味吞吐量最大！Samson説：「還有個原因是香港的地理位置毗鄰祖國，是理想的中轉地。」我説：「在你開檔的時候，祖國還未食得起燕窩。那時候仍然着眼香

官燕棧大事年表

1998
- 本港開設第一間官燕棧門市

2001
- 首個榮獲「優質旅遊服務」標誌的燕窩品牌

2002
- 全港首創「買燕窩 —— 免息分期」與及成為首間推出「聯營信用卡」的燕窩專門店
- 首個榮獲「超級品牌」的燕窩品牌

2003
- 首款簡易燕窩「天元純味、天冰冰糖燕窩」面世，並榮獲「優質正印」標誌
- 全球首創每日一瓶概念濃縮燕窩「一口棧」推出

2004
- 於香港自設生產廠房及研究開發產品中心
- 首個榮獲「香港Q嘜服務優質標誌獎狀」的燕窩品牌
- 全港首間燕窩專門店提供網上購物服務

2005
- 榮獲「香港名牌」（當年最年輕品牌獲此殊榮）
- 推出養生及有機食品系列「養生薈」

2006
- 榮獲香港生產力促進局頒發的「最佳創建品牌企業獎」與及香港零售管理協會頒發的「香港工商業獎：顧客服務優異證書」
- 首間燕窩專門店獲得ISO22000食品安全認證

2007
- 榮獲《廣州日報》頒發的港澳優質誠信商號，與及成為香港社會服務聯會頒發的「商界展關懷」榮譽的燕窩品牌
- 成功進入中國的零售及批發市場，產品覆蓋過百銷售點

2008
- 榮獲香港零售管理協會頒發的「專門店組別服務領袖」
- 成功進入美國的批發市場，產品覆蓋過百銷售點

2009
- 首度榮獲香港零售管理協會頒發「神秘顧客計劃——個人護理健康產品」組別全年最優秀服務獎，與及南華傳媒及《資本》雜誌頒發「資本傑出領袖」獎

2010
- 榮獲香港有品運動有限公司、香港樹仁大學企業及社會發展研究中心及《HAPPYMEN快樂人生活》雜誌頒發十佳香港「有品企業」大獎，香港零售管理協會頒發「神秘顧客計劃—個人護理健康產品」組別全年最優秀服務獎，與及國際青年商會連續兩年頒發「環球愛心企業」為聯合國千年發展目標攜手為全球嘉許狀

2011
- 家庭議會家庭友善僱主獎勵計劃獲評為「家庭友善僱主」、首度獲勞工處展能就業科頒發「熱心聘用殘疾人士」銘謝狀（2011，2012）與及香港旅遊發展局頒發「傑出優質商戶」優異獎

2012
- 首度榮獲香港零售管理協會頒發「神秘顧客計劃——保健及健康產品」組別全年最優秀服務獎，與及香港理工大學「應用生物及化學科技學系」頒發感謝狀

2013
- 於香港名牌選舉中獲香港品牌發展局頒發香港卓越名牌

2014
- 榮獲香港品牌發展局頒發「香港卓越名牌」，僱員再培訓局連續5年頒發ERB人才企業嘉許計劃「人才企業」獎，與及香港品牌發展局頒發「香港名牌十年成就獎」

2015
- 榮獲香港中國旅行社頒發「我最喜愛的大中華品牌」獎

2016
- 分別7年榮獲香港零售管理協會頒發的「專門店組別服務領袖」、「神秘顧客計劃—個人護理健康產品」及「神秘顧客計劃—保健及健康產品」獎項（2008-2010，2012-2014，2016）

2017
- 連續十年成為香港服務聯會「商界展關懷」的燕窩品牌，與及連續15年獲優質旅遊服務計劃認證的資深優質商戶，獲得澳門消費者委員會「誠信店」評級為「特優」的商號

2018
- 《東周刊》香港服務大獎2018

朱志明在分店接受《經濟日報》訪問。

港賣幾多貨，相反，有好多東南亞國家的中餐館包括印尼耶加達和泰國曼谷都好，會來香港買燕窩海味，因為他們不清楚哪裏有售！Samson說：「張生講得好啱，我試過有人客開旅行社，他問我：『點解你們可以賣得如此便宜？』我解釋說：「你們以遊客身份去到印尼，當地接待用遊客價錢賣給你們，而我雖然在香港，但是以批發價出售，當然差天共地！」

燕盞碎燕。經濟抵食

九十年代，越南曾經搵我傾燕窩批發，但未有銀行可以協助滙款，所以最終傾不成，因為要做現金生意。我問：「對比公司剛成立的時候與現在，燕窩價格有沒有改變？我懷疑不是增加了許多。」他說：「98年金融風暴之後，亦即是我成立公司的時候，燕窩的價格輕微調低；之後因為國內消費力增長和自由行的關係，燕窩價格一路上升；但大約六、七年前開始，國內停止進口乾燕窩和即食燕窩，燕窩的價格大幅下降，直至兩年前國內為燕窩訂立質量指標並且恢復入口，市場透明化後，行業前景也更佳。」劉婉芬問：「可不可以說現在燕窩平過八、九年前？」Samson說：「大約八折左右。」我卻說：「但都慢慢升回來！」

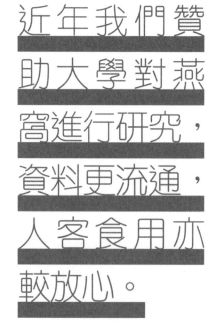

近年我們贊助大學對燕窩進行研究，資料更流通，人客食用亦較放心。

Samson剖析官燕棧的成功之道，他說：「有兩個原因、一是明碼實價，二是設立會員制度，買得多平得多！」我說：「但燕窩盞和碎燕價格都有別，你們如何定價？是否只有一種燕窩盞和碎燕？」他說：「即使同是燕窩盞都有不

同產地和等級，價格亦有別。回應你剛才的說話，印尼和越南的雖然都是洞燕，但有甚麼分別？越南燕窩需要較長時間浸發和燉煮，它們的燕盞形狀較美觀，所以價格亦較高；但香港和大部分的東南亞國家都偏愛吃印尼燕窩，包括酒店和酒樓食肆，因為入口較滑，而且兩者的營養價值相若。中文大學研究發現燕窩含豐富的外表皮生長因子，小朋友和成年人長期進食，有助促進改善膚質。」

我乘機請Samson教讀者如何揀靚燕窩，他說：「如果選購燕盞和燕條，首先當然是從外型着手，愈完整的，價格便愈高。其次檢查下燕絲的紋理是否清晰，因為曾經試過有燕窩被人在外層塗上一層漿，令到燕窩較重秤。此外，燕窩愈乾身便愈容易斷裂，不過最準確還是以浸發度來到決定燕窩的品質，愈高倍數便愈好。」品質上乘的燕窩，一兩可以發到16至20倍，發起還要睇下多不多雜質和重秤的砂石，不過正常來說拔完毛的燕窩必定會留有小洞，只有很少數燕窩會無需要拔毛，其實憑目測已經有九成準確，Samson趁機而說：「公司除了重視品質，還睇重客戶服務，設有15天退貨保證。」

燕窩盞是燕子在築巢時的口水，燕子會順着紋理來逐小加建，所以燕窩的條理清晰，特別是比較靚的燕盞，浸發後的燕窩都會比較大條。劉婉芬問：「如果單從營養成分來說，可否說碎燕的性價比較高？」Samson答：「可以這樣說，但碎燕都有多種，如果買從燕盞散落的碎燕品

2017 年美食博覽攤位。

質會較好；此外，除了洞燕和屋燕，還有草燕都有生產燕窩。」劉婉芬問：「價錢相差多少？」他答：「燕盞和燕條相差兩至三倍，燕條和碎燕又相差兩至三倍。不過，碎燕的發頭一定沒有那麼平均而且較少，所以經濟與否，見仁見智了。」

大學研究。建立信心

劉婉芬說：「有指價格相宜的雪耳，功效跟燕窩相約，而且燕窩含雌激素，可能不適宜某些人士食用。Samson 請問你有甚麼見解？生意會否受打擊？」Samson 解釋說：「首先肯定燕窩和雪耳都是滋潤的，但雪耳不含外表皮生長因子，所以不能夠改善膚質。至於雌激素，其實自然界許多食物都含有雌激素，《本草綱目》也有介紹燕窩，暫時《本草綱目》內介紹的任何一種食物都未發現問

題。」劉婉芬說：「不同人有不同意見，但對做生意來說，會不會引起一些衝擊？」Samson 說：「對固有客戶來說，其實完全沒有問題，甚至有人客正在接受電療，但他每日都燉燕窩來到加強體質，因為電療有許多副作用。」

官燕棧很重視產品品質，Samson 說：「品質不是自己說優質便優質，除了廠房符合各種國際認證的標準外，產品研究都很重要，以往較少有針對燕窩的學術研究，但近年我們贊助大學對燕窩進行研究，加上自從國內恢復進口燕窩之後，出版為數不少的學術研究，資料更廣為流通，人客食用亦較放心。」官燕棧的元朗廠房在2006年已取得危害分析與重要管制點認證（HACCP）和ISO 22000，在2014年又獲得 GMP認證，他們更在2017年和浸

近年與中大合作研究蟲草成份認證。

會大學授權的「香港冬蟲夏草檢定中心」和「香港鐵皮石斛檢定中心」進行產品鑑定，成為全球首家及唯一本地商家提供冬蟲夏草和鐵皮石斛的認證，加強顧客對公司在品質監控方面的信心。

簡易保健。迎合市場

劉婉芬問：「燕窩現在佔你們公司多少營業額？」
Samson 説：「我們公司由經營乾燕窩開始，兩、三年後睇到市場對簡易保健品的需求，開始經營即食燕窩，最初曾經擔心客源會否重疊，變相自己打自己，後來發現即食燕窩有助拓展新客源！以前年長顧客會買乾燕窩，但現在都以即食燕窩為主；現代都市人生活忙碌，許多下一代都不懂得如何處理燕窩，即使交給家傭處理，萬一燉過火便暴殄天物！」劉婉芬問：「好多人都關心即食燕窩同自己炮製的究竟有沒有分別？或者擔心會有防腐劑！」
Samson 説：「我們的即食燕窩不含防腐劑，而且經過真空無菌處理，包裝也註明不含防腐劑，現在的商品説明條例管制嚴格，大家可以放心食用！」

官燕棧很早便開始拓展網購業務，Samson 説：「2003年SARS的時候，公司大約有10間門市，生意最差那日竟然加埋都不夠10張單！那時我仔細老婆嫩，就算自己唔食，都要顧及員工飯碗，喚醒我做生意不可以一成不變！」經此一役後，Samson 開始跟國內的天貓和淘寶、香港的HKTV Mall 合作搞網購，市場調查又指市民想食保健品但不懂得浸發，對簡易保健品存在需求，於是Samson 繼而發展其他中藥材和養生食品，他説：「公司的市場定位是『保健』和『養生』，所以鹹魚不賣，又好像中大跟環保團體抽驗市面髮菜發現含有與柏金遜症和老人疾呆症有關的BMAA神經毒素，我們也不賣！」

揀靚海味。精明之選 ————

金融風暴後，我經常打趣說不趁低價買鮑魚花膠便笨！Samson說：「鮑魚市場現在以罐頭佔主要，按品質排列分別是南非、澳紐、智利、中國和東南亞等。」我說：「你都未數最靚的墨西哥車輪鮑。」劉婉芬說：「不是經常有。」Samson說：「車輪鮑的產量比較少，性價比可能不及剛才提到的幾種，一罐靚的車輪鮑價錢等於3至4罐南非鮑，所以近年銷量下跌較嚴重。至於澳紐的水質管理得比較好，所以出產不少野生鮑魚。」我補充說：「不過澳洲不同產地有不同品種鮑魚，好像青邊（green lip）比啡邊（brown lip）好，啡邊又比黑邊（black lip）優勝。」

我問：「罐頭鮑魚是否有註明屬哪個品種？」Samson說：「有，店員也會講解每種鮑魚的口感和一罐有幾多隻等。現在酒樓筵席喜歡用細細隻的，一人一隻。」我問：「南非乾鮑跟日本吉品的品質是否仍然相差好遠？」Samson說：「日本始終有它的傳統工藝，暫時都無人能夠模仿得到日本吉品的溏心口感。」我問：「花膠又如何？」Samson說：「和鮑魚一樣，以方便化為主導。人客喜歡購買已經浸發的花膠和海參，當中又以酒樓一般喜用的豬婆參為主。」我問：「應該點揀鱉肚？」Samson說：「最靚一定是鱉肚、廣肚和扎膠等，發起較厚身，色澤較黃，但會有些不統一，因為花膠傳統不會經過漂色。近年鱉肚、廣肚和扎膠的價錢飆升得好緊，以西非來貨較多，因為魚比較大條；如果只是家庭煲湯自用，市場上有些圓筒形和一片片的鱈魚膠，價格較經濟。」計我話，唔識揀唔重要，識得搵Samson便可以！

2017年由周梁淑儀女士頒發連續15年獲優質旅遊服務計劃認證的資深優質商戶。

43

悉心護苗。良心雞農

永明農場

李良驥

供應緊張。放寬產量

我的電台節目拍檔劉婉芬一朝早向我説她今日吃了雞粥早餐補身，可惜她未認識我們今集的嘉賓永明農場李良驥。我笑説：「如果你認識李老闆，可能今日你食煲粥會是黑色的！因為他有出產烏雞。」劉婉芬卻説：「李老闆的咭片上面寫着『煲吺法國雞』，但我知道他其實飼養了許多不同品質的雞，其中還包括有皮、肉和腳都是黑的烏雞，但有別一般烏雞，李老闆的烏雞不是用來煲湯的。」

永明農場在元朗新圍村，佔地40,000平方呎，我問：「農場養了多少隻雞？」他答：「牌照限制39,000隻，但我實際飼養了3萬餘隻。」我問：

「近期我經常向食物環境衞生署和漁農處反映，局方限制本地農場飼養雞隻的數目，但國內供港雞隻又供不應求，迫香港市民經常食貴雞，但局方總推搪是農民不養夠數目！」李老闆解釋説：「我落幾多雞花，可以養到多少隻成雞供應市場，其實有數得計，雞農一般會因應農場面積預留多少空間以作應變，因為不想雞隻淪為擠迫戶。」

引入投資。現代設施

我問：「香港雞農一般用雞舍飼養槽雞，雞舍一層層疊高，理論上疊3層同4層的分別不大！」李老闆講：「理論上可以但現實客觀條件未足夠應付。

我和永明農場李良驥攝於新城電台。

不過，如果政府批准放寬飼養雞隻數目，雞農可以相應配合，引入現代化設施，便可以做到。」受禽流感影響，政府最怕是有候鳥飛過留下排泄物，影響農場雞隻被交叉感染；但雞舍全部有鐵皮頂，中間又用鐵絲網封着，保持空氣流通，亦做足預防功夫，所以理論上農場養多些雞隻都不會增加禽流感爆發的風險。我問：「以你的農場為例，如果投入現代化設施，可以養多隻雞？」李老闆説：「起碼可以增加4至5成。」

現代化設施可以自動餵雞和清理雞糞，李老闆説：「如果再投資我們會改做密封式。」我説：「是否裝空調？」他説：「不是。用水簾，作用差不多，都可以降低室內溫度，因為夏天最怕雞舍的溫度過高。」劉婉芬問：「需要投資多少？你是否願意投資這個數目去增加4至5成產量？」李老闆説：「每隻雞大約要投資$100，至於是否願意投資則視乎政策。」我説：「增產5成，以每隻雞投資$100計算，總投資都不過大約$150萬，不算大數目。」李老闆補充説：「要計數的話，新設施大約可以用20年。」我説：「願不願意其實視乎每隻雞可以賺多少錢；當然，如果政府放寬飼養雞隻數目，市面供應增加，雞價又會跌。」

孵化雞花。自供自給

劉婉芬說:「印象中本地養雞業已經式微,由往昔百幾個雞農牌照,至現在只餘28個牌照,我想知道如果要投資開設雞場,是否有一套一般程序來到營運?」李老闆說:「漁農處有好清晰指引,例如生物保安和防雀網等,可以說雞農同政府一齊去堅守禽流感的防線!」我說:「如果爆發禽流感,雞農成副身家財產分分鐘付諸流水,不單只是個別雞場,甚至附近方圓數百米都受牽連,所以不容有失!」劉婉芬問:「可否講解一下,讓讀者了解雞農究竟投放了多少心血去養大一隻雞!」他說:「我的營運較特別,因為自己有種雞。母雞生了雞蛋,農場內有機器孵化雞花。初時本地雞農自己砌土砲孵化機,但成功率只有百分之七十幾;後來從台灣引入,成功率提高至八成幾;最後從國內引入,成功率接近九成,孵出來的雞花亦較健壯。」

我問:「何謂較健壯?」李老闆說:「先講土砲孵化機,土砲機要手動轉蛋;到台灣機已經可以每隔4小時自動轉一次蛋;國內孵化機就更每隔2小時轉一次蛋,原理同母雞每隔不久便撥動雞蛋一次相同,胚胎有較多運動,所以孵化率會較高,雞花亦會較健康。」我問:「孵一隻蛋需要多久?」他說:「21日。每100隻母雞大約有60隻蛋,一隻母雞一生大約可以生180至220隻蛋,便要換另一個『雞婆』!」我說:「一生不停產蛋都幾慘!」李老闆說:「如果『雞婆』產蛋的次數太過頻密,雞蛋會好細,而且有許多孵化不到,所以要控制『雞婆』

如果政府批准放寬飼養雞隻數目,雞農便可以引入現代化設施。

的產蛋次數,只會餵它半飽,相隔較久產蛋但雞蛋變大較快!」

適心呵護。護苗成長

劉婉芬說:「『雞婆』一生有多長壽命?」李老闆說:「一般會待『雞婆』長至160至200日開產,每隔1至2日便產一次蛋,一生大約產180至220隻蛋,便安排退役,賣給人煲湯或者做白切雞。」劉婉芬說:「我食過用『雞婆』炮製的白切雞,雞肉較韌但雞味特濃。」李老闆說:「高級酒家用『老雞婆』煨魚翅,味道零舍鮮甜!」劉婉芬問:「現在是否有些雞蛋無經過受精蛋?」他說:「母雞一般透過人工受孕,因為需要掌控整個過程,市面出售的雞蛋都無經過受精。」我問:「無受精可不可以產多些蛋?」他說:「『雞婆』不會用來產蛋出售,雞農會飼養『蛋雞』來到產蛋。」

李老闆說:「雞蛋孵化雞花後,還要按時替雞仔注射疫苗來控制疾病傳播,並有助防止濫用抗生素。」我問:「雞花孵化後多久需要注射疫苗?冬天和夏天出生的雞花所注射的疫苗應該有分別,如何配對?」李老闆解釋說:「一般出生10至40日的雞花已經可以注射疫苗,疫苗會按出生季節配對,針對該季節流行的傳染病而設,如果雞隻健康成長,便可以減少使用抗生素,近年還流行用中藥為雞隻做預防。」劉婉芬問:「100隻雞之中佔幾多可以長至成雞,供應市場出售?」李老闆說:「我來說,大約九成二左右。」

雞舍設計現代化，保證空氣流通之餘，衛生企理。

除了設上蓋，雞舍還有鐵絲網密封，防止交叉感染。

研發新種。各適其適 —————————

最後，我們請李老闆介紹永明農場出產的品牌雞種，他說：「先講你們提過的烏雞，那是2017年研究成功的新品種，用黑毛黃肉的法國雞經過雜交而成，變化出黑毛、黑腳和黑肉的新品種。」我笑說：「雞肉黑色豈不是賣相欠佳！」他說：「雞肉雖然黑色，但滑溜富雞味，用來隔水蒸，食時蘸一蘸蒸雞流出的雞汁，特別香甜！」我問：「除了烏雞，還有甚麼品種？」他說：「最初引入法國雞，我曾經配過一隻『石頭雞』，細細隻但很重身實肉；又配過一隻葵花雞，都是食飼料，因長得跟國內的『葵花雞』神似而得名。」

劉婉芬問：「煲呔法國雞和石岐雞是否都來自永明農場？」李老闆：「煲呔法國雞，是。至於石岐雞，其實香港飼養的是石岐雞，即是經過雜交而成的配種。」劉婉芬問：「永明農場還出產甚麼雞種？」他答：「還有一隻黑毛、黑腳、黃肉的烏雞，屬永明農場獨家供應。此外，還有永明雞，有腳圈可供辨認，經石岐、清遠和多個雞種雜交而成。」劉婉芬問：「是否一定要不斷研發新雞種，才能夠穩守市場？」他說：「透過發明新品種，雞農可以了解市場需要。」

永明農場出產的永明蛋。

飼養雛雞的雞舍。

我問：「為何不替研發的新雞種塑造品牌？」李老闆
說：「阿仔因為不是讀書材料，所以很早便隨我在
農場工作；阿女剛剛大學畢業，計劃先外闖幾年累
積工作經驗，再作打算。」當年李老闆和父親由任
職製衣，一張白紙入行，現在兒子起碼有李老闆扶
持，已經相對幸福；如果政府可以放寬本地雞農飼
養雞隻的數目，雞農便可以投資引入現代化設施，
相信會更容易吸引年青人入行！

現代化的大型孵蛋器。

44

妙齡 BB 鴿。零舍不同

乾新乳鴿

李乾新

半途出家。港產鴿農

我和我的電台節目拍檔劉婉芬有個習慣，就是在節目開始的時候，互相問候「你食咗早餐未？」，我們通常都會介紹嘉賓旗下食肆是否有供應早餐，不過今集應該不適用，不過如果有食剩早餐，可以用來餵今集嘉賓的白鴿！今集嘉賓就是乾新乳鴿的李乾新（下稱新哥），不過如果由我介紹，我就一定讀作「乾新（身）乳鴿」，一笑！

新哥說行家一般稱他做「白鴿佬」，他在1984年入行之前從事紮鐵。他笑言當初只靠觀摩行家來到摸索怎樣養鴿。起初他買來一公、一乸的種鴿，飼養半年後，讓它們自然交配繁殖。鴿業當時正處於鼎

盛期，沙田龍華酒店、津津食家和強記雞粥等食肆賣紅燒乳鴿成行成市，鴿場有利可圖，他說：「在1986年前，零售販商願意用每隻$25來到收鴿，靚鴿每隻更售至$26，但我們在中山石岐買28-29日大的乳鴿，每隻成本都只是$12-13！這些乳鴿回來，已經可以出售，視乎品種，如果屬大種乳鴿，在去毛、放血和取起內臟後仍有12両。」我補充說：「就連養鴿錢都省掉，直接從國內鴿場買來轉運入口，售予零售商賣出！如果你可以教懂白鴿自己飛來香港，就連貨運成本都可以省下！」

李乾新有「白鴿佬」之稱,是養鴿業的翹楚。

妙齡 BB 鴿。風味最佳

新哥解釋說:「乳鴿回到鴿場的時候,仍然未懂得自行進食,需要人工餵飼!」劉婉芬問:「即是仍然是BB鴿?」新哥補充說:「不是,我們叫乳鴿,BB鴿還要再年幼些!妙齡BB鴿其實由我帶入香港,由15日起至到19日,視乎喜好,如果喜歡較多肉便選18-19日的,如果想連骨都嚼埋便食15日的!」早在七十年代,我有個嘴尖的世伯食乳鴿已經懂得連骨都嚼埋,那時應該尚未有妙齡BB鴿供應!新哥教路說:「其實白鴿最好食是妙齡BB鴿。原來白鴿不似雛雞一出世便懂得自行進食,BB鴿必需要由父母餵哺『鴿奶』,現時許多國內鴿場在養鴿至18-19日時,便將BB鴿與父母分離,移至『肉肥倉』,改以人工餵飼合成飼料,俗稱灌漿。」

原來白鴿是禽畜中最挑食的,鴿糞更可以賣作魚糧。白鴿只吃粟米、小麥、火麻仁和高粱;以粟米為例,白鴿更只吃圓粟。它啄一啄,如果不喜歡,便立即挑走,所以鴿場內的飼料總是天一半地一半!新哥繼續說:「合成飼料的成本很平,一日都只是一毫子成本,用料如何,可想而知,所以在白鴿未接受灌漿之前,即是尚在妙齡BB鴿的時候,食用白鴿便最好!」白鴿不單只挑食,就連繁殖後

代都要求嚴格，產卵後如果受驚便會亂跳，但鴿蛋的蛋殼厚度只有雞蛋的一半，很容易破裂，為了增加孵化的成功率，鴿農會取走鴿蛋，改用人工孵化，可是被鴿公鴿姆發現鴿蛋被取走，便會以為BB鴿夭折，停止生產「鴿奶」，所以鴿農會放入假蛋來安撫鴿公、鴿姆繼續分泌「鴿奶」。我笑鴿農「無良」，偷龍轉鳳拐走白鴿BB，還要欺騙鴿公鴿姆餵哺「鴿奶」，還飼料錢都省回！

活 的 妙 齡 BB 鴿 滑 不 溜 口，風 味 零 舍 不 同。

回到正題，我問：「妙齡BB鴿點煮最好？」新哥說：「妙齡BB鴿雖然肉薄而且味淡，但勝在肉質嫩滑、脂肪多，最宜紅燒，而且骨骼較軟，炸後連骨都可以嚼埋！」1989年，在人手短缺和成本上升之下，新哥決定將鴿場北移，我問：「你飼養一千對鴿需要幾多個工人？」他說：「3個。」對比經營飲食業，經營鴿場所需的人手實在是「蚊髀同牛髀」！不過，新哥說香港的鴿場規模太細，雖然聘請的工人不多，但計算起來成本仍然太高！我再問：「珠海鴿場現時飼養了幾萬隻鴿，需要幾多人手？」他說：「在香港和澳門未發生禽流感、停止輸入活鴿前，鴿場聘請了40-50人。」

禁止出口。命懸一線 ─────────

劉婉芬問：「那麼在未停止供港之前，你交鴿到甚麼地方？」他說：「雖然已交出香港的養鴿牌照，但我們仍然持有新鮮糧食牌照，可以批發毛鴿（即活鴿）給街市的零售商販，而且交貨的數量都幾大。」我問：「現在如何？」他說：「現在惟有劏好交給冰鮮禽畜工廠，但賣不到好價錢，每隻只售約$17，只能夠打個和；以前交毛鴿到街市零售商販，每隻可以賣$35，足足一倍有多！政府話要等負責官員上京商討，又話要同質檢總局商討，但都冇下文。」劉婉芬說：「新哥從事養鴿和活鴿批發三十多年，你計劃如何經營下去？」我說：「可幸他還有間振興貿易，從事寵物用品貿易；但珠海鴿場還有幾萬隻鴿，如果內地政府不恢復輸出活鴿，最壞打算是否要放生？」新哥說：「惟有賣給冰鮮禽畜工廠慢慢清貨。」

劉婉芬問：「何解不經營冰鮮禽畜生意？」他說：「你可以話我固執！冰鮮鴿的品質無論如何都不及活鴿，冰鮮鴿肉入口霉霉粉粉！」劉婉芬再問：「既然國內有供應活鴿，可不可以轉攻國內市場？」新哥說：「國內賣不起價錢。」我問：「那麼內地鴿場如何維生？」他說：「內地人工平，每隻鴿賺到5毫子，已經生存得到。」現在新哥留港居住，珠

母親十分支持李乾新創業。

海鴿場則交給他哥哥打理，劉婉芬不解問：「《金漆招牌》訪問過一些以『白玉乳鴿』（妙齡BB鴿）作招徠的食肆，每隻都不過售 $25，每天所售數量驚人，很難相信他們會以每隻 $35 的成本價來貨！讓人難免好奇他們用的是活鴿？還是鮮鴿？」新哥說：「妙齡BB鴿的活鴿批發價無需 $35，每隻 $25 已經可以，但我可以肯定香港差不多無人食過活的妙齡BB鴿！」新哥說活的妙齡BB鴿滑不溜口，風味零舍不同，珠海鴿場兼設農家樂，想試的話，歡迎市民北上！

養鴿業在香港曾經有過輝煌的歲月。

李乾新帶領業界到北京出席交流活動。

李乾新在 80 年代養鴿業的輝煌時期入行。

珠海鴿場幅員廣闊。

45

家酒石鑽
DIAMOND RESTAURANT
1947

鳳凰重生。轉戰電商

鑽石酒家
梁甘秀玲、梁智宏

主做酒席。樓高三層

今集兩位嘉賓雖然是母子，但外表更似姊弟！他們就是鑽石酒家的新一代掌舵人梁甘秀玲（Margaret）和董事梁智宏（Andrew）。Margaret的爸爸是鏞記創辦人甘穗輝先生，當年鑽石酒家亦是由他創辦，始自1947年，具70年歷史，全盛時期曾經有5家分店，近年經歷轉型重生。這些年營商環境惡劣，不少有舖收租的業界都選擇收租，但Margaret和Andrew兩母子有心有力，由經營實體店轉戰電子商貿！

Andrew說：「我細細個都是在鑽石酒家長大，雖然長大後我不是做飲食！如果大家到過沙田文化博物館，可能都有見過我們在2012年捐贈給博物館的龍鳳大禮堂。對不少香港人來講，龍鳳大禮堂是一個充滿回憶的地方，無論是結婚、滿月、壽辰、社團或公司週年誌慶等，都是在龍鳳大禮堂內度過。」我的電台節目拍檔劉婉芬說：「你話捐贈龍鳳大禮堂，是否捐出禮堂內的雕樑畫棟？」Andrew答：「是整個完整的龍鳳大禮堂。」沙田文化博物館在2016年尾，因為與故宮博物院聯合主辦「宮囍─清帝大婚慶典」展覽，而再次展出代表民間婚禮的鑽石酒家龍鳳大禮堂，Andrew說：「我入到去，仿如回到昔日的鑽石酒家，喚起我所有童年回憶，包括公公做大壽和舅父們結婚時的景況。」

旺角西洋菜街鑽石酒家。

劉婉芬説:「捐出禮堂後,酒家的命運如何?」Andrew解釋説:「踏入90年代,營商環境轉變,多了人喜歡到大酒店擺婚宴,中式酒家因為經營成本高,晚上如果欠缺酒席生意,其實很難維持下去,於是2002年上環鑽石酒家決定光榮結業,並在2012年家族捐出196件鑽石酒家的珍藏品給博物館。」上環鑽石酒家營業廳面佔地3層,每層可以擺20圍,以開業當時來説,只屬中小型酒樓,如果結婚擺多幾圍,敬酒便要行幾層;侍應卻要每層分佈,就連收銀都要請多幾個,不及一整層的酒樓容易管理。

移民結業。韜光養晦

Margaret補充説:「2002年爸爸仍然在生,弟弟們開會決定結束鑽石酒家,當時爸爸都點頭,因為大哥甘琨華經已移民加拿大,剩下琨廉一個人感覺獨力難支,最後舖位出租給其他人經營;到2012年,11兄姊妹再開會,有感各人各有專業,無心戀戰,考慮是否將鑽石酒家及其他公司清盤,最後我想留個紀念,於是便舉手要了鑽石酒家有限公司。」

劉婉芬再問:「其實你兩母子有沒有曾經在酒樓幫手?」Margaret笑説:「從來沒有,不過就經常

去吃東西。鑽石酒家一直由我的兄弟管理，我自少喜歡讀書及其他活動，所以沒有參與。」鑽石酒家由甘穗輝先生二房和四房的長子管理，Margaret憶述：「不過，每逢過時過節和喜慶事如生日、滿月、結婚，連訂檯都不需要，指定動作是到鑽石酒家開餐及家庭聚會，甚至連我結婚都是在灣仔鑽石酒家宴客，我們覺得好方便，而且食物亦一定優質的。」Margaret是名伶梁醒波的大新抱，鑽石酒家結業的時候，其實生意不差，劉婉芬問：「你們有沒有不捨？」Margaret説：「一定有。」

劉婉芬問：「鑽石酒家有甚麼美食？」Margaret答：「是燒味。在興建的時候，上環鑽石酒家和中環鏞記一樣，都有煙囱直通天台，可以用炭爐燒製燒味，所以特別皮脆肉香。」劉婉芬問：「後來你們將舖位出租給人經營酒樓，他們還有沒有用炭？」Margaret説：「新一代師傅都未必識得用炭。」我説：「我剛返香港接手管理酒樓的時候，廚房同我講，他們只懂得用炭，不識用煤氣，現在剛剛相反！」

80年代上環德輔道中鑽石酒家。

Margaret繼續説：「鑽石酒家因為主要做酒席的關係，酒席有煎、炒、煮、燜、燉及焗，所以爸爸要求廚房要全能，所以不單只燒味出色，以前我還好喜歡酒樓的燉湯，還有外邊少做的煙鱠魚。」Andrew就説：「還有絕無僅有的焗梳乎里布甸，上層是焗梳乎里，下層是焗西米蓮蓉布甸。過去我們飲宴，食完十幾道菜之後，已經好飽，但無論幾飽都會想食甜品，而熟悉我們的待應便會問：『係咪要面唔要底？』即是免去底層的焗西米蓮蓉布甸，只留面層的焗梳乎里！這句説話已經成為我們家族的回憶！」

轉型重生。罐裝鮑魚

雖然鑽石酒家已經由實體店轉型成為網店，但Andrew給我的咭片，大紅底色托上金字，充滿中式酒樓往昔情調，他説：「我刻意用上昔日營業部寫喜宴菜單的紅紙顏色。」由實體酒樓到網店賣罐裝即食鮑魚，一方面轉變巨大，另一方面又隱隱保留着往昔酒樓的根基，饒富趣味，Andrew分享説：「相隔10年沒有營運酒樓，我們都想再次讓大家知道鑽石酒家的出品必屬佳品，並且與時並進，年青一代如我者，工作忙碌過後想食好嘢，但又不懂得發鮑魚，單是浸發乾鮑便要3日，然後還要慢慢扣，加加埋埋要整個星期才可以『食好嘢』！」

鑽石酒家現有產品包括3款即食罐裝鮑魚、2款XO醬和陳皮普洱茶。Andrew分享説：「我們選用了比較特別的貨源，好像其中一款鮑魚，選用取得澳洲野生鮑魚協會認證的塔斯曼尼亞野生鮑魚；另外有蠔皇扣吉品鮑魚，在台灣生產，因為台灣比較能夠做到粵式酒家的傳統風味。包括一款派對鮑魚，每罐24隻，兩口一隻，除開條數只是十數元一隻，大家如果參加雞尾酒會見到一口鮑魚，便可能是我們的出品，可以加金箔或者XO醬，即使買回家享用都方便快捷。」Margaret補充説：「有關味道，我諮詢了一些食家的意見，覺得味道很不

1982 年甘穗煇（中排左）於上環鑽石酒家慶祝壽辰。

1988 年梁寶瓊、梁智宏和梁葆貞（左起）攝於上環鑽石酒家。

2017 年梁寶瓊、梁智宏和梁葆貞（左起）攝於香港文化博物館展出
的龍鳳大禮堂。

錯，我們都好愛惜鑽石酒家這個品牌，不想做壞招牌。」

我問：「介紹下你們個塔斯曼尼亞野生鮑魚，何謂野生？」Margaret解釋說：「這些鮑魚不是養殖的，是漁船出海撈捕的。」我再問：「有幾大隻？」她答：「一罐2隻，可以用來做鮑魚扒。」劉婉芬問：「可以說是兩頭鮑嗎？」我答：「不可以，兩頭鮑指一斤兩隻乾鮑，雖然鮮鮑都有頭數，如果一罐有2隻，計起來大約是4頭左右。」Andrew說：「除了直屬網店，我們在裕華、永安和ZTORE.com都有售。我們在向推廣員進行培訓的時候，都強調要向人客講解每罐有多少「隻」鮑魚，要做得專業一點！」又因為Margaret是藥劑師出身的關係，對成份非常嚴謹，所以在野生鮑魚的罐上特別做了個營養標籤，註明蛋白質、脂肪和Omega 3、碘質和鐵質等營養含量等。

繁忙都市。即食產品

劉婉芬問：「香港就連超市都有售罐裝鮑魚，競爭會否很劇烈？」Margaret說：「朋友見到都問：『競爭會不會好劇烈？』不過我們有兩個宗旨，一、以品質取勝，二、最初只是嘗試性質，2013年9月適逢我服務的國際婦女會有個亞洲大型會議，場內有各國攤位，於是我做了批蠔皇吉品鮑魚，中外朋友試過，一致好評，活動過後繼續一打、一打的再

入貨，於是，趁勢再推出派對鮑魚，豈料又有朋友問我：『有沒有大鮑魚？』於是我又去塔斯曼尼亞攞大野生鮑魚。」

身邊好多朋友，忙碌完一整個禮拜，想食好嘢來慰勞自己，但不識煮亦無時間煮。

我說：「即是最初開檔賣一罐6隻的蠔皇吉品鮑魚？」Margaret說：「無錯，因為軟硬度和大細都比較適中，最重要是我們出品的蠔皇吉品鮑魚，鈉含量比較低，因為我是半個醫學界的人。至於塔斯曼尼亞野生鮑魚，因為沒有醬油，所以無這個問題，食起來味道清甜。」Margaret本業是藥劑師，不過，後來投身國際化妝品牌做企業管理，更是Clarins這個化妝品牌的功臣！Andrew補充說：「其實這麼多年來，媽媽一直管理國際化妝品牌企業，成績有目共睹，所以家族亦放心交託鑽石酒家這個品牌給她。」

Margaret說：「當然我們不滿足於只有少量產品，其實都曾經同許多供應商洽談，但基於對品質的要求，不單食材要靚、味道亦要好，而且堅持必需要是方便裝的即食產品，包裝又要精美，所以發展步伐比較慢。好似罐裝鮑魚，外邊有些售價平我們一半，我買來一試，打開發覺鮑魚薄身一倍有多，賣相已經不理想！」Margaret計劃推出雞湯花膠，她說：「因為好多人都鍾意滑溜的皮膚，現在就連男士都很注重外表。」我說：「鮑參翅肚之中，我最喜歡花膠，特別是鱉肚，比普通花膠厚身許多。」

逐步部署。火鳥重生

Margaret 的出品，無論是罐裝鮑魚、XO醬抑或計劃中的花膠都需要好多製作工夫，很配合忙碌都市人的需要。」Andrew 說：「我身邊好多朋友，忙碌完一整個禮拜，想食好嘢來慰勞自己，但不識煮亦無時間煮，如果週末在屋企睇波，開罐派對鮑魚或者加XO醬撈公仔麵，可以快捷地好好享受一下！」劉婉芬問：「將來會不會再開實體店？」Andrew 說：「且看機遇，因為除了屋企人之外，好多朋友都問：『會不會開一間方便請客？』」Margaret 透露大計說：「基於家長常教導，做人做事要踏實，所以我們現正逐步部署，其實Andrew已經著手學廚！」

Andrew 說：「過去十幾年，我一直在卡地亞等奢侈品牌工作，去年才回巢協助鑽石酒家的家族生意。因為自少培養的關係，我自問識食，加上過去在奢侈品牌工作，對品位亦有認識，但對製作美食，卻是門外漢，既然注定全力以赴，好應該有基本了解，所以現在我一星期上幾堂廚師班，將勤補拙。」只可惜現在不是一個開始經營食肆的好時機，如果你持續經營之中，就無話可說，但如果你離開了一段時間，卻未必是重開的好時機！無論如何，且看鑽石酒家未來發展如何，Margaret 和 Andrew 兩母子是否會帶領鑽石酒家火鳳凰重生？！

鑽石酒家大事年表

1947	● 鑽石酒家於中環皇后大道中開業
1950	● 尖沙嘴彌敦道分店開業
1967	● 旺角西洋菜分店街分店開業

1968	● 灣仔駱克道開業
1974	● 上環德輔道中分店開業
2012	● 鑽石酒家佳鏞系列
	● 轉營電商

（上起）澳洲塔斯曼尼亞野生鮑魚、吉品鮑魚和一口鮑魚。

一口鮑魚可用作雞尾酒會小食招待賓客，大方得體。

46

蹺王愛煮食。賣盤如嫁女

百喜海味。星星廚房
黃星祥

製作式微。賣粥求存

今集的招牌是百喜海味，但不是由黃星祥所創，而是由他現在的拍檔鄺雪詠（Pat）的家族所創，阿 Pat 已是第4代的掌舵人。黃星祥有個好有趣的暱稱，認識他的人都叫他做「星星哥」，他還有個「星星廚房」教人煮餸；我不方便叫他「星星哥」，還是叫他 Peter 較好。最初他並不是從事飲食，而是自資開設製作公司，製作國內樓盤廣告，還親自上鏡，到現在仍然有人會認得他，我的電台節目拍檔劉婉芬卻說：「但我認識 Peter 是由灣仔粥店開始，有次，我食到一碗好好味的粥，而 Peter 就是該店的老闆！」Peter 說：「已經是16年前的事！」我說：「這要多得亞洲電視，當年亞洲電視將整個

製作部解散，員工為免失業，惟有自組製作公司，結果市場頓時湧現大量資製作公司，引致割喉式競爭，僧多粥少下，加上國內出現爛尾樓問題，Peter 最終結束製作公司。」

至於之後如何會轉行賣粥，Peter 說：「其實粥舖的名稱──『靠得住』都有段故事！以前返國內做製作，製片預早幫我們訂好酒店，我習慣問：『靠唔靠得住？』如果要用臨記，我又習慣問：『靠唔靠得住？』講得多，成了口頭禪，索性用來做舖頭名稱！我很喜歡食，那時經常叫一班朋友回家，親自下廚招待他們。」我說：「即是你未學過廚，便無師

星星哥與煤氣烹飪中心合辦「星星廚房」。

自通?!」他説:「沒有學過,所以開舖初期,經常被廚房欺負!我既喜歡食、又喜歡煮,可以企在街邊大排檔睇人哋點切、點煮,睇足成個鐘頭,轉頭回家立即試煮,招呼朋友上來試味,興奮大講我去了哪裏偷師,朋友試食後都拍爛手掌!結束製作公司後,我苦思出路,朋友話:『你如此熱愛煮食,何不索性經營食肆?!』」我笑説:「我經常説:『叫你去開食肆的,都不是你的朋友!』」立即引得滿堂大笑!

魚湯粥底。殺出重圍

星星以為粥舖的毛利高,便決定開粥舖。不過按我所知,粥舖的毛利其實並不是特別高,要煲一煲靚粥,要捨得掠本,落足料!2000年,Peter在灣仔利東街開靠得住,他説:「十幾年前,無人夠膽在利東街開舖,因為那裏有很多癮君子,有好多問題發生,晚上七點幾,待喜帖舖收舖,整條街立即漆黑一片,普通人不夠膽行入去!」我問:「你如此斗膽租下利東街,是因為租平?」Peter説「是。以前我從事製作,經常要諗蹺吸引客人,到我開粥舖,都要度蹺點同其他粥舖競爭,我夠膽説,我首創用魚湯做粥底!我真是去街市買魚,煎香後熬湯,再煲粥!那時仍未流行用珍珠米,我都捨得用珍珠米溝粘米煲粥,煲起既黏口又有米花,加埋魚

湯底的鮮甜味，結果一炮而紅！」

劉婉芬問：「Peter，你雖然叻煮餸，但始終未開過食肆，食肆廚房大型製作有別屋企煮餸，你有沒有撞過板？」他說：「我有請廚房師傅，我同他講：『我想用魚湯煲粥。』」我說：「以前我試得多，廚師一定同你講：『你做一次給我看！』我通常這樣答他：『如果我識做，便無需請你！』」Peter說：「最初我不成功，在屋企煮，我會買紅衫和大眼雞，但做生意，成本太高！那時未有上網，我惟有周圍問人，試驗後終於知道原來煲魚湯不是用海魚，而是用淡水魚！選魚和比例，更是功夫！最少

要用5種魚，有大魚、鯇魚、鯽魚、鱲魚……，落少少薑，輕輕煎一煎，撞水落去再煲！」我問：「我曾經都試過賣粥，但我不同意你說粥的利錢高，因為你不是賣白粥！」劉婉芬立即抗辯：「就算白粥都賣30蚊碗！」Peter和應說：「2000年剛剛開店，我已經賣$18碗魚湯底白粥！」劉婉芬問：「那麼佔多少成本？」Peter答：「$100大約佔$15成本。」

盤滿砵滿。賣盤甩身

Peter解釋說：「其實做食肆，最重要是叫得起價錢！」劉婉芬十分同意，說：「當年我去食，都覺得味道好特出，無味精卻味道鮮甜！加上粥的配料都選得好，夠新鮮！」我問：「你自己去灣仔街市買？」Peter：「寫明不含味精，是用大大條魚腩熬湯來煮！配料的黃沙膶，也是用正正黃沙膶！」靠得住一炮而紅，賣魚湯粥底賣到排長龍，Peter卻在2007年將招牌賣給太興，他憶述：「認識太興安哥（陳永安）是他慕名來食魚粥，那天安哥8:45pm來到，粥已經售罄，他還投訴：『唔係呀！你舖頭收10點！』認識後，安哥叫我入香港餐飲聯業協會，多些跟他出來業界活動，擴闊眼界。」

Peter憶述：「那時雖然只得利東街一間，但非常好生意，舖頭仔講客情，我做到完全無私人空間。外邊經常指責老闆刻薄夥計，其實哪敢，難道不怕夥計劈炮！如果有人客要求我煮，我一律收$88碗，但其實還不是一樣的魚湯粥底！」我說：「我以前都一樣，如果人客要我寫菜單，一定收多二百！」Peter說：「安哥同我講：『你這樣做生意沒用的！』那時我已經有車、有物業在手，累到不想做，加上跟安哥到外邊見識過後，覺得好玩，便同安哥講：『我想賣盤。』安哥問我：『真定假？』他答應幫我諗諗，之後來同我說：『賣給太興。』那年是2008年，成交後一星期，便遇上金融海嘯！

星星哥與百喜海味第二代鄺雪詠（Pat）。

豬賣店。再嫁女

賣盤後，我環遊世界，前兩天還在印度，接着便到北海道賞雪！」廣東有句俗語「姣婆守唔到寡」，Peter休息了6個月後，有行家來請他出山，結果他便開了信得過，經營「豬賣店」，因為以前靠得住有兩款招牌菜，一是黃沙膶、二是拆肉泥鯭粥！於是信得過獨沾一味賣豬，Peter說：「又是因為好利錢！你們想想，通街都是牛的專賣店，但牛的價錢比豬貴三份一！」我問：「那麼你用的是新鮮還是冰鮮豬肉？」他說：「正宗本地豬。其實豬都分好多種，乳豬、中豬和大豬，大豬的味道較遜，因為在豬場生活了較時間，所以別人說豬肉帶臊味，是真的！不過中豬就無臊味，全隻豬包括內臟都好味道！而黃沙膶即是豬仔膶，來自中豬，劏出來副膶是黃色的，同街市賣紅色的血膶有別；中豬的豬殼一般交燒臘店做燒豬，通常燒臘店都不要副內臟，我便僱人到屠房收內臟！」除了最出名的黃沙膶麵，還有杏汁豬肺湯。

信得過一做便又做了7年，有間上市公司同他傾合作開分店，Peter卻說：「你喜歡便將個招牌賣給你！」結果，信得過在2016年變了大食代！劉婉芬說：「一定要請教Peter如何做好一盤生意，然後灑脫賣盤！」Peter

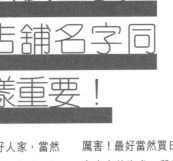

做食肆，噱頭很重要，店舖名字同樣重要！

說：「你就當是嫁女！難得遇到一頭好人家，當然要讓女兒出嫁！」我說：「你說得輕鬆，但我見過許多老友在女兒出嫁時，喊到泣不成聲！」太興接手後，靠得住已經由一間開枝散葉至12間！劉婉芬問：「賣盤後，你有沒有去過，留意舖頭有沒有改變？當然由小店變成連鎖，不再講客情，會少個人風格。」

星星哥積極拓展百喜海味的零售業務。

星星廚房。教煮大菜

兩次都捱不過七年之癢，Peter的星星廚房剛好也步入第7年，我立即問他有何計劃，他說：「我在煤氣烹飪中心有個星星廚房，專教授鮑參翅肚等大菜。」我說：「即使食肆要烹調海參，都要預備好長時間，工序繁複，所以我覺得海參不適合在家烹調。」Peter卻說：「有何難處！我剛剛才教完一堂，如果唔識揀，你來百喜海味便無撞板！我每次授課都提醒學生，千萬別買豬婆參，其實好多食肆見到豬婆參都好頭痛，一斤如果發到有8成，已經很

厲害！最好當然買日本遼參，但現時中國瀋陽和遼寧出產的海參，質素其實都很好！」Peter和百喜海味結緣，緣於他加入餐飲聯和中華總商會，在活動認識了他現在的拍檔Pat。

他說：「百喜集團始創於30多年前，已發展至第4代，主要業務有百喜海味，批發海味至酒店集團和

餐廳連鎖店；此外，還有出口公司和在廣東佛山的食品加工廠等等。發展至阿 Pat 這一代，早已家大業大，可以靠出租物業安穩過活。我認識阿 Pat 時剛大學畢業回港，已接手替家族打理百喜海味的業務，大家啱傾啱講，加上她睇中我的人脈夠廣，於是在 2 年前邀請我成為她的合作夥伴。」百喜海味經營批發，交貨到酒樓食肆、馬會會所和澳門的酒店等，不過競爭激烈，不及零售的利錢厚，Peter 說：「批發和零售的利潤差不多是 1:5，一斤燕窩，批發賣二、三千幾蚊、零售價卻可以去到六千幾！」

Peter 以他在煤氣烹飪中心教烹飪的名氣，與及擁有大批擁躉，與煤氣公司合辦百喜海味 • 星星廚房，將他教授烹調鮑參翅肚的片段拍攝成短片，在 YouTube 和百喜海味的公網站播放，人客網購海味乾貨和經急凍處理的半製成品，只要一按便可以看見 Peter 教授點煮！

在訪問時，網購剛開始了 2 個月，反應不俗，Peter 準備大展拳腳，推出即食海味！Peter 看好海味生意，他說：「一個花膠、一個瑤柱，從來未試過跌價，即使不多不少都加價 1%，瑤柱由去年至今年已經漲價 20%。」劉婉芬問：「為何會漲價？」Peter 解釋說：「特別是大花膠，一條魚得一個泡（魚膘，曬乾後便成花膠），食了便無，特別是大魚，只會愈來愈少。」我說：「你看鮑魚便知道，在 70 年代，我還吃一頭鮑，但現在就連見過一頭鮑的人都少！早在 4、5 年前，我經同人講，如果你有錢，不妨買些大乾鮑和鱉肚當作投資，反正這些耐存！」

愛嗜美食的星星哥是廚藝高手，並開班授徒，捧場客眾。

最後總結，Peter 說：「做食肆，嚹頭很重要，店舖名字同樣重要！外邊經常有人邀請我主講創業講座，其實我有句格言『成功非僥倖，發達得良機』！」我有些業界最重視 location、location、location！但 Peter 則講嚹頭，然後就選偏僻但租金廉宜的位置來追毛利，他說：「其實只要出品好，即使你在沙頭角開舖，都一樣有人客慕名來幫襯！要讓人客有回味的感覺，好像我現在賣海參，人客來百喜買海參，我便教埋他們點煮！」

口才了得的星星哥經常獲邀主講創業講座。

星星哥投身飲食業的創業佳作靠得住。

星星哥（右）與太興集團陳永安由飲食結緣，後來一起積極投入商會活動。

○○●○

張宇人說黃星祥

Peter 和我的兒子是鄰居，我每次去探孫仔孫女，都經常會撞見他，所以我每次見他都感覺格外親切！

47

傳統靚麵。現代營銷

張榮記

許義良

臨危受命。託管招牌

昔日的張榮記製麵廠和門市毗鄰。

今集嘉賓許義良（Frankie）是潮州人，身兼潮僑食品業商會主席和港九粉麵製造業總商會常務會長，潮僑食品業商會是由九龍城的潮州業界所組織的商會，只要經營業務和食品有關，無論是濕貨如鮮魚，抑或乾貨如罐頭，都可以申請成為會員，而Frankie有「蝦子麵大王」之稱，他的金漆招牌叫張榮記，始於1957年，除了生產蝦子麵，在紅磡差館里和蕪湖街還自設門市，以前的業界習慣把姓名去掉一個字來用作舖頭名，但「許義良」和「張榮記」風馬牛不相及！

Frankie說：「我自少便隨父親在九龍城寨做布仔

許義良接手張榮記後推陳出新，並配合靈活的營銷手法，成功打響招牌。

粉，類似大排檔那拉布腸粉，又叫水粉，即用來放湯的河粉；水粉如果再拉薄一點，便叫做粉皮，酒樓用來包雞絲粉卷那些。最初是我父親先認識契爺——張榮記老闆張榮烈先生，別名威哥。張榮記主力生產炒（河）粉，那時做炒粉，要用人手倒米漿入窩，簸均後再蒸，每張有三、四呎直徑，那時的炒粉很富米味，讓人回味！我爸爸就負責生產粉皮給張榮記交酒樓，當時我只有十多歲，負責每日送貨，見到張榮記生產蝦子麵很感興趣。」我問：「做蝦子麵有何特別？何解會引起你的興趣？」他說：「張榮記自60年代已經在工展會賣蝦子麵，契媽（即張榮烈太太）是工展會小姐，所以張榮記在

做蝦子麵方面的確有其獨家之處，我覺得如果學識這門手藝便不愁出路！」

張榮烈最初收Frankie做學徒，雖然契爺有兒子，但兒子學有所成，受聘於日本洋行，無意接繼麵廠生意，張榮烈見Frankie勤奮上進，幾年後收他做契仔，Frankie說：「84年契爺患心臟病，我到醫院探他，他捉着我雙手說：『Frankie，你一定要應承幫我睇實公司！』康復後，契爺決定移民加拿大，離開前將公司股份半賣半送給我，但老人家對自己創立的招牌有情意結，開出5年內不可以改公司名作為條件，並保留5%股權，待5年後才轉讓給

原來做麵最緊要是用心，凡事認真仔細研究，便可以做靚麵！

我。最初契爺放心不下，經常回港巡視業務，直至我做出成績，才終於把張榮記託付給我！」Frankie笑說有時別人叫他張生，他都會回應！

零售批發。各佔一半

張榮記除了生產和零售，還有經營批發，交粉麵給酒店、連鎖酒樓和食肆，甚至是雲吞麵店和牛雜麵檔。劉婉芬問：「是否主力批發？」他說：「現在零售佔我差不多一半生意，因為批發生意有許多制肘。張議員都知道，工廠半夜開工生產新鮮粉麵，次晨10時許便要交貨到酒樓，但香港通常都會遇上交通擠塞，稍一差遲，酒樓便不肯收貨，由生產到送貨整個過程要計劃得好好，還隨時會出現狀況需要隨機應變，但零售乾貨的儲存期最少有6個月，備貨時間比較充裕，無論是品質抑或包裝各方面都可以做得比較好。雖然如此，但自少是批發業務讓我成長，以致有今日的發展，所以我不會放棄批發業務！」

我補充說：「Frankie沒有說的是批發業務要賒數，隨時會被人客拖數，分分鐘拖你3個月，甚至拖6個月，稍一不幸，人客生意欠佳甚至會結業，Frankie便無本無歸！」Frankie說：「這個情況在七、八十年代好普遍，特別是酒樓，差不多每月都有壞帳，所以那時若果放數得多，真係好驚！」情況最壞一定是2003年SARS，可幸我向梁錦松爭取到為業界提供免息貸款，為業界解決燃眉之急！Frankie說：「無錯。那時市道急轉直下，史無前例地到處都是『曬蓆』（註：即食肆的生意慘淡）的慘況！」我接著說：「我很感謝梁錦松，他為

業界所做的，前無先例，後無來者！」劉婉芬說：「可能因為他出身自銀行界，處事較靈活。」我說：「非也！原來梁錦松父親是做廚師的，所以他明白飲食業的苦處！」事過境遷，2003年SARS後粉麵業的批發業務復甦，市道更是百年難得一遇的暢旺！

Frankie剛才說零售和批發業務各佔他公司營業額大約一半，張榮記現時自設2個門市，分別在紅磡差館里和蕪湖街，我問：「為何2個門市都設在紅磡？無理由人客只限紅磡！」Frankie說：「最主要是紅磡方便工廠出貨可以有個中途點，又可以讓人客知道張榮記的大本營在紅磡，加上我們經常在不同區域的商場都會擺展銷攤位，每次租一個星期或者10日，在近六、七年來我都採取這個策略，取其靈活性較佳；此外，香港每年都舉辦幾次食品展銷如工展會，公司都有參與，慢慢亦滙聚起一批頗為接受我們公司出品的捧場客。」劉婉芬問：「除了蝦子麵，2間門市有沒有賣狗仔粉、銀針粉等近年較受歡迎的產品？」Frankie說：「門市有，可以話是全科，還有瀨粉、腸粉和雲吞皮等，甚至是福建麵。」

推陳出新。口味多變

劉婉芬問：「福建麵是怎樣的？」他答：「有點似加了鹼水的上海麵，福建人喜歡吃鹼水麵。」劉婉芬再問：「是否像雲吞麵？雲吞麵也有用鹼水。」他說：「不同。雲吞麵要先經過走鹼；此外，福建麵雖然都有用鹼水，但不及雲吞麵爽口。」我問：「那麼潮州有沒有潮州麵？」Frankie和劉婉芬異口同聲搶著說：「有，潮州麵線！」Frankie解釋說：

「潮州麵線又叫鹽水麵，是用鹽水加麵粉搓成的麵線，煮時先要汆水，減低鹹味，然後用來炒或者放湯均可。」劉婉芬問：「你是否懂得做以上提過的各式麵種？」Frankie說：「可以。我是紅褲子出身，可以說來自草根階層。」

Frankie在70年代初學做蝦子麵，那時已經開始有機器，他憶述：「在60年代全靠人手打麵，然後跳昇，我也有機會試過，少點力氣都不行！」Frankie表示蝦子麵源自民國時期，以前麵質較腍，湯底也沒有現在講究，但演變下來，麵質變得爽滑！劉婉芬請教Frankie，「上等的蝦子麵應有甚麼條件？」他說：「首先當然是選用上等靚蝦子，最好產自海蝦，河蝦的蝦子鮮味較遜；其次是湯底，要加少少火腿，熬出鮮味；最後是雞蛋，麵要有蛋香。簡單講，要爽、香和滑！蝦子麵只要用清水煮便可以，煮麵後的水儼然是湯，若果能夠吸引人飲光煮麵後的湯，便證明蝦子夠靚，湯底熬得夠鮮味！」

劉婉芬說：「近年麵的口味推陳出新，不單只有菠菜麵、甘筍麵和番茄麵，還有牛肉汁蝦子麵。」我說：「我個人覺得一個靚的蝦子麵已經好夠味，牛肉汁只會蓋過蝦子的香味！」Frankie說：「如果喜歡濃味，不妨選牛肉汁蝦子麵，但我最經常推薦朋友食金方蝦子麵，金方蝦子麵採用了最優質的蝦子麵配方；若要享受高級一點，可選瑤柱蝦子麵，我們先將瑤柱蒸至軟身，然後打成絲，再在麵糰加入瑤柱絲和蒸瑤柱後剩下的水，蝦子的香和瑤柱的鮮真是絕配，而且美味得來天然健康！我們選用日本最頂級SA原粒瑤柱，我敢保證沒有行家會捨得如此掠本，尤其是近年瑤柱一直在漲價！」

行政長官林鄭月娥到訪工展會張榮記攤位。

兩代攜手。反攻國內 ——————

早在五、六年前，Frankie已經開始安排第二代接班，他說：「我大女在美國讀市場推廣，97年她要返港見證回歸，回到公司，我安排她負責門市，起初她都只是遊遊蕩蕩。後來她結婚產子，要求有較佳待遇，我便列出條件：『這個世界多勞多得，既然公司提供了一個平台給你去發展，你亦已經試過公司的出品，知道出品有幾好，不如你試用自己的方法去推廣，且看成績如何！』結果由05年起，公司開始參與香港每年舉辦的食品展銷活動，成績有目共睹！不枉我這個大女兒是主修市場推廣，在產品包裝方面亦與時並進，以前蝦子麵論斤出售，她

昔日的製麵工場。

改為獨立包裝，乾淨衛生，門市還設個別包裝，可以單一個個買，方便時下年青一代！」

除了大女兒，Frankie的次子主修電子工程，現在主力負責生產，還不怕辛苦，落手落腳由搓粉開始學做麵，現在已是師傅級人馬！Frankie讚嘆說：「原來做麵最緊要是用心，凡事認真仔細研究，便可以做靚麵！」劉婉芬問：「你們的新產品是否由他負責？」Frankie答：「他提議推出一款黑松露麵，我細想最近黑松靈的確大熱，便讓他一試，人客的意見都好接受！在推出之前，他細心研究過，麵條介乎粗麵和幼麵之間，麵身略厚一點，增加咬口，但在市場推廣方面，他始終保守，相反他對機械和電腦好熟悉，所以由他負責生產便最合適。」市場推廣方面，Frankie大可以放心，除有大女這個得力助手，他的孻女曾任職公關公司，現在主力負責策劃推廣，例如推出網購。

張榮記已有超過60年歷史，未來Frankie計劃如何繼續帶領張榮記發展？他說：「近年香港對蝦子麵的接受程度十分之高，我希望能夠將蝦子麵在國內普及化，特別是蝦子麵源於廣州，我已經在廣州開店，並著手推廣！」

多年來張榮記到各區商場辦展銷攤位，已經在香港打響名堂。

張榮記於紅磡的門市。

張榮記大事年表

年份	事件	年份	事件
1957	• 張榮記成立	2007	• 廠房擴展至過萬呎，搬至現代化工廠大廈
1986	• 許義良先生接手	2009	• 重新參加工展會
1995	• 開始將傳統中式乾麵配合精美禮盒打造出用中式乾麵送禮的潮流	2010	• 推出牛肝菌麵和亞麻籽蛋白麵
		2013	• 推出松茸全蛋麵
2000	• 推出螺旋藻麵	2017	• 推出黑松露麵
2000	• 開始參加大型展銷會，亦在不同地區做商場展銷	2018	• 榮獲香港名牌選舉大獎

張榮記的早期包裝。

我與 Frankie 相識源於潮僑食品商會。

張宇人説許義良

我認識 Frankie 是由他任職潮僑食品業商會主席和港九粉麵製造業總商會常務會長開始，他其實還是加太賀日式和風料理的股東之一，不過至今我仍然未能成功邀約加太賀的主理人來做訪問。由我開始參選開始，Frankie 已經好支持我，感激他在廿多年來一直都默默支持我在業界的工作。

48

潮州醬料。首屈一指

綿香食品
陳培深

人手精製。潮州沙爹

我要請教今集嘉賓綿香食品第二代的陳培深（Sam），何解潮州人會喜歡吃辣，通常出現的潮州食肆都會自製辣椒油。身為潮州鄉里的電台節目拍檔劉婉芬說：「我知道點解，因為食魚蛋、牛丸多數都會蘸辣椒油，所以食肆便順手自己做辣椒油，雙得益彰。」Sam是綿香的第二代，招牌由他二叔所創，50年代父親陳興謀在廿多歲時來港投靠二叔，開始兩個人一起做。

我問：「在做辣椒油之前，先做沙爹醬，何解潮州人會做沙爹醬？」劉婉芬說：「因為潮州人喜歡吃沙爹牛河。」我說：「我到潮州菜館不會吃沙爹，

是到馬來西亞餐廳才會吃。」劉婉芬說：「潮州和馬來西亞沙爹完全不同風格，是兩種食品。我到潮州菜館如果要考牌，就一定會叫沙爹牛河，試它的沙爹夠不夠香！由你二叔開始，沙爹醬的味道有甚麼改變？」Sam答：「配方其實一樣，如果有改變便是製沙爹醬的工藝。」我問：「怎樣做沙爹醬？」Sam說：「製做過程好複雜，看食物成份表都可以知道，沙爹要用多種不同香料，每種都要經過爆炒，製起沙爹醬才會香。花生、蒜、葱和香料，樣樣都自己買回來，自己切、自己炒；有些還要先壓石頭在面令食材出水，有些食材則要入焗爐烘乾，然後才爆香！」

我與綿香的第二代掌舵人陳培森。

劉婉芬問：「你自己識不識炒沙爹醬？」Sam 說：「現在我們不會全部自己加工，不過若你問我識不識，我可以答你，一定識！因為我自少已經跟父親出入工場。炒沙爹醬要用檯面咁大隻鑊，揸住隻大鑊鏟，最痛苦是炒花生的過程，要先炸花生，打碎，煮熱，再逐少混合其他材料，廚房叫『推』醬料，那鑊醬料比混凝土更稠和重身，而且好易燶，一定要從底至面不停地『推』。」劉婉芬笑說：「現在會不會每次回想起都驚 ?! 現在應該已經不再用人手炒醬料。」我說：「以前我幫阿媽整月餅，都經歷過差不多的情景，當然屋企沒有工場那麼大隻鐵鑊，而且只是用火水爐。我要食月餅，阿媽一定要我幫手做，因為最憎剝蓮子蕊，於是便幫手鏟蓮蓉。」

情尋舊味。傳統醬料

我問：「你父親有沒有見過用機器做的沙爹醬？」Sam 答：「沒有，父親比較傳統。」我再問：「其實我想知道用人手和機器做的沙爹醬，味道有沒有分別？」劉婉芬問：「抑或品質更好？」Sam 答：「未至於更好，主要是近年的原材料不及往昔；但若論工藝，我覺得沒有分別，其實只是你懂不懂得怎樣運用機器去協助人手。沙爹醬夠不夠香，主要視乎蒜和蔥兩種配料。以前香港有製乾蔥，好靚好

香，後來要用菲律賓貨，現在甚至要用國產，但國內生產方法有別，品質不及從前。以前我們生產乾葱和金蒜，都是逐粒剝皮，再用大石壓面擠乾水，然後再炸；蒜還難搞，因為蒜比乾葱更細，要用一塊木板下面放蒜瓣，然後在地面慢慢磨去蒜衣！現在不可能再這樣做，機械化之後，乾葱和蒜都先浸水，浸冧後祛衣再炒，因為經過浸水，炒起乾葱和金蒜的香味都難及從前。」

劉婉芬問：「沙爹醬和沙茶醬有沒有分別？」Sam答：「要快速分辨，可以睇顏色，沙茶醬偏深啡色，沙爹醬則金黃色。至於成分，則要視乎出品，理論上沙爹醬和沙茶醬是兩種醬料。」我問：「哪種成本較貴？」Sam答：「這方面要視乎出品，因為兩種醬料都要用許多香料，特別是大地魚，如果將大地魚所佔成分提高，就算沙茶醬都可以好貴成本！」劉婉芬問：「何解我會有這個問題，因為我在潮州菜館有時見到沙爹炒河，有時就見到沙茶炒河。」Sam說：「睇顏色其實可以分辨得到，沙爹醬的顏色較金黃，賣相會較佳。沙茶醬的花生味較淡，而我們出品的沙爹醬就加了粗粒花生，較容易吃到花生香味。」

劉婉芬問：「綿香這個招牌有50年歷史，那麼你跟二叔和父親做了多少年？因為你做了這麼多年醬料，應該可以睇到醬料在香港的轉變。」Sam答：「近

近年零售客戶其實反而喜歡傳統醬料，因為外邊已經有太多創新產品，他們會追求兒時那種味道！

年零售客戶其實反而喜歡傳統醬料，因為外邊已經有太多創新產品，他們會追求兒時那種味道！至於批發客戶，新一代廚師則重用合成醬料，他們未必懂得加以配搭運用傳統醬料。」讀者如果想買綿香醬料，除了可以到潮州辦館嘗試找找外，還可直接上他們在柴灣安業街6-10號合明工廠大廈8字樓B室的廠房購買，所以阿Sam亦有機會接觸到零售顧客，剛才他所講的亦是透過這個渠道得知的。

潮州小巷。人間有情

劉婉芬問：「可不可以向讀者講下，點解要選購綿香的醬料？」我說：「劉婉芬可能久不久才下廚一次，但我太太因為經常下廚，所以她會買許多醬料回家試用，找出她想要的味道，例如她喜歡煮四川擔擔麵，去到四川便找雜貨鋪，買一大堆擔擔麵醬，回來香港再逐款試煮，直至找出她的心頭好，下次有朋友到四川便搭路入貨。」劉婉芬問：「讀者可能對綿香這個品牌不太熟悉，所以在這裏給機會阿Sam介紹一下。」Sam說：「如果以沙爹醬來說，香不香其實都是睇乾葱和蒜這兩樣材料，因為如果你認真處理乾葱和蒜，就反映你如何對待其他過程，好像花生一定要焗，不可以為了節省時間，而簡單用水焓熟。」

我問：「那麼辣椒油又如何？綿香從何時開始生產辣椒油？」Sam說：「我聽母親說，最初開始有沙

爹醬,後來交貨到潮州巷的潮州菜館和辦館,客戶有次說:『你只得一款醬料搵唔到食,不如做多幾款!如果你做辣椒油的話,我們便幫你取貨。』」劉婉芬說:「香港昔日很有人情味,現在這個年代已經沒有這種故事。」Sam說:「以前只要入到廚房便稱兄道弟,如果大家是鄉里就更加親上加親!」劉婉芬說:「點做辣椒油?」Sam答:「加辣椒落油鑊爆炒。炒時難免會被油濺到,所以炒完辣椒油當日全身都感覺焫辣辣,之後揸車送貨曬到太陽都會覺得辣。後生跟阿爸時,我甚麼要做,包括要炒辣椒油。」

劉婉芬問:「我聽你講,不單只潮州巷的潮州菜館會向你們取貨,就連附近南北行做珠寶的,都會向你們取貨來送給顧客。」Sam說:「本身採用辣椒的辣味夠勁,加上其他香料的香味,可能味道比較突出;還有可能當時沒有太多同類型的產品出現,所以顧客容易接受。」劉婉芬問:「你覺個潮州辣椒油怎樣才稱得上好味道?」Sam說:「這方面見仁見智,不過以我個人口味來說,便要夠香。」阿Sam給了一些綿香獨立包裝的辣椒油給我們,獨立包裝的膠袋印成瓶裝辣椒油的樣子,十分棧鬼,Sam說:「現在食肆老闆喜衞生企理,所以好多都轉用獨立包裝。」劉婉芬說:「我嘗試打開一包來聞,味道都幾辣。」富潮州特色的醬料還有潮州甜醬和欖菜,Sam答:「煮欖菜又是一煮要幾個鐘。材料用大芥菜,用頭頭尾尾來煮烏欖,然後用來下粥。」

創立綿香時,煮沙爹醬的人手工序繁複,現在工場已機械化。

急凍食品・供便利店

綿香還有出產港式咖喱,有樽裝和批發裝兩款,批發產品還包括已經烹調好的咖喱魚蛋等急凍食品,供貨到連鎖便利店、快餐和小食店售賣,Sam説:「因為煮咖喱又是一件很痛苦的事,現在應該沒有食肆可以負擔得起用生料自己煮醬的人工。」連鎖食肆要求出品水準穩定和標準化,如果有供應商可以代勞,必定是好事。早在十幾年前,綿香的急凍即食產品已經擴展至碗仔翅,材料有雞絲、木耳和冬菇等,張宇人卻説:「我細細個在我老子經營的金冠,食的碗仔翅確確實實有翅,都一樣叫碗仔翅。怕不怕與商品説明條例有衝突?」吃慣街頭美食碗仔翅的劉婉芬和Sam當然不同意我的講法!

我問:「碗仔翅是人客找你生產?還是你們自行開發的產品?」Sam説:「可以説是剛剛遇着剛剛,那時我們生產幾款醬料,產量還有空間發展,剛巧他們又來找我們。」我問:「還有甚麼產品?」Sam説:「還有一款西式汁醬,包括白汁、黑椒汁和茄醬。」劉婉芬問:「綿香屬香港製造,面對國內競爭,現在的生產規模比起以前如何?」Sam答:「規模其實比以前增加了。」我説:「現在香港製造已成為賣點,能夠給人客信心。」樂見在現今社會仍然有業界力持傳統,生產正宗潮州醬料,只是即使有心也要努力生存下去,我鼓勵阿Sam要繼續增加產品種類,爭取更有利的發展空間。

綿香的食品業務已拓展至即食潮州凍烏頭(魚飯)。

設計得意棱鬼的方便裝辣椒醬。

綿香以潮州特色的沙爹醬和辣椒油起家，傳至 Sam 這一代業務已拓展至醬料。

配合食品業對食物安全衛生的要求，綿香的工場已遷至柴灣工廈。

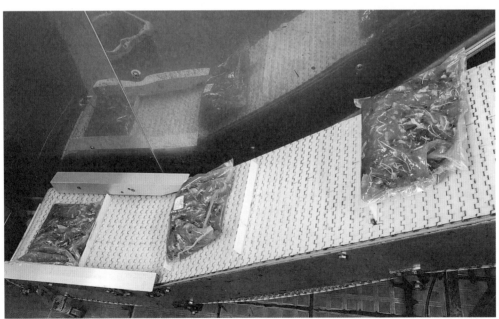

綿香生產碗仔翅供應連鎖便利店等供應速食的客戶。

49

活化品牌。注入活力

樹記腐竹
孔穎儀

傳統工藝。現代演繹

《金漆招牌》最近請來的嘉賓都外貌年輕卻具資歷，好像今集嘉賓樹記腐竹（全駿記貿易有限公司）的第三代掌舵人孔穎儀（Winnie），正如我說不少第二、第三代接班人年紀小小已隨父母在舖頭打滾，耳濡目染。Winnie的爺爺孔樹在1948年最初經營士多售賣糧油雜貨，後來想專注發展，覺得有很多人喜歡腐竹這種食品，便拜師學藝，自1954年開始用「樹記」這個字號來賣腐竹，當時的工場設在元朗；幾年後，Winnie父親孔祥佳亦回巢打理家業。

我的電台節目拍檔劉婉芬說：「我有許多經營食肆

家人在舊舖合照。

第三代掌舵人孔穎儀不忍捨棄對樹記腐竹的一份情而毅然接棒。

特別是火鍋的朋友都是向樹記攞貨。」Winnie今日為我們帶來了豆卷（響鈴）和枝竹，更為我們預先處理好帶來的枝竹，把長度改短，她說：「現在很多家庭都喜歡短身的枝竹，免得自己回家碎開枝竹時弄得滿地皆是。」劉婉芬請教Winnie說：「枝竹可以用來打邊爐？」她答：「除了炆火腩和煮素煲，其實只要浸脸後，便可以用來打邊爐，甚至可以空口吃或者用來沾湯，好像較西式的食法，如浸羅宋湯，我們這一代要crossover嘛。」Winnie又劉婉芬問：「除了腐皮和枝竹，樹記還有甚麼出品？」Winnie說：「加加埋埋共有十多種產品，傳統的，好像素雞、素鴨，都是用腐竹來做，是未熟

的；比較新式的有腐竹雪糕和雪條，甚至曾經推出季節限定的腐竹蛋糕！」

劉婉芬說：「在家中可否製作腐竹？」Winnie說：「其實是可以的。讀者如果曾經品嘗日式shabu shabu豆乳鍋，當豆乳滾起，用筷子在鍋面挑起那層便是腐竹。」我卻說：「我情願去大埔墟門市買來得乾手淨腳！」劉婉芬問：「Winnie你可已學懂全套手藝？」她答：「因為我要負責監工，所以可以說我已經全部學懂！如果唔識，好難去監工，而且我樣子年青，老師傅會覺得『我點解要聽你講』！」在飲食業，差不多所有老闆都負責自己店鋪出品的

品質監控，我問：「平日我最經常食腐竹便是打邊爐，但難免會沾上湯底或其他食材的味道，究竟應該如何分辨腐竹的品質？」她答：「最簡單說便是要有黃豆香味，所以響鈴最好的食法都是浸入湯3秒，拿起取食。」

手工製品。豆香醇和

我再問：「即是如何？食前先用鼻聞？」她解釋說：「除非是麻辣湯底較濃味，否則只要拿近嘴邊，應該已經聞到黃豆的香味，如果無香味或者有膜味便是次貨。嚴格來講，其實有三種方法，首先可以用眼睇，看看有沒有光澤和黃豆的色澤，如果色澤暗啞和偏咖啡黃便是次貨；其次可以聞聞有沒有豆香；最後當然是食入口，感覺夠不夠滑。」樹記採用的是加拿大無基因改造的黃豆，Winnie 說：「在爺爺的年代，要全人手生產製造腐竹，師傅用一隻大平底鑊煮起豆漿，熄火後，稍稍置涼，用竹挑起面層的腐皮，掛在竹竿上晾，然後再煮、再挑；到我父親那代，已改用機磨豆和煮豆漿，煮好透過輸送管倒入鍋中，不過睇火和挑腐皮的工序，仍然要用人手。」

我問：「那麼晾涼腐皮的工序在室內還是戶外？」Winnie 說：「室內，因為要符合現代食物安全的要求。」我再問：「會不會有風扇吹着？」她說：「沒有風扇，但取而代之室內設置抽風系統。」劉婉芬：「挑完一張需不需要等一下再挑第二張？」Winnie 說：「要等大約一分鐘讓豆漿凝結，但我們有十幾個鑊一齊煮，師傅挑完一鑊可以挑第二鑊。」我問：「一鑊可以挑幾多張腐皮？」她解釋說：「我們分頭竹、二竹和尾竹，頭竹最清香，多用來做鮮製製品，不會經過風乾，在鑊挑起稍稍置涼後便入雪櫃；二竹多用作乾貨如枝竹和響鈴等；尾竹則用來做甜竹，即是新年用來煮南乳齋煲那些。」

劉婉芬問：「每日生產多少張腐皮？」我說：「先講一日要用幾多噸黃豆？」Winnie 說：「我沒有計算過。不過，一日大約生產幾百斤腐皮，一斤大約有十張腐皮。」難得今時今日仍然有傳統手工製作，可惜市場未見重視傳統工藝，一包12件響鈴才售$22！Winnie 接着說：「一個師傅可以睇住十幾個鑊，不同季節有不同速度。」劉婉芬問：「點解？」Winnie 解釋說：「因為不可以開空調，夏天會變得好熱，師傅都上了年紀，難免會影響速度。其實都好辛苦，所以都好難搵人入行。」劉婉芬說：「不是要靠老師傅？」Winnie 說：「是。所以行內趨向機械化，但機械很難配合人客要求。」

踏入超市。推陳出新

我問：「人客有甚麼要求？是否厚些、薄些、大些、細些？」Winnie 說：「例如酒樓人客多數用來做雞紮，如果腐皮太厚，包起雞紮後，便咬都咬唔開！」我問：「即是師傅用時間控制腐皮厚薄，遲一點挑，腐便會較厚。」Winnie 說：「無錯。」我問：「那麼師傅是否要因應腐皮交給甚麼人客來到操作？」Winnie 說：「其實無需要，因為另一個工序，在師傅挑腐皮之後，有工友負責用手檢查腐

> 如果要將樹記這個招牌再打響一些，必須打開年青人市場。

皮的厚薄。」劉婉芬問：「那麼腐皮分成幾多種厚薄？那款腐皮用來做些甚麼用途？」Winnie說：「好像包雞紮、魚肉春卷和腐皮卷等，一般師傅都要求腐皮別要太厚。」我問：「但太薄會否容易穿破？」Winnie說：「其實都是視乎師傅的手藝和要求。不過，炸響鈴用的是另一種，用來煮羊腩煲的枝竹，便相反需要較厚。」劉婉芬問：「有沒有季節性？」Winnie說：「冬季主力生產枝竹和響鈴。」

劉婉芬問：「爸爸還有沒有繼續做？」Winnie說：「他已經半退休。大約4年前，當深水埗門市的舖位出售後，我開始接手公司，門市遷到大埔墟，基於近年環境不同，租金也上漲了許多，所以大埔墟門市的面積較細，估不到的是大埔墟門市吸引了一批國內人客專程來買！」我說：「反正零售不是你們

的主力生意，不過，你們會不會交貨給大埔墟的濕街市？」Winnie說：「如果同區便不會交貨，加上我們現在主力交貨給火鍋專料專門店和超市，公司產品剛剛在4間City'super上架。」我問：「包裝相不相同？」Winnie說：「響鈴一樣，但枝竹和腐竹有另一款包裝，因為超市要求有半年存放期，門市則建議人客在一個月內食用。」劉婉芬問：「價錢是否一樣？」Winnie說：「在City'super響鈴賣$31包。」雖然相差成十蚊，但省回一程東鐵和小巴，當然City'super容許樹記上架，對他們都是一種肯定。

回想4年前，Winnie爸爸決定退休，我問：「那年樹記剛好60周年，是否爸爸話唔做，喚起你對這個金漆招牌的情感？當時你做甚麼工作？」Winnie

Winnie 自少便在舊舖長大。

第二代傳人孔祥佳當年結婚時在舊舖進行儀式的珍貴照片。

説：「那時我其實正在調理身體，準備有下一代，爸爸決定唔做之後，讓我覺得有點可惜，畢竟樹記養育了父親和我這一代！」我問：「但當時有火炭工場未？」Winnie 説：「火炭其實是貨倉和寫字樓，現在工廠已經北移到國內，原先元朗工場那塊地，因為地價太高，所以已經轉售。」我問：「那麼現在所在出品都在國內生產？」她説：「無錯，大約十一、二點用冷凍車送到人客食肆或者火炭貨倉。」我問：「每隔多久要到國內工場巡視？」她説：「大約每月一次，我主力留在香港負責品質監控，因為人客主要來自香港。」

劉婉芬問：「你接手後有甚麼大計？」Winnie 説：「如果要將樹記這個招牌再打響一些，必需要打開年青人市場，所以近年公司積極研發新產品，例如雪糕、雪條，其實我們試驗了許多，最後揀選了這款腐竹意大利雪糕，甜度較輕，還搵了個插畫家用我爸爸的頭像來做商標放在 City'super 出售，估不到反應如此熱烈，突然之間在網上爆紅。」我笑説 Winnie 走運，如果換作我女兒如此做，我肯定要收她一大筆肖像權費用！

姊妹在舊舖合照，後方可見工人在處理腐竹。

Winnie（前右）與爺爺孔樹（後右）合照。

Winnie 為金漆招牌注入新意，成功研發腐竹雪糕，並獲年青顧客捧場。

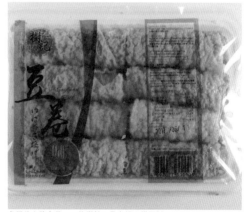
冬天的皇牌產品——炸響鈴，是火鍋必備配料。

索引
受訪店號索引（按筆劃序）

受訪者姓名索引（按筆劃序）